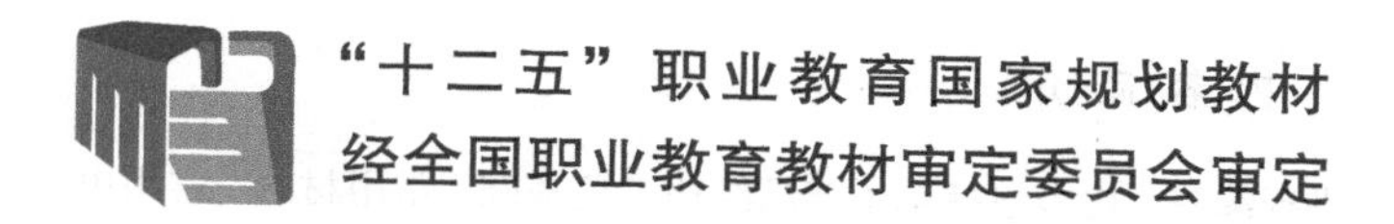

电子产品结构及工艺

高小梅　龙立钦　主　编

電子工業出版社
Publishing House of Electronics Industry
北京·BEIJING

内 容 简 介

本书按照现代电子产品工艺的生产顺序进行编写，内容包括电子产品结构工艺基础、常用材料、常用电子元器件、印制电路板设计与制造、电子产品装连技术、焊接技术、电子产品装配工艺、表面组装技术、电子产品调试工艺、电子产品结构、电子产品技术文件、电子产品装调实训。在每章后面都设置有练习题，并在实践性、可操作性的章节，安排有相应的实训环节。

本书在选材上注重先进性和实用性，内容突出理论联系实际，力求图文并茂；叙述深入浅出、通俗易懂、表达准确，充分体现职业教育的特点。本书适合作为中等职业学校信息技术类教材使用，也可作为有关职业教育和工程技术人员的参考和自学用书。

本书还配有电子教学参考资料包，详见前言。

本书可作为各类中等职业学校电子信息技术专业及相关专业的英语教材，也可供有关技术人员参考。

图书在版编目（CIP）数据

电子产品结构及工艺 / 高小梅，龙立钦主编. —北京：电子工业出版社，2016.5

ISBN 978-7-121-26971-4

Ⅰ. ①电… Ⅱ. ①高… ②龙… Ⅲ. ①电子产品—生产工艺—中等专业学校—教材 Ⅳ. ①TN05

中国版本图书馆 CIP 数据核字（2015）第 193219 号

策划编辑：杨宏利　　投稿邮箱：yhl@phei.com.cn

责任编辑：杨宏利　　特约编辑：李淑寒

印　　刷：北京七彩京通数码快印有限公司

装　　订：北京七彩京通数码快印有限公司

出版发行：电子工业出版社

北京市海淀区万寿路 173 信箱　邮编　100036

开　　本：787×1 092　1/16　印张：15.5　字数：396.8 千字

版　　次：2016 年 5 月第 1 版

印　　次：2024 年 8 月第 11 次印刷

定　　价：35.00 元

凡所购买电子工业出版社图书有缺损问题，请向购买书店调换。若书店售缺，请与本社发行部联系，联系及邮购电话：（010）88254888，88258888。

质量投诉请发邮件至 zlts@phei.com.cn，盗版侵权举报请发邮件至 dbqq@phei.com.cn。

本书咨询联系方式：电话（010）88254587，微信号 nmyhl678，微博昵称 利 Hailee。

前言

PREFACE

电子产品结构及工艺是职业技术学校电子与信息技术和电子技术应用专业的核心课程。本书依据最新信息技术类专业教学标准，结合实际教学经验对新技术和新工艺进行较大幅度的充实和补充。突出电子产品的装调内容和实践内容以及电子产品装连技术。本书注重基础知识的丰富和补充，分别对常用材料和常用电子元器件进行较详细的叙述。考虑到中职教育“理论知识以讲明、够用为度，突出专业知识的实用性、实际性和实效性”的特点，对其他难度较大的知识点和技能点予以省略。本书力求图文并茂，配以大量清晰的简图和图片。内容叙述力求深入浅出、通俗易懂、表达准确。

本书主要内容为：第 1 章　电子产品结构工艺基础，第 2 章　常用材料，第 3 章　常用电子元器件，第 4 章　印制电路板设计与制造，第 5 章　电子产品装连技术，第 6 章　焊接技术，第 7 章　电子产品装配工艺，第 8 章　表面组装技术，第 9 章　电子产品调试工艺，第 10 章　电子产品结构，第 11 章　电子产品技术文件，第 12 章　电子产品装调实训。

本书由重庆电子工程职业学院高小梅、贵州电子信息职业技术学院龙立钦副教授任主编，高小梅编写了第 1、第 2、第 3 章，龙立钦编写了第 4 到第 12 章。在编写过程中得到本书责任编辑的指导和帮助，得到贵州电子信息职业技术学院电子工程系范泽良讲师的大力支持和帮助。在此对他们表示衷心感谢。

尽管我们在电子产品结构工艺教材的建设方面做了许多努力，但由于编者水平有限，书中难免有疏漏和不当之处，敬请广大读者批评和指正。请把对本书的意见和建议告诉我们，以便修订时改进。

为了方便教师教学和读者自学，本书配有电子教学参考资料包（包括教学指南、电子教案、习题答案）免费供教师和读者使用，请有此需要的教师和读者登录华信教育资源网（http://www.hxedu.com.cn）注册后下载，有问题时请在网站留言板留言或与电子工业出版社联系（E-mail:yhl@phei.com.cn）。

编　者

2016 年 3 月

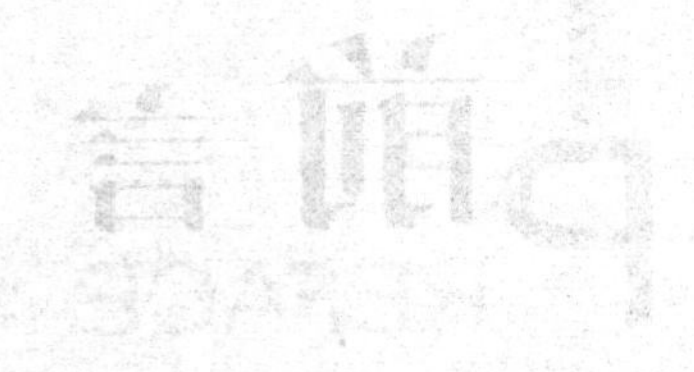

目录 CONTENTS

第1章

电子产品结构工艺基础

1.1 电子产品基础知识

电子产品是利用电子技术和电子工艺将电子元器件等组装而成的产品。例如，通信设备、电视机、计算机、电子测量仪器等。由于电子技术的飞速发展，工艺手段的不断进步，新材料的不断涌现，特别是电子产品的广泛使用，使电子产品在电路上和结构上都产生了巨大的飞跃。

1.1.1 电子产品的特点

1）集成度高

电子产品具有“轻、薄、短、小”的特点，它在知识、技术、信息的密集程度上高于其他产品。知识和技术的密集，导致物化劳动的密集。

2）使用广泛

目前电子产品已广泛应用于国防、科技、国民经济各个部门以及人民生活的各个领域。

3）可靠性要求高

电子产品的可靠性要求高。例如航天电子设备，在十分复杂的组成中，若某一个元器件或连接点发生故障，就会影响正常工作，甚至会导致导弹、运载火箭和卫星的飞行失控。

4）精度要求高

例如卫星通信地面站要求直径 30m 的抛物面天线自动跟踪数万千米高空的人造卫星不发生偏差。

5）结构复杂

电子产品不但具有“轻、薄、短、小”的特点，而且，功能多、用途广。比如，现在的手机，不但外形美观、图像清晰、声音悦耳，同时还有拍摄、播放音乐、可视等多种功能。因此，其内部结构和电路也非常复杂。

1.1.2 电子产品的工作环境

电子产品所处的环境多种多样，大体上可分为自然环境、工业环境和特殊使用环境。除自然环境之外，工业环境和特殊使用环境一般是可人为制造和改变的，故这类环境也称为诱发环境。

环境因素是造成电子产品发生故障的主要因素，国外通过进行故障剖析，结果发现，50%以上的故障是由环境因素所致；而温度、湿度、震动三项环境造成的故障率则高达 44%。

下面对电子产品所处的主要环境，即气候环境、机械环境和电磁环境进行介绍。

1. 气候环境

气候环境主要包括温度、气压、盐雾、大气污染、灰尘砂粒及日照等因素。它们对产品的影响主要表现在使电气性能下降，温度升得过高，运动部位不灵活，结构损坏，甚至不能正常工作。为了减少和防止这些不良影响，必须采取散热措施，限制电子产品工作时的温升，保证在最高工作温度条件下，电子产品内部的元器件承受的温度不超过其最高极限温度，并要求电子产品耐受高、低温交变循环时的冷热冲击。同时采取各种防护措施，防止潮湿、盐雾、大气污染等气候因素对电子产品内元器件及零部件的侵蚀和危害，延长其工作寿命。

2. 机械环境

机械环境是指电子产品在使用和运输过程中，所受到的震动、冲击、离心加速度等机械作用。它对电子产品的影响主要是：元器件损坏失效或电参数改变；结构件断裂或变形过大等。为了防止机械作用对电子产品产生不良影响，必须采取减振缓冲措施，确保产品内的电子元器件和机械零部件在受到外界强烈震动和冲击下不致变形和损坏。提高电子产品的耐冲击、耐震动能力，保证电子产品的可靠性。

3. 电磁环境

电子产品工作的周围空间充满了由于各种原因所产生的电磁波，造成对电子产品工作时的外部及内部干扰。电磁波干扰的存在，使产品输出噪声增大，工作不稳定，甚至完全不能工作。

为了保证产品在电磁干扰的环境中能正常工作，要求采取各种屏蔽措施，提高产品的抗电磁干扰能力。

1.1.3 电子产品的生产要求

任何电子产品在它的研制成功之后都要投入生产。生产厂家的设备情况，技术和工艺水平，生产能力和生产周期，以及生产管理水平等因素都属于生产条件。

生产条件对产品的要求，一般有以下几个方面：

① 生产产品时使用的零件、部件、元器件的品种和规格的量应尽可能地减少，尽量使用由专业厂生产的通用零件、部件或产品。因为这样便于生产管理，有利于提高产品质量并降低成本。

② 生产产品时所用的机械零部件，必须具有较好的结构工艺性，能够采用先进的工艺方法和流程。使得原材料消耗低，加工工时短。例如零件的结构、尺寸和形状便于实现工序自动化；以无屑加工代替切削加工，提高冲制件、压塑件的数量和比例等。

③ 产品中的零件、部件、元器件及其各种技术参数、形状、尺寸等都应最大限度地标准化。还应尽可能用生产厂以前曾经生产过的零部件，充分利用生产厂的先进经验，使产品具有继承性和兼容性。

④ 产品所使用的原材料，其品种、规格越少越好，应尽可能少用或不用贵重材料，立足于使用国产材料和来源多、价格低的材料。

⑤ 产品（含零部件）的加工精度和技术条件要求要相适应，不允许无根据地追求高精度。在满足产品性能指标的前提下，其精度等级应尽可能低。装配也应简易化，尽量不搞选

配和修配，力求减少人工装配，便于生产自动化和流水生产。

1.1.4 电子产品的使用要求

1. 对产品体积与重量的要求

（1）对产品的体积与重量的要求主要有四方面的因素：

① 用途因素。由于电子产品的用途非常广泛，各种不同用途对体积、重量提出了不同的要求。如军用电子产品，减小其体积、重量就直接影响着部队的战斗力和装备使用的灵活性。

② 运载因素。各种运载工具如汽车、坦克、飞机、舰船等，由于安装各种产品的空间有限和操作控制的需要，对电子产品的体积重量也有严格的要求。

③ 机械负荷因素。电子产品工作时，会受到各种机械因素的影响。为了减少冲击、碰撞、震动和加速度的破坏作用，减少其体积、重量会收到良好的效果。根据牛顿定律 $F=ma$，当重量 mg 减少时其质量 m 也将减小，如果施加的加速度 a 一定，则对产品的破坏力 F 就会减小。

④ 经济因素。为了节省原材料消耗的生产成本，应力求降低电子产品的体积和重量，这个道理是显而易见的。对于生产批量很大的产品，即使产品的体积、重量降低很小一点，但批量生产中所降低的成本则是可观的。

（2）缩小体积产生的矛盾。

现代电子产品都希望缩小体积，提高紧凑性，但追求紧凑性会产生一系列矛盾，这主要表现在以下几个方面。

① 产品升温限制。缩小电子产品体积，提高紧凑性，将使电子产品的单位体积的发热量增加，散热能力变差，这是绝大多数产品（尤其是大功率产品）缩小体积时遇到的最大困难。

② 分布参数限制。随着紧凑性提高，元器件间距减小，会导致电子产品电磁兼容性能下降，尤其是超高频和高压电子产品，由于分布电容增大，容易产生自激和脉冲波形变形。由于元器件间距减小，还容易产生短路和击穿现象。

③ 装配和维修困难。电子产品体积缩小，紧凑性提高，给生产时的装配和使用时的维护、维修带来一定困难。

④ 产品成本增加。紧凑性提高，要求整机结构有较高的零件加工精度和装配精度，因而提高了产品成本。

2. 操纵与维护人员对电子产品的要求

（1）操纵人员对电子产品的要求。

① 为操纵人员创造良好的工作条件。例如要求产品使用中不产生令人厌恶的噪音，且色彩调和，给人以好感。安装位置要适当，令操纵人员舒适、精神安宁、注意力集中，从而提高工作质量。

② 产品操纵简单，让操纵人员能尽快熟练掌握操纵技术。

③ 产品安全可靠，有保险装置。当操纵人员发生误操作时，不会损坏产品，更不能危及人身安全。

④ 控制机构轻便，尽可能减少操纵人员的体力消耗。读数指示系统清晰，便于观察且长时间观察不易疲劳，也不损伤视力。

（2）维护人员对电子产品的要求。

① 在发生故障时，便于打开且能迅速更换故障件。如采用插入式和折叠式结构、快速

装拆结构等。

② 可调元件、测试点应布置在产品的同一面；需经常更换的元器件以及易损元件应布置在易于拆装的部位；对于电路板应尽可能采用插座与系统连接。

③ 元器件的组装密度不宜过大，保证元器件间有足够的空间，便于拆装和维修。

④ 产品应具有过载保护装置（如过电流、过电压保护），危险和高压处应有警告标志和自动安全保护装置（如高压自动断路门开关）等，以确保维修安全。

⑤ 产品最好具备监测装置和故障预报装置，能使操纵人员尽早地发现故障或预测失效元器件并及时更换维修，以缩短维修时间并防止大故障的出现。

1.2 电子产品的可靠性

1.2.1 可靠性概述

1. 可靠性的概念

可靠性是指产品在规定的时间内和规定的条件下，完成规定功能的能力。在这里，产品是一个非限定性的术语，既可以是一个装备系统，也可以是组成系统中的某个部件乃至元器件等。可靠性是产品质量的一个重要方面，通常所说的产品质量好，包含两层意思：一是达到预期的技术指标；二是在使用过程中很可靠。如果产品的技术指标先进，但可靠性差，就会失去实际使用价值。

1）规定的功能

产品的可靠性是以完成“规定的功能”来衡量的。一个产品往往具有若干项规定的功能，这里所说的完成规定的功能指全部，而不是其中一部分。产品只有完成规定的全部功能，才能被认为可靠。

2）规定的时间

规定的时间是可靠性定义的核心，因为离开时间就无可靠性可言，而规定时间的长短又随产品对象不同和使用目的不同而异。一般来说，产品经过老练后，有一个较长的稳定使用期，以后随着时间的延长可靠性下降，时间越长，可靠性越低。

3）规定的条件

规定的条件是产品完成规定功能的约束条件。它包括使用时的应力条件（电气的和机械的）、工作环境和维护条件、储存条件等。规定条件不同，产品的可靠性也不同。例如，同一个半导体器件，使用时的输出功率不同，其可靠性也不同。一般的规律是使用输出功率越小，其可靠性越高。又如，同一台电子产品在实验使用和在野外使用，其可靠性相差很大。一般来说，环境条件越恶劣，产品的可靠性越低。

产品在工作中常常因各种偶然因素，如元器件因突然损坏，应力（电负荷、温度、机械影响等）突然改变，维护或使用不当等的影响而失效。由于这些失效的原因具有偶然性，所以对某一个具体的产品，在规定的条件和时间内能否完成规定的功能，是无法预先知道的，这是一个随机事件。大量随机事件中，包含着一定的规律，随机事件发生的可能性大小可以用概率来表示，即我们虽无法准确地知道产品出现失效的时刻，但可以求出产品在规定的条件和时间内完成规定功能的概率，所以，产品的可靠性可以用概率的形式来表示。

2．可靠性的主要指标

1）可靠度（正常工作概率）

可靠度指产品在规定时间内，完成规定功能的概率，通常用 $R(t)$表示。

$$R(t)=\frac{N-n}{N}\times 100\%$$

式中　$R(t)$——产品在时间 t 内正常工作的概率；

N——试验样品数；

n——规定试验时间 t 内故障数。

试验样品按规定抽取，不可能无穷多，一般有足够的数量即可。其物理意义是：在试验总数中扣除产品故障数，亦即到某个试验期时，仍然完好的产品数与试验产品总数的比例，即完成产品（不失效）的概率。由于 $R(t)$是一个概率，其值为

$$0\leqslant R(t)\leqslant 1$$

在试验开始时，$R(0)=1$，产品全部完好，随着试验期的延长，$R(t)<1$，即出现了失效产品。试验一直延续下去，直到 $R(\infty)=0$，产品全部到达寿命终止期。因此，$R(t)$越接近于 1，表示可靠度越大。

2）故障率

故障率是指产品在规定条件下和规定时间内，失去规定功能的概率。通常用 $F(t)$表示。它与可靠度是对立事件。二者的关系是：

$$F(t)+R(t)=1$$

因此，$F(t)$越接近于 1，表示产品故障率越高。

3）平均寿命

对于不可修复和可修复产品，其平均寿命有不同含义。对不可修复的产品，它是指产品失效前的工作或储存时间，记做 MTTF（为 Mean Time To Failure 的缩写）。

$$\text{MTTF}=\frac{1}{N}\sum_{i=1}^{N}t_i$$

式中　N——试验样品数；

t_i——第 i 个产品无故障工作时间。

对可修复的产品而言，平均寿命是指相邻两次故障间隔的工作时间的平均值，即平均无故障工作时间，记做 MTBF（为 Mean Time Between Failure 的缩写）。

$$\text{MTBF}=\frac{T}{n}$$

式中　T——总运行时间；

n——故障的次数。

4）失效率（瞬时失效率）

失效率是指产品工作到 t 时刻后的一个单位时间（t 到 t+1）内的失效数与在 t 时刻尚能正常工作的产品数之比，用$\lambda(t)$表示，即

$$\lambda(t)=\frac{n(t+\Delta t)-n(t)}{[N-n(t)]\Delta t}$$

式中　N——试验样品数；

$n(t)$——到时刻 t 时的失效数；

$n(t+\Delta t)$——t 时刻后，在Δt 时间间隔内失效数。

失效率越低，产品的可靠性越高，$\lambda(t)$用单位时间的百分数表示。常用 100 万个元件工作 1000 小时后，出现一个失效元件，称为 1 菲特。

3．元器件可靠性

为了对电子产品或系统的可靠性进行分析研究，必须研究构成电子产品或系统的元器件的可靠性。

元器件的可靠性通常用经过大量试验而统计出来的失效率来表征。实践发现，普通元器件和半导体元器件的失效规律有相同之处，但也不完全相同。了解元器件失效规律，对于正确使用元器件，从而提高产品可靠性是很有益的。

1）普通元器件的失效规律

电阻器、电容器、继电器等普通元器件，在大量使用后，发现它们有相似的失效规律，如图 1.2.1 所示为典型普通元器件的失效率与工作时间的关系。这条关系曲线就是通常所说的船形或浴盆曲线。

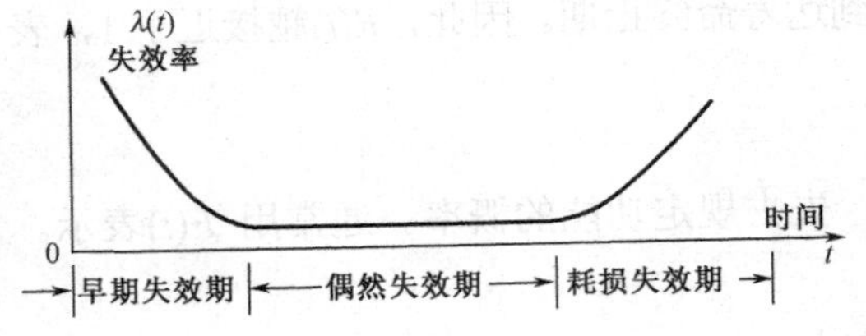

图 1.2.1　典型普通元器件失效曲线

早期失效期：由于设计、制造上的缺陷等原因，刚刚生产的产品在投入使用的前一段时间内，失效率比较高，这种失效称为早期失效，对应的这段时间叫早期失效期。通过对原材料和生产工艺加强检验和质量控制，可以大大减少早期失效比例。在生产中对元器件进行筛选老化，可使其早期失效大大降低，以保证筛选后的元器件有较低的失效率。

偶然失效期：产品因偶然因素发生的失效叫偶然失效。产品在经过早期失效期后，元器件将进入正常使用阶段，其失效率会显著地迅速降低，这个阶段失效主要表现为偶然失效的时期叫偶然失效期，也称随机失效期。其特点是失效率低而基本稳定，可以认为失效率是一个常数，与时间无关。偶然失效期时间较长，是元器件的使用寿命期。正规化的生产厂商都要采用各种试验手段，把元器件的早期失效消灭在产品出厂之前，并把它们在正常使用阶段的失效率作为向用户提供的一项主要指标。

耗损失效期：产品在使用的后期，由于老化、疲劳、耗损等原因引起的失效叫耗损失效。发生耗损失效的时间叫耗损失效期，又叫老化失效期，其特点是失效率随时间迅速增加。到了这个时期，大部分元器件都开始失效，产品迅速报废。在电子产品中，所有元器件和组件都不能工作于耗损失效期。

2）半导体器件的失效规律

半导体器件的寿命长、稳定可靠，所以其失效特性有特殊的地方，如图 1.2.2 所示。从图中可以看出半导体器件的早期失效期和普通元器件相同，失效率随时间增加而迅速下降。其失效原因通常由于原材料的缺陷和工艺因素所引起。在偶然失效期，其失效率低且有随时间递减的趋势，这一阶段的失效率近似为常数，这是半导体器件的稳定工作的时期。半导体器件没有耗损失效期，即没有失效率随时间而增大的耗损失效阶段，这是其特

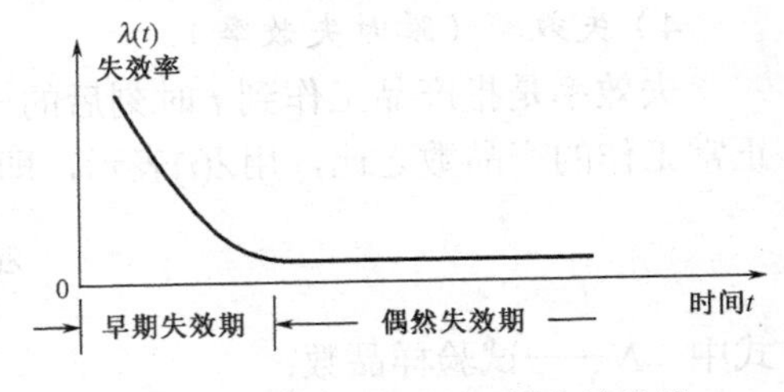

图 1.2.2　典型半导体器件失效曲线

殊性所在。类似半导体器件的失效规律的元器件还有固体钽电解电容器。

3）元器件的可靠性计算

一般元器件的可靠性通常用经过大量试验统计得出的失效率来表征。由于元器件都工作在偶然失效期，其失效率为常数，即

$$\lambda(t)=\lambda=\text{常数}$$

则可靠性用可靠度 $R(t)$表示为

$$R(t)=e^{-\lambda t}$$

上式说明了正常工作概率（可靠度）在时间上是按指数衰减的。

4）使用条件对元器件可靠性的影响

元器件的使用条件包括工作环境条件和负荷条件。工作环境条件不同元器件的失效率变化很大，有时可相差几百倍，一般地说，所处的条件越恶劣，其失效率越大。

4．产品或系统的可靠性

一个产品或复杂的系统可以看成是由若干个子系统或部件组成的，而每个子系统或部件又由许多元器件组成。我们可根据元器件的可靠性求得系统的可靠性，也可根据系统的可靠性要求分配各子系统的可靠性。

系统和子系统之间的可靠性关系可以分为串联系统和冗余系统（备份系统）两大类。

1）串联系统

串联系统是由所有的子系统串联而成的，如图 1.2.3 所示。它的特点是：只要其中一个失效，系统就失效。如果这些子系统是相互独立的，即某一子系统的失效对其他子系统没有影响，根据概率论的乘法定理，串联系统的可靠性等于各子系统可靠性的乘积。

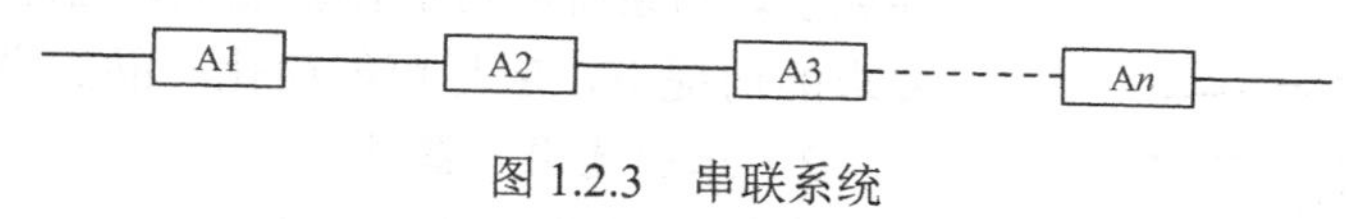

图 1.2.3　串联系统

2）冗余系统

冗余系统也称为备份系统，采用冗余系统可提高可靠性水平，但增加了系统的体积和重量，增加成本和复杂性，一般只在极端重要的场合才使用，或者在元器件可靠性满足不了系统的要求时采用。

冗余系统有三种形式：并联系统、待机系统和表决系统，如图 1.2.4 所示。

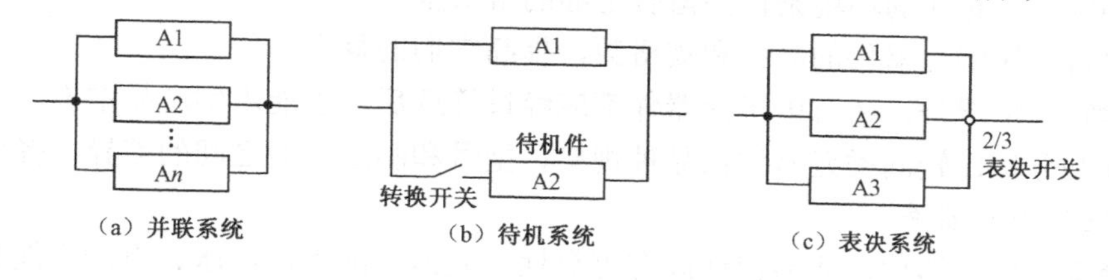

（a）并联系统　（b）待机系统　（c）表决系统

图 1.2.4　冗余系统

并联系统是最常用的冗余系统，如图 1.2.4（a）所示。由若干子系统（或元件）A1、A2、…、A*n* 并联组成系统 C。它的特点是：只要系统中任一子系统（或元件）可靠，则系统可靠，只有所有子系统（或元件）全部失效时，系统才失效。

根据概率论的加法定理，可以得到两个子系统（或元件）并联的可靠度为：

$$R(C)=R(A1)+R(A2)-R(A1 \cdot A2)$$

待机系统如图 1.2.4（b）所示，这种系统中的备份系统（或元件）在平时处于非工作状态，一旦主要子系统（或元件）出现故障后，备份子系统（或元件）才投入工作。这种系统一般要装有失效报告装置和开关转换装置，系统发生故障时才能自动转换备份子系统（或元件）。

表决系统如图 1.2.4（c）所示，这是一种比较特殊的冗余系统。图示为2/3 表决系统，三个相同的子系统或元件（A1、A2、A3）并接于 2/3 表决开关上，A1、A2、A3 同时将输出信号加给 2/3 表决开关，当表决开关接收两个或三个信号时，系统就能可靠地工作，因此，当任一个子系统（或元件）发生故障时，系统仍能可靠地工作。

5．可靠性与经济性关系

为了提高产品的可靠性，就要在材料、工艺、设备和管理等方面采取相应措施，这就导致生产和科研费用的增加，但使用维护费用却随着可靠性的提高而降低，因而总的费用却不一定增加。如果可靠性指标定得适当，总费用可达最低水平。反之，若可靠性指标低，就必须增大使用和维修费用，总费用可增加，使经济性变差。它们的相互关系可参见图 1.2.5 所示。

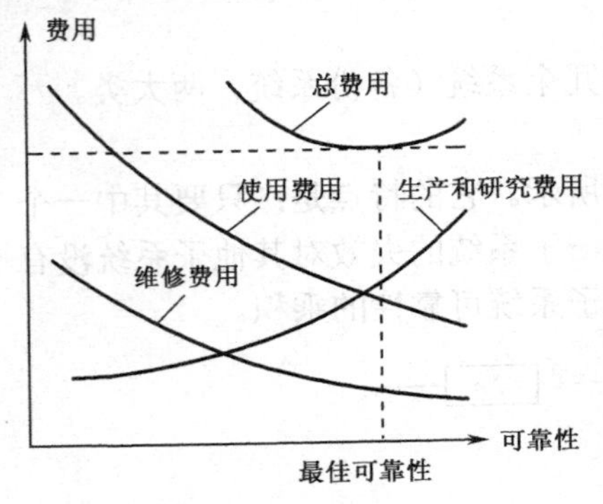

图 1.2.5　可靠性与经济性的关系曲线

1.2.2　提高电子产品可靠性的措施

1．从产品设计制造方面提高可靠性

1）简化设计方案

从系统可靠性的角度来看，系统愈复杂，所用的元器件愈多，则系统的可靠性就愈低。因此，在满足系统性能要求的前提下，应尽可能简化产品的设计方案。

2）正确选用元器件

电子产品的硬件故障大都直接以元器件的各种损坏或故障的方式表现出来。一方面是由于元器件本身的缺陷造成的，而另一方面是对元器件选用不当所致。因此产品在生产中要正确选用元器件，选用元器件时应充分注意下列原则：

（1）根据电路性能的要求和工作环境条件选用合适的元器件，使用条件不得超过元器件电参数的额定值和相应的环境条件并留有足够的富余量。

（2）尽可能压缩元器件的品种和规格数，提高它们的复用率。

（3）除特殊情况外，所有电子元器件都应经过筛选后，才能用到产品中去。

（4）仔细分析比较同类元器件在品种规格、型号和制造厂商之间的差异，择优选用。

3）合理使用元器件

只有合理使用元器件，才能保证固有可靠性。元器件的工作电压、电流不能超额使用，应按规范降额使用。尽量防止元器件受到电冲击，装配时严格执行工艺规程，免受损伤。

4）电子产品的合理设计

（1）合理设计电路，尽可能选用先进而成熟的电路，减少元器件的品种和数量，多用优选的和标准的元器件，少用可调元件。采用自动检测与保护电路。为便于排除故障与维修，在设计时可考虑适当的监测点，以利查找与修复。

（2）合理地进行结构设计和严格生产制造工艺。产品在进行结构设计时，要充分考虑当前电子工业发展中的新工艺、新材料、新技术，尽可能采用生产中较为成熟的结构形式，有良好的散热、屏蔽及三防措施，防振结构要牢靠，传动机构灵活、方便、可靠，整机布局合理，便于装配、调试和检修。

2. 从使用方面提高可靠性

（1）合理储存和保管。产品的贮存和运输必须按照规定的条件执行，不然的话，会在贮存和运输的过程中受到损伤。保管也是如此，必须按照规定的范围保管，如温度、湿度等都要保持在一定范围之内。

（2）合理使用。在使用产品之前必须认真阅读说明书，按规定条件操作。

（3）定期检验和维修。定期检验可免除仪器在不正常或不符合技术指标时给使用造成差错，也可避免产品长期带病工作以致造成严重损伤。

1.3 电子产品的防护

1.3.1 气候因素的防护

由于电子产品使用的范围非常广泛，其工作环境和条件也就极为复杂多样，它要受到各种环境和气候条件的影响。对于气候因素而言，主要是受潮湿、盐雾、霉菌的影响。所以对气候因素的防护也主要是防潮湿、防盐雾、防霉菌，俗称为三防。

1. 潮湿的防护

1）吸湿机理

空气中的潮湿是由于水在热的作用下蒸发形成的水蒸汽所造成的，随着温度的升高，水蒸汽逐渐增多直到饱和状态。当水蒸汽过饱和时，它将凝聚成小水滴。处在潮湿中的物体，由于空气中水蒸汽的分子运动，必然有一部分水分子吸附在物体表面上，形成一层水膜，随着空气相对湿度的增高，水膜厚度也增大。如当相对湿度达 65%时，处于空气中的一切物体表面都会覆盖着一层 0.001μm～0.01μm 的水膜；当相对湿度增大到 90%时，水膜厚度可达 10μm。一切物体的吸湿，都是由这层水膜引起的。

物体的吸湿可以有以下四种形式。

（1）扩散。在高湿环境中，由于物体内部和周围环境的水汽压力差较大，水分子在压力差的作用下，向物体内部扩散，使水分子进入物体内部。扩散随着温度升高而加剧。

（2）吸收。有些材料本身具有缝隙和毛细孔，如高分子塑料的分子间，均存在一定的空隙，纤维材料则有众多的毛细孔，当这种材料处于潮湿空气中时，材料表面的水膜分子由于毛细作用，进入材料内部。

扩散和吸收使水分子进入材料内部，因而会使材料的体积电阻率下降。某些非金属材料分子间的亲和力小于对水分子的亲和力，当水分子进入材料内部时，将在材料内部产生溶解作用，使材料组织发生变化并开始膨胀。

（3）吸附。由于物体表面的分子对水分子具有吸引力。当物体处于潮湿空气中时，水分子就会吸附到物体表面上，形成一层水膜。含有碱及碱土金属离子、非金属化合物离子以及离子晶体化的固体材料，对水分子有较大的吸附能力。

（4）凝露。当物体表面温度低于周围空气的露点时，空气中的水蒸汽便会在物体表面上凝结成水珠，在物体表面上形成一层很厚的水膜。在高温、低温交变循环下，可能造成材料内部的内凝露，严重时会使材料内部积水。

吸附和凝露会使材料表面形成一层水膜，因而使材料的表面电阻率下降。材料表面能否被水润湿，对材料表面电阻率有很大影响，一般来说，材料表面被水润湿的程度越大，其表面电阻下降也越大。材料被水润湿的程度可用润湿角α来表征，如图 1.3.1 所示。

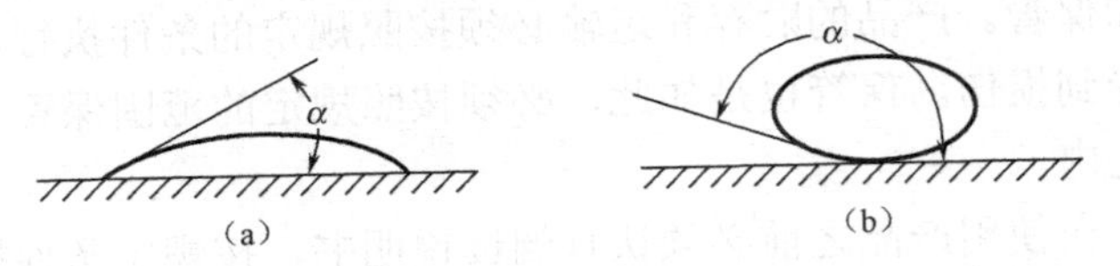

图 1.3.1　固体表面水的润湿角

当润湿角α＜90° 时，材料可被认为是亲水性的，如图 1.3.1（a）所示，α角越小，表示物体的亲水性越强；当润湿角α＞90° 时，材料可被认为是憎水性的，如图 1.3.1（b）所示，α 角越大，表示物体憎水性越强。

亲水性的物体容易使水在其表面上形成一层水膜，水膜使物体润湿，并使水沿着物体表面向内部渗入。憎水性物体使水在其表面上收缩成不相连的小水珠，物体表面不易被润湿，水分子也不易渗入物体内部。

扩散、吸收、吸附、凝露等四种吸湿机理可能同时出现，也可能出现其中某一两种，凡是以这样方式吸湿的过程，都称为潮湿直接侵入，这是最基本的吸湿方式。此外还有另一种吸湿方式，即“呼吸”方式，它是指在温度交替变化和具有一定的气压差情况下，潮湿空气进入保护层、容器、软管及有缺陷的密封等处。“呼吸”吸湿是一个在短时间内不易为人们所察觉的缓慢过程，对于要求较高的防潮密封处，“呼吸”作用不容忽视。

2）潮湿对电子产品的影响

（1）潮湿引起金属腐蚀。金属的腐蚀是指金属或合金跟周围接触到的介质（气体或液体）进行化学反应而遭到破坏腐蚀的过程。当金属处于潮湿的环境中，金属表面会形成一层水膜，水膜溶解空气中所含的二氧化碳、硫化氢、氧化氮及可溶性盐类而成为电解质溶液膜，金属就在这层液膜作用下发生着腐蚀。当金属零件发生腐蚀后，不仅使零件表面遭到损害，而且会使零件的机械强度下降，影响电器性能，使产品不能可靠工作。

（2）潮湿使非金属材料性能变坏、失效。一些吸湿性较大的材料，如纸制品、电木等，吸湿后发生溶胀、变形、强度降低乃至产生机械性破损。此外，水分附着在材料表面或渗入内部，使电导率增加，介质损耗增大，绝缘性能降低。

（3）影响电气参数。水分是一种极性介质，能够改变电气元件的参数。例如水膜附着在电阻器上，会形成漏电通路，相当于在电阻器上并联一可变电阻。

（4）产生霉菌。潮湿有利于霉菌的生长与繁殖。

3）防潮湿措施

防潮湿措施有憎水处理、浸渍、蘸渍、灌封、密封等方法。

（1）憎水处理。亲水物质的吸湿性和透湿性大，可以通过憎水处理改变其亲水性，使它的吸湿性和透湿性降低。如用硅有机化合物蒸汽处理亲水物质，可以提高憎水能力。

（2）浸渍。浸渍是将被处理的元件或材料浸入不吸湿的绝缘液中，经过一段时间，使绝缘液进入材料的小孔、毛细管、缝隙和结构间的空隙，从而提高了元件材料的防潮湿性能以及其他性能。

（3）蘸渍。蘸渍是把被处理的材料或元件短时间（几秒钟）地浸在绝缘液中，使材料或元件表面形成一层薄绝缘膜，也可以用涂覆的办法在材料或元件表面上涂上一层绝缘液膜。蘸渍和浸渍的区别在于：蘸渍只是在材料表面上形成一层防护性绝缘膜，而浸渍则是将绝缘液深入到材料内部。

（4）灌封。在元器件本身或元器件与外壳间的空间或引脚孔中，注入加热熔化后的有机绝缘材料，冷却后自行固化封闭。此种工艺叫灌封或灌注。

灌封的防潮性能是由灌封材料或混合物的物理性、灌注层厚度、通过灌注层的引脚数量等因素决定的。由于灌封材料与引脚间因线膨胀系数的差异形成的毛细管会降低防潮性能，因此可将引脚做成螺旋或多次弯曲形状，以延长潮气沿毛细管侵入的路程，从而提高灌封的防潮性能。

（5）密封。密封是防止受潮气长时期影响的最有效方法。密封就是将零件、元件、部件或一些复杂的装置，甚至整机安装在不透气的密封盒中，这种方法属于机械防潮。密封不仅可以防潮，而且还可以防水、防低气压、防盐雾、防霉、防灰尘等。

作为防潮湿的辅助手段，有时可对某些设备用定期通电加热的方法来驱除潮气（比如家用电器不能长期放置不用，否则会由于受潮引起金属腐蚀、电路漏电、短路而造成损坏，所以应该经常通电加热防潮），也可以用吸潮剂吸掉潮气。常用硅胶作为吸潮剂，它具有很大的吸水性，可吸收相当于它本身重量 30%的水分，硅胶吸水达到饱和时呈乳白色或玉色，可在 120～150℃的烘箱中烘干后继续使用。但在货物包装中却常用廉价的生石灰作为吸潮剂。

4）金属的防护方法

既然金属腐蚀是由于金属跟周围的物质发生化学反应所引起的腐蚀，那么，金属的防护当然也必需从金属和周围物质两方面来考虑。目前常用的方法有如下。

（1）改变金属的内部组织结构。例如，把铬、镍等加入普通钢里制成的不锈钢，就大大地增加了钢铁对各种侵蚀的抵抗力。

（2）表面覆盖。表面覆盖是最常用的金属防护方法，表面覆盖就是在零件的表面覆盖致密的金属或非金属覆盖层。表面覆盖法既可起到保护金属不受腐蚀的作用，又可对零件的表面进行装饰，还能满足零件的一些特殊要求，如有些表面覆盖可以提高元器件及设备的电气性能。表面覆盖层按其性质可分为以下三类：金属覆盖层、化学覆盖层、涂料覆盖层。

① 金属覆盖层：金属覆盖层是用电镀、化学镀、喷镀和热浸等方法，在本体金属表面镀上一层有良好的化学稳定性（即抗腐蚀性）和某些物理性能（如导电性、耐磨性）的金属。常用做覆盖层的金属有锌、镉、铜、铬、镍、锡、铅、铝、银、金、铂、钯、铑等及其合金。

② 化学覆盖层：化学覆盖层是用化学或电化学的方法在金属表面形成一层致密而稳定的金属化合物。化学覆盖层有发蓝（黑）、氧化、钝化、阳极氧化和磷化等。

发蓝（发黑）：在黑色金属上用化学方法形成一层氧化膜称为发蓝。它主要由磁性氧化铁所组成，一般呈深蓝色（发蓝）和黑色（发黑）。其氧化膜色泽美观，有较大的弹性及润滑性，但厚度较薄，抗蚀能力差。多用于不能电镀和油漆的零件，以及装饰性保护层。发蓝时，如在氧化后用肥皂溶液浸渍和涂以中性油，可大大增强氧化膜的抗蚀能力。

氧化：氧化多用于铝及铝合金和镁合金。用化学法或电化学法可在铝及铝合金零件表面形成氧化铝（Al_2O_3）薄膜，其质地致密并有一定的硬度，并且与基体金属结合很牢固，有较好的防护性能。

用电化学法在铝及铝合金零件上获得氧化膜，因零件放在阳极上故称阳极氧化。阳极氧化所得的氧化膜较厚，比用化学法所得的氧化膜有更好的防腐能力，故应用较广。

钝化：镀锌零件和铜及铜合金零件在铬酸或铬酸盐溶液中处理后，使其表面覆盖一层稳定性较高的铬酸盐膜。

磷化：把钢铁零件放入磷酸盐溶液中进行浸泡，使金属表面获得一层不溶于水的磷酸盐薄膜，这一过程称为磷化。

③ 涂料覆盖层：涂料覆盖层是在金属表面涂油漆、矿物性油脂或覆盖搪瓷、塑料等物质。涂油漆是一种对金属和非金属制品进行防腐保护和装饰的最简便的方法。金属表面以涂矿物性油脂来进行防护也是常见的，如枪炮、机器就是涂矿物性油脂。至于覆盖搪瓷、塑料，在日常用具中就更为普遍了。

（3）电化学保护法。金属的腐蚀其主要是电化学腐蚀，所以，只要能够把引起金属电化学腐蚀的原电池反应消除，金属的腐蚀自然就可以防止了。电化学保护法可分为外加电流的阴极保护法和牺牲阳极的阴极保护法。

① 外加电流的阴极保护法。是在外加直流电压的情况下，把需要保护的金属接电源的负极（阴极），而用不溶性的物质接正极（阳极），两者都放在电解质溶液里，接上外加直流电源。

通电后，大量电子被强制流向被保护的金属，使金属表面产生负电荷（电子）的积累。由于金属氧化所生成的电子流是跟外加电源的电流的方向是相反的，只要外加足够的电压，金属腐蚀而产生的原电池电流就不能被电子输送，因而腐蚀就不能发生。这样就抑制了金属失去电子，从而防止了金属的腐蚀。

② 牺牲阳极的阴极保护法。牺牲阳极的阴极保护法是在要求保护的金属上连结一种金属电位更低（也即更活泼，更易失去电子）的金属或合金，当两者处于电解质溶液中时，发生腐蚀的将是电位低的金属，而电位高的（要求保护的）金属得到了保护。这是以牺牲电位低的金属作为代价来实现金属保护的方法叫做牺牲阳极的阴极保护法。通常在轮船的尾部和在船壳的水线以下部分，装上一定数量的锌块，热水器安装镁阳极来防止钢铁等金属的腐蚀，就是应用的这种方法。

2. 盐雾的防护

1）盐雾的形成及危害

由于海水被海风（包括巨大的台风）吹卷及海浪对海岸冲击时飞溅的海水微滴被卷入空中，与潮湿大气结合形成带盐分的雾滴，称为盐雾。故盐雾只存在于海上和沿海地区离海岸线较近的大气中。盐雾的危害性主要是对金属及各种金属镀层的强烈腐蚀。例如钢铁制品在盐雾作用下最容易生锈，其使用寿命要比无盐雾作用时短得多。此外，盐雾会使电子产品内的零部件、元器件表面上蒸发析出固体结晶盐粒，会引起绝缘强度下降，造成短路、漏电，很细的结晶盐粒如侵入机构的运动部分会加速磨损。

盐雾对金属的腐蚀本质，是含氯化钠的微小水滴凝聚在金属表面形成一层含有氯离子和钠离子的水膜，这是一层中性的强电介质。由于氯离子本身易得到电子（活泼性大），且其半径很小，它能腐蚀许多较紧密的在普通情况下相当稳定的金属氧化膜，如铝制品和不锈钢等。

2）防护方法

防盐雾的方法主要是在一般电镀的基础上进行加工，即严格电镀工艺保证镀层厚度，选择适当的镀层种类。

（1）严格电镀工艺。工件镀前的清洗工作非常重要，如在电镀前的工件上存在锈蚀产物、油污、污物等未彻底清洗干净，将影响镀层与金属基体的结合力，结果便会出现镀层变暗、起泡和存在针孔等现象。

（2）保证电镀层的厚度符合规定。防盐雾与防潮湿本质上都是减少或避免金属制品遭到腐蚀，要达到这个目的，就要求具有保护性的电镀层有一定的厚度。因为无论哪一种电镀层，由于电镀过程中，随着镀层金属离子得到电子，沉积在镀件表面的同时，或多或少也有氢离子的得到电子 $2H^{+}+2e \rightarrow H_2\uparrow$（逸出）等因素，所以各种镀层均会有不同程度的孔隙率。当然，镀层越厚则孔隙率越小。

（3）镀层种类的选择。不同的镀层材料，显然抵抗盐雾腐蚀的能力不一样，价格也大不相同。比如通常在钢铁表面镀锌、镀镉，镀铅锡合金、镀镍钴合金等。但在一些具有特殊要求的高精尖的元器件与零部件上，采用镀铂、镀钯、镀铑等措施。铂、钯、铑化学性质极为稳定，它们的镀层除了具有极高的抵抗各种腐蚀的能力外，而且具有某些特殊的物理性能。但这些材料来源稀少，价格昂贵，只在很特殊的要求下才应用。

3．霉菌的防护

1）霉菌的危害性

霉菌属于细菌中的一个类别，它生长在土壤里，并在多种非金属材料（包括一切有机物和一些无机物）的表面上生长。霉菌的繁殖是分裂繁殖，在适宜的气候环境下，每 15～20min 即可分裂一次。霉菌所分裂出来的孢子很小（1μm 以下），很易于随空气侵入产品，产品内所有的零件都可能受到霉菌孢子的污染。孢子也可能附在手上或附着在手留下的湿印上。此外各种昆虫也都是传播孢子的媒介。

霉菌是靠自身分泌的酶在潮湿条件下分解有机物而获取养料的，这个分解过程就是霉菌侵蚀与破坏材料的根本原因。

霉菌侵蚀的结果，一般是降低材料的机械强度，严重时可使材料腐烂脆裂。另外可改变材料的物理性能与电性能，例如霉菌可侵蚀光学玻璃的表面，使之变得不透明；侵蚀金属或金属镀层表面，使之表面被污染甚至引起腐蚀。许多有机绝缘材料霉菌侵蚀后，由于分泌出酸性物，而使绝缘电阻大幅度降低。霉菌的侵蚀尤其易使某些灵敏的电子线路的频率、阻抗特性发生恶劣变化。

此外，霉菌还会破坏元件和设备的外观，以及给人的身体造成毒害作用。

2）防护方法

防霉菌可从霉菌的生存特点出发有针对性地防护，只要破坏引起霉菌腐蚀的任何一个条件，就能阻止霉菌的生长，达到防霉的目的。

（1）控制环境条件。绝大部分霉菌滋生的最适当气候条件是：温度 20～30℃；相对湿度高于 70%。如果采取措施把温度降低到 10℃以下，绝大部分霉菌就无法生长。例如，在生产车间、仓库采用空调保持良好通风，就能有效地阻止霉菌的滋生；用足够的紫外线辐射、日光照射，以及定期对电子产品通电增温，也能有效地阻止霉菌生长。

（2）隔离霉菌与营养物质。

① 密封防霉。将设备严格密封，并加入干燥剂，使其内部空气干燥、清洁，这是防止霉菌生长的最有效措施。

② 采用防霉包装。为防止电子产品在流通过程中受到霉菌的侵蚀，可采用防霉包装。防霉包装通常要求对易发霉的产品先进行防霉处理，然后再包装。或是将产品采用密封容器包装，并在其内放置具有抑制霉菌或杀霉菌作用的挥发性防霉剂进行包装。

③ 表面涂覆。通过刷涂、浸渍或其他方法，在材料或零部件表面形成一层憎水并且不为霉菌利用的保护涂层，或者是含有防霉剂的涂料层，使霉菌无法接触到材料或零部件。

（3）防霉处理。当电子产品的结构形式不能保证避免霉菌的侵蚀时，必须对电子产品进行防霉处理。所谓防霉处理，是指使用防霉剂（杀菌剂）并通过适当的工艺对电子产品的零部件和整机加以处理，使其具有抗霉菌的能力。

（4）使用防霉材料。由于防霉剂有毒性，并易于挥发，只能在几个月或一、二年内有防霉效果。所以在解决湿热地区产品长期防霉问题时，关键还在于选择具有防霉性能的材料，或适当改变现有材料的成分，使之增强抗霉性能，这是防霉的根本途径。

1.3.2 电子产品的散热及防护

电子产品工作时其输出功率往往只占输入功率的小部分，其功率损失一般都以热能的形式散发出来。实际上，电子产品内部任何具有实际电阻的载流元器件都是一个热源。其中最大的热源是变压器、大功率晶体管、扼流圈和大功率电阻等。这样，当电子产品工作时，温度将升高。电子产品工作时的温度与电子产品周围的环境温度有密切的联系，当环境温度较高或散热困难时，电子产品工作时所产生的热能难以散发出去，将使电子产品温升提高。由于电子产品内的元器件都有一定的工作温度范围，若超过其极限温度，就要引起工作状态改变，寿命缩短甚至损坏，因而使电子产品不能稳定可靠地工作。所以，研究电子产品的散热及防护是非常必要的。

1．电子产品散热途径

热是物体的内能，称之为热能。热的传导就是热能的转移。热能总是自发的从高温物体向低温物体传播。

传热的基本方式有三种，即传导、对流和辐射。

1）热传导

热传导是指通过物体内部或物体间直接接触来传播热能的过程。热传导是通过物体内部或物体接触面间的原子、分子以及自由电子的运动来实现能量传播的。热量是度量热能大小的物理量。热量由热端（或高温物体）传向冷端（或低温物体）。

热传导的热量可用下式表示：

$$Q=\Delta t/R_T$$

式中 Q——单位时间内热传导的热量（瓦或 W），1 瓦=0.86 大卡/小时；

Δt——热传导时的温度差（℃）；

R_T——热阻（℃/W）。

热阻是热流途径上的阻力大小。它包括热流通过物体内时的阻力，称为物体导热热阻 Rs，热流通过两接触面时阻力，称为接触热阻 Rc，故热阻

$$R_T=\sum Rs+\sum Rc$$

而

$$Rs=\delta/(\lambda \cdot S)$$

$$Rc=1/(k_c \cdot S)$$

式中　δ——传热路径的长度（m）；

S——传导截面积（m^2）；

λ——导热系数（W/m・℃）；

k_c——接触传热系数（W/m^2・℃）。

导热系数是一个表示材料导热能力的物理量。不同的材料具有不同的导热系数，导热系数越大，说明物体导热的性能越好。

2）热对流

热对流是依靠发热物体（或高温物体）周围的流体（气体或液体）将热能转移的过程。由于流体运动的原因不同，可分为自然对流和强迫对流两种热对流。

自然对流是由于流体冷热不均，各部分密度不同引起介质自然地运动。因为介质（如空气、水等）受热后体积膨胀，其密度和比重都要降低，所以受热介质上升，较冷的介质就置换在它原来的位置，形成了由温度差而引起的自然对流过程。

强迫对流是受机械力的作用（如鼓风机、水泵等）促使流体运动，使流体高速度地掠过发热物体（或高温物体）表面。

对流换热公式如下：

$$Q=\alpha \cdot \Delta t \cdot S$$

式中　Q——单位时间内对流所排出的热量（W）；

α——散热系数（W/m^2・℃）；

Δt——散热物体表面与冷却介质的温度差（℃）；

S——散热面积（m^2）。

散热系数不仅与流体介质的性质有关，而且与对流的类型、对流的速度、散热物体的形状、位置等因素有关。

3）热辐射

热辐射是一种以电磁波（红外波段）辐射形式来传播能量的现象。由于温度升高，物体原子震动的结果引起了辐射，任何物体都在不断地辐射能量，这种能量辐射在其他物体上，一部分被吸收，一部分被反射，另一部分要穿透该物体。物体所吸收的那部分辐射能量又重新转变为热能，被反射出来的那部分能量又要辐射在周围其他物体上，而被其他物体所吸收。由此可见，一个物体不仅是在不断地辐射能量，而且还在不断地吸收能量，这种能量之间的互变现象（热能→辐射→热能），就是辐射换热的过程。一个物体总的辐射能量是放热还是吸热，决定于该物体在同一时期内放射和吸收辐射能量之间的差额。其辐射的能力（即差额）称为辐射力，因辐射而放出的热量，可用下式表示：

$$Q=c \cdot S[(T_2/100)^4-(T_1/100)^4]$$

式中　Q——单位时间内辐射放出的热量（W）；

c——辐射系数（W/m^2・K^4）；

S——物体的辐射表面积（m^2）；

T_2、T_1——该物体及空气的绝对温度（K）。

2. 散热防热的主要措施

利用热传导、热对流及热辐射，把电子产品中的热量散发到周围的环境中去称为散热。电子产品常用的散热方法有自然散热和强制散热。

1）自然散热

自然散热也称为自然冷却。它是利用产品中各元件及机壳的自然热传导、自然热对流、自然热辐射来达到散热的目的。自然散热是种最简便的散热形式，它广泛用于各种类型的电子产品，其主要任务是在结构上进行合理的热设计，将电子产品内部的热量畅通无阻地，迅速地排到电子产品外部，使产品工作在允许温度范围内。

（1）机壳自然散热。电子产品的机壳是接受产品内部热量并将其散到周围环境中去的机械结构（这只是从热设计角度来考虑，暂不考虑机壳的其他作用），它在自然散热中起着重要作用。在机壳热设计中应考虑以下问题。

① 选择导热性能好的材料做机壳，加强机箱内外表面的热传导。

② 为了提高机壳的热辐射能力，可在机壳内外表面涂粗糙的黑漆。颜色越深其辐射能力越好，粗糙的表面比光滑表面热辐射能力强。如果美观要求不高，可涂黑色皱纹漆，其热辐射效果最好。因为粗糙的表面和深颜色其辐射系数大。

③ 在机壳上，合理地开通风孔，可以加强气流的对流换热作用。通风孔的位置可开在机壳的顶部和底部以及两侧面，实践证明，前者比后者的散热效果要好。开通风孔时应注意不能使气流短路，出进风口应开在温差最大的两处，距离不能太近。通风孔的形式很多，如图 1.3.2 所示，列举了常用的通风口结构形式。

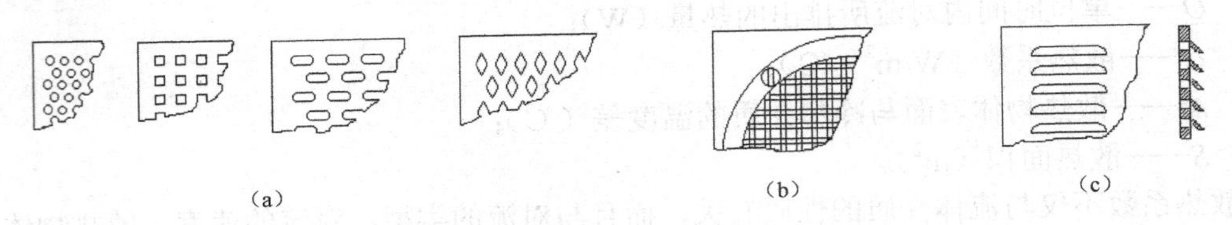

图 1.3.2　通风孔的形式

图 1.3.2（a）所示为最简单的冲压而成的通风孔，特点是制造简单，但灰尘易进入设备内部。孔洞尺寸大则对流好，但会降低机壳强度并影响屏蔽效果。图 1.3.2（b）所示是通风孔较大时用金属网遮住洞口的形式。图 1.3.2（c）所示为百叶窗式通风孔，其孔洞较大又能防止灰尘落入，并且能保证机壳的一定强度，所以，在大型机柜的外壳上采用较多。

机壳对外界环境的热传导散热效果不显著，这是由于空气的热传导能力很小，故一般可忽略不计。但机壳内部的热量却可以通过内部的金属结构件传导给机壳，再由机壳以热辐射和热对流的形式传给外界环境，所以机壳的材料用导热性好的金属较好，最好用铝合金，机壳与内部金属结构件的连接，应尽可能做到接触热阻低，有利于热传导。

（2）电子产品内部的自然散热。

① 元器件的自然散热。

a．电阻：电阻的温度与其形式、尺寸、功率损耗、安装位置以及环境温度等因素有关。一般电阻是通过引出线的传导和本身的对流、辐射散热的，例如在正常环境温度下，功率小于 1/2W 的碳膜电阻，通过传导散去的热量占 50%，对流散热占 40%，辐射散热占 10%。因此在装配电阻时，引脚应尽可能短一些，并且要加大与其他元件的距离。

b．变压器：它主要依靠传导散热，对不带外罩的变压器，要求铁心与支架、支架与固定面都要良好接触，使其热阻最小。对有外罩的变压器，除要求外罩与固定面良好接触外，可将其垫高并在固定面上开孔，形成对流。变压器外表面应涂无光泽黑漆，以加强辐射散热。

c．晶体管：对于功率小于 100mW 的晶体管，一般不用散热器，依靠管壳及引脚的对流、辐射和传导散热。至于大功率的晶体管应该采用散热器散热。

d．集成电路：对于一般集成电路的散热，主要依靠外壳及引脚的对流、辐射和传导散热。当集成电路的热流密度超过 0.6W/cm^2 时，应装散热装置，以减少外壳与周围环境的热阻。

e．其他元器件：小功率的电感、电容、二极管等类似于电阻，主要依靠于引脚的传导散热；对于大功率的这些元器件，同样需要采取相应的散热装置。

② 元器件的合理布置。

a. 为了加强热对流，在布置元器件时，元器件和元器件与结构件之间，应保持足够的距离，以利于空气流动，增强对流散热。

b. 在布置元器件时应将不耐热的元器件放在气流的上游，而将本身发热又耐热的元器件放在气流的下游。

c. 对热敏感元件，在结构上可采取“热屏蔽”方法来解决，如图 1.3.3 所示，热屏蔽就是采取措施切断热传播的通路，使电子产品内某一部分的热量（热区）不能传到另一部分（冷区）去，从而达到对热敏感元件的热保护。

③ 电子产品内部的合理布局。

a. 应合理地布置机箱进出风口的位置，尽量增大进出风口之间的距离和它们的高度差，以增强自然对流。

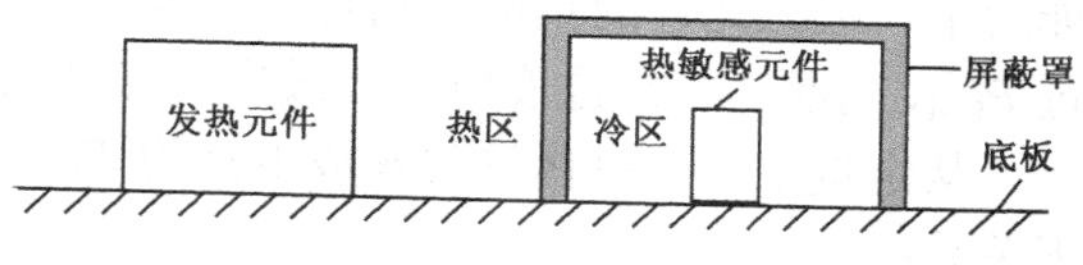

图 1.3.3　热屏蔽方法示意图

b. 对于大面积的元器件应特别注意其放置位置，如机箱底的底板、隔热板、屏蔽板等。若位置安排不合理，可能阻碍或阻断自然对流的气流。

c. 合理安排印制板。对印制板的位置排列，如设备内只安排一块印制板，无论印制板水平放置还是垂直放置，其元器件温升区别不大。如设备内安排几块或几十块印制板，这时应垂直并列安装，每块印制板之间的配置间隔保持 30mm 以上，以利于自然对流散热。

2）强制散热

强制散热方式通常有强制风冷、液体冷却、蒸发冷却、半导体致冷等。

（1）强制风冷。强制风冷是利用风机进行鼓风或抽风，提高产品内空气流动的速度，增大散热面的温差，达到散热的目的。强制风冷的散热形式主要是对流散热，其冷却介质是空气。强制风冷应用很广泛，它比其他形式的强制冷却具有结构较简单，费用较低，维护较简便等优点。所以它是目前应用最多的一种强制冷却方法。

（2）液体冷却。由于液体的导热系数、热容量和比热都比空气大，利用它作为散热介质其效果比空气要好，因此多用于大功率元件（如行波管、磁控管、功放管和整流管等），以及某些大功率的分机和单元。液体冷却系统比较复杂，体积和重量较大，设备费用较高，维护也较复杂。液体冷却系统可分为两类：直接液体冷却和间接液体冷却。

（3）蒸发冷却。每一种液体都有一定的沸点，当液体温度达到沸点时就会沸腾而产生蒸汽，从沸腾到形成蒸汽的过程称为液体的汽化。液体汽化时要吸收热量。蒸发冷却就是利用液体在汽化时能吸收大量热量的原理来冷却发热器件的。比如目前的冰箱也是利用这一原理进行制冷的。

（4）半导体致冷。当任何两种不同的导体组成一电偶对，并通以直流电时，在电偶对的相应接头处就会发生吸热和放热现象。这种效应在一般的金属中很弱，在半导体材料中则比较显著，因此可用半导体作为致冷元件。

半导体致冷由于没有机械传动部分，不需致冷剂，所以，工作无噪声、无震动，可制成真正意义上的无氟冰箱，同时易于实现自动调节、致冷与加热转换。

3）功率晶体管及集成电路芯片的散热

在电子产品中使用的晶体管和集成电路，由于流过集电极 PN 结的电流产生热量，必须采取有效的方法将这些热量散发出去，否则晶体管与集成电路的工作性能会变坏，严重时还会烧坏。因此在使用晶体管与集成电路时，必须认真地考虑其散热问题。

（1）晶体管及集成电路芯片的散热原理。

晶体管和集成电路在工作时，直流电源功耗有一部分要消耗在晶体管内，就是集电极功耗 P_c。它们产生的热量一面使结温度升高，一面又经过管壳向四周发散，在连续工作时，达到热的平衡，使得结温度保持在高于环境温度 T_a 的某一定值 T_j。所以在一定的环境温度 T_a 和晶体管和集成电路散热能力下，集电极功耗 P_c 就决定了管子结温度 T_a 的高低。而一个晶体管或集成电路最大允许的结温度 T_{jM} 是一定的，它由器件的材料和制造工艺所决定。对于锗材料，T_{jM} 约为 75～100℃，对于硅材料，约为 150～200℃。每种型号晶体管和集成电路的 T_{jM} 可以从晶体管器件手册和集成电路手册中查到。这样，在一定环境温度 T_a 和管子的散热能力下，最大允许的集电极功耗 P_{CM} 就是一定的，它由 T_{jM} 所限制。使用时，如果长时期超过 P_{CM}，则晶体管结温度将超过最大允许结温度 T_{jM}，就会缩短管子寿命，甚至有烧坏的危险。

从定量来看，晶体管与集成电路的 P_{CM}，T_{jM} 与环境温度 T_a 和器件的散热能力之间有以下关系：

$$T_{jM}=T_a+R_T P_{CM} \quad 或 \quad P_{CM}=(T_{jM}-T_a)/R_T$$

式中 R_T 为热电阻，单位是℃/W 或℃/mW，例如，3AX81 的热阻 R_T=0.25℃/mW，即集电极功耗每增加 1mW，结温升高 0.25℃。热阻反映了器件的散热能力，热阻愈小，则器件散热能力愈好。由上式可看出，在一定的最高结温 T_{jM} 和环境温度 T_a 下，热阻愈小，则最大允许的集电极功耗愈大。例如一个晶体管 T_{jM}=90℃，使用时最高工作温度 T_a=50℃，设热阻=20℃/W，则管子的 P_{CM}=2W。如果的将热阻降低为 4℃/W，则 P_{CM}=10W，比原来的最大允许集电极功耗提高了 5 倍。这种情况，从物理现象上也是容易理解的。热阻减小，表示晶体管散热能力加强，可以把集电极功耗所产生的热量更快地散发掉，因此对于一定的 T_{jM} 和 T_a，可以承受的最大集电极功耗 P_{CM} 就增加了。由上可知，提高一个晶体管的 P_{CM}，也就是提高管子的输出功率，即增加管子的散热能力，也就是减小它的热阻。目前，提高器件散热能力的主要方法是装散热器（微机在 CPU 芯片的散热器上还装电风扇）。散热器用导热性能良好的铜、铝等金属制成，表面涂黑，晶体管装上散热器后，热阻降低，最大允许集电极功耗显著增加，一般可增大 5 倍以上，所以在输出功率大于 1W 时，器件就需要装上适当的散热器。

（2）散热器。

目前常用的散热器大致有以下几种类型：平板型、平行筋片型、叉指型、星型等。如图 1.3.4 所示。

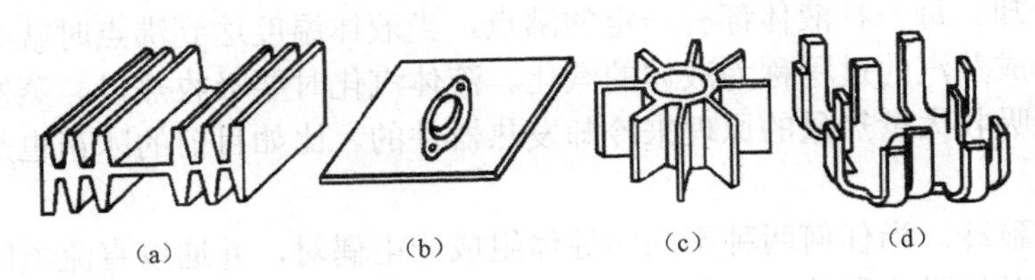

图 1.3.4　散热器形式

① 平行筋片型散热器。

平行筋片散热器是铝合金挤压成型的具有平行筋片的铝型材做成的散热器，如图 1.3.4（a）

所示。这种散热器在较大的耗损功率下具有较小的热阻，因而其散热能力强，一般用于大、中功率晶体管的散热器。

② 平板型散热器。

平板型散热器是最简单的一种散热器，如图 1.3.4（b）所示。它由厚度为 1.5mm～3mm 的金属薄板制成，一般多为正方形或长方形的铝板或铝合金板。对于一些中小功率的晶体管，可以直接安装在金属板上进行散热。若要使所占的空间较小，则大多垂直安装，而且垂直安装的热阻比水平安装要小。

③ 星型和叉指型散热器。

星型散热器如图 1.3.4（c）所示；叉指型散热器是用铝板冲制而成的，如图 1.3.4（d）所示。这种散热器制作工艺简单，散热效率高，结构形式多样，可供中、大功率晶体管散热用。

1.3.3 机械因素的防护

1. 机械作用对电子产品的影响

电子产品在使用、运输和存放过程中，不可避免地会受到机械力的作用，其中危害最大的是震动、冲击。如果产品不加以防护，就会导致电子产品的损坏或无法工作。

震动与冲击对电子产品造成的破坏一般来说有两种：一种是由于设计不良造成的，对震动来说，当外激震动频率与电子产品或其中的元器件、零部件的固有频率接近或相同时，将产生共振，因而震动幅度越来越大，最后因震动加速度超过产品及其元件、零部件的极限加速度而破坏。由于在很短的时间内（几微秒）冲击能量转化为很强的冲击力，在质量不变的情况下，其冲击加速度必然很大。因冲击加速度超过产品及其元器件、零部件的极限加速度而破坏。另一种是疲劳损坏，虽然震动和冲击加速度未超过极限值，但在长时间的作用下，产品及其元器件、零部件因疲劳作用而降低了强度，最后导致损坏。

2. 减振和缓冲的基本原理

1）弹性系统的组成及基本特性

机械震动是物体受交变力的作用下，在某一位置附近做往复运动。电子产品和其隔离系统所组成的弹性系统，可用图 1.3.5 所示的模型来表示。该弹性系统的质量 m 完全集中在设备的重心上，它表示系统的惯性大小，系统的刚性系数 K，也称为静刚度，表示系统的弹性大小。

当弹性系统做自由震动时，其震动频率只与系统本身的质量和刚度有关，这个频率就是系统的固有频率，记为 f_0（推导略）：

$$f_0=\frac{1}{2\pi}\sqrt{K/m} \quad 或 \quad \omega_0=\sqrt{K/m}$$

由上式可知，当改变系统的刚度 K 或系统的质量 m 时，系统的固有频率随之而改变。

由于 $K=mg/X$，代入上式可得：

$$f_0=\frac{1}{2\pi}\sqrt{K/m}=\frac{1}{2\pi}\sqrt{\frac{g}{X}}\approx\frac{\sqrt{9.8}}{2\pi}\cdot\sqrt{\frac{1}{X}}=0.498\sqrt{\frac{1}{X}}$$

从上面简单可知，只要知道弹性系统的静位移 X，就可知道该系统的固有频率。

上面所讨论的自由震动是无阻尼的自由震动，实际上这种震动并不存在，因为任何弹性系统在自由震动时，经过一定时间后，都要逐渐衰减，这是因为阻尼总是存在的。有阻尼的自由震动时的角频率为：

$$\omega_1 = \sqrt{K/m-(r/2m)^2} = \sqrt{\omega_0^2-(r/2m)^2}$$

显然，$\omega_1 < \omega_0$，阻尼系数 r 越大阻尼越强，ω_1 越小。当阻尼系数增大到$\gamma/2m=\omega_0$ 时，$\omega_1=0$，这时震动将停止。我们把$\omega_1=0$ 时的阻尼系数称为临界阻尼系数，用 r_0 表示，即

$$r_0 = 2m\omega_0 = 2m\sqrt{\frac{K}{m}} = \sqrt{4Km}$$

由此可以看出，提高弹性系统的刚性可以增强系统的阻尼作用。一切弹性系统的阻尼系数，都介于 0 和 r_0 之间，即 $0<r<r_0$。我们把弹性系统阻尼系数 r 和临界阻尼系数之比称为阻尼比ζ，$\zeta=r/r_0$，阻尼比表示了弹性系统的阻尼情况，阻尼比越大，表示阻尼作用越强。减振器的阻尼比可从手册中查出。

在实际中所见到的持续震动，是靠外界的激振力对弹性系统做功，即输入能量以弥补阻尼所消耗的能量。这种在外部激振力作用下使弹性系统产生的震动称为有阻尼的强迫震动，如图 1.3.6 所示。

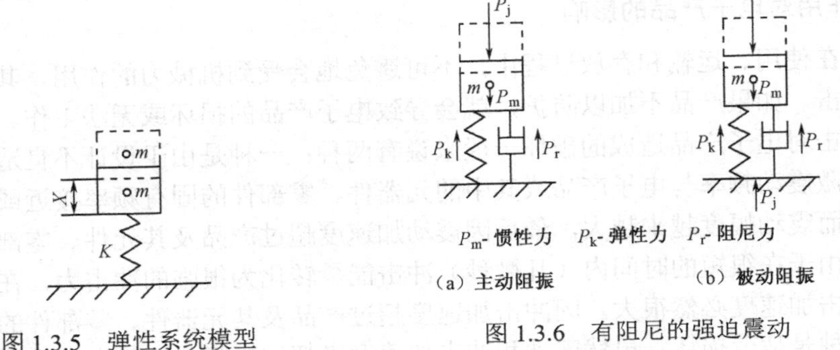

图 1.3.5　弹性系统模型　　图 1.3.6　有阻尼的强迫震动

强迫震动的振幅 A 与外激震动的振幅 A_j 有以下关系，推导略：

$$A = A_j\sqrt{\frac{1+4\zeta^2\gamma^2}{(1-\gamma^2)^2+4\zeta^2\gamma^2}}$$

式中　A——系统强迫震动的振幅；

A_j——外激震动的振幅；

ζ——阻尼比，$\zeta=r/r_0$；

γ——频率比，外激震动的频率 f_j 和系统固有频率 f_0 之比，即$\gamma=f_j/f_0=\omega_j/\omega_0$。

对于某确定的弹性系统，其阻尼比ζ也是确定不变的。当外激震动参数已知时，决定系统强迫震动振幅大小的只有频率比γ，也就是说，系统强迫震动的振幅大小与激振频率 f_j 及系统固有频率 f_0 有关。由上式可得出以下结论。

（1）当 $f_j \ll f_0$ 时，γ 接近于 0，强迫震动的振幅 A 等于外激振的振幅 A_j。即 $A=A_j$；

（2）当 $f_j<f_0$ 时，$\gamma<1$，强迫震动的振幅 A 大于外激震动的振幅 A_j，即 $A>A_j$；

（3）当 $f_j=f_0$ 时，$\gamma=1$，$A \gg A_j$，此时如果阻尼比ζ 越小，A 比 A_j 大的倍数越多。而当$\zeta\to 0$ 则 $A\to\infty$，也就是说，当 $f_j=f_0$ 时，系统将发生共振现象；

（4）当 $f_j=\sqrt{2}\,f_0$ 时，$\gamma=\sqrt{2}$，强迫震动的振幅 A 等于外激震动的振幅 A_j，即 $A=A_j$；

（5）当 $f_j>\sqrt{2}\,f_0$ 时，$\gamma>\sqrt{2}$，$A<A_j$；

（6）当 $f_j \gg f_0$ 时，$\gamma \gg \sqrt{2}$，$A<A_j$ 它与$\gamma>\sqrt{2}$ 时的变化不大。

根据以上分析可以看出，只有当 $f_j>\sqrt{2}\,f_0$ 的情况下，强迫震动的振幅 A 才能小于外激震动的振幅 A_j。也就是说只有当 $f_j>\sqrt{2}\,f_0$，$\gamma>\sqrt{2}$ 时强迫震动才不会造成不良后果。

2）减振的基本原理

为了使电子产品在外激下不受或少受影响，就要对电子产品采取减振措施。在电子产品上安装减振器，使产品和减振器构成一弹性系统，从要求系统减低或隔离的需要出发，使$f_j > \sqrt{2} f_0$就能得到良好的减振效果。在已知激振频率f_j的情况下，对产品进行减振或隔振，主要是如何改变系统的固有频f_0，正确的设计或选择减振器的静刚度K，就能使系统的固有频率f_0改变，以满足$f_j > \sqrt{2} f_0$的条件，达到减振或隔振的目的。

减振器的物理作用还可以这样来理解，因为震动是方向不断改变的机械作用，当装上适当的减振器后，减振器能将支撑基座传来的机械作用的能量储存起来，并缓慢地传到产品上去，当还来得及将全部能量传给产品时，支撑基座又开始反方向运动了，这时能量由减振器重新交还给支撑基座。以后又重复前面的过程，如此循环下去，就使产品所受的震动作用大为减小。

3）缓冲的基本原理

碰撞和冲击是一种不规则瞬时作用于产品上的外力所产生的机械作用。如果外力具有重复性，次数较多，加速度不大，波形一般为正弦波，其机械作用称之为碰撞。如飞机的降落。如果外力不重复，加速度大，波形是单脉冲，其机械作用称之为冲击。如汽车的启动与停止、物体的跌落等机械作用。缓冲是防止电子产品免受碰撞和冲击的一种重要措施。

由能量定理$P=Ft$可知：当外来冲击能量P一定时，若冲击力作用的时间t愈长，则设备所受的冲击力F愈小，冲击加速度愈小（$F=ma$）。因此若加大冲击力作用的接触时间，就可以减轻产品所受冲击力作用的影响。缓冲设计实质上是把瞬时的、强烈的碰撞和冲击能量，以位能的形式最大限度地储存在冲击减振器中，使减振器产生较大的形变。冲击结束后，冲击减振器的能量，由减振系统缓慢地将能量释放出来，达到保护电子产品的目的。因此，缓冲系统实际上是一个储能装置。在一定情况下，减振器越软，冲击力作用的时间越长，减振器的形变越大，产品受到的冲击就越少，防护的效果就越好。

3. 减振和缓冲的措施

1）消除振源

减弱或消除震动和冲击的干扰源。例如电动机要进行单独隔振，对旋转部件应进行动平衡试验，消除因制造、装配或材料缺陷造成的偏心引起的离心惯性力。

2）结构刚性化

当激振频率较低时，应增强结构的刚性，提高电子产品及元器件的固有频率，以达到电子产品及元器件的固有频率远离共振区。

提高元器件、部件和结构件的抗震动、冲击能力。采取各种措施增加元器件、部件和结构件的强度和刚性。

3）隔离

在震动源与敏感元件之间引入隔离措施。虽然震动和冲击是两种不同性质的机械因素，但在结构设计时，往往只采用一种装置来隔离震动和冲击的影响，这种既能减振又能缓冲的机械结构称为减振器。

目前在电子工业中，应用标准化的橡胶-金属减振器，如图1.3.7所示，图（a）所示为JP型平板式减振器；图（b）所示为JW型碗式减振器。如图1.3.8所示为JZN型阻尼式减振器。

（1）橡胶-金属减振器是以橡胶作为减振器的弹性元件，以金属作为支撑骨架，故称橡皮-金属减振器。这种减振器由于使用橡胶材料，因而阻尼较大，对高频震动的能量吸收尤为显著，当震动频率通过共振区时也不至产生过大的振幅。同时由于橡胶能承受瞬时较大的形变，因此承受减振和缓冲的性能较好。但天然橡胶的温度性能差，受温度的影响大，当温度超过时，表面会产生裂纹并逐渐加深，最后失去强度。此外天然橡胶耐油性差，对酸性和光等敏感，容易老化，寿命短，应定期更换。

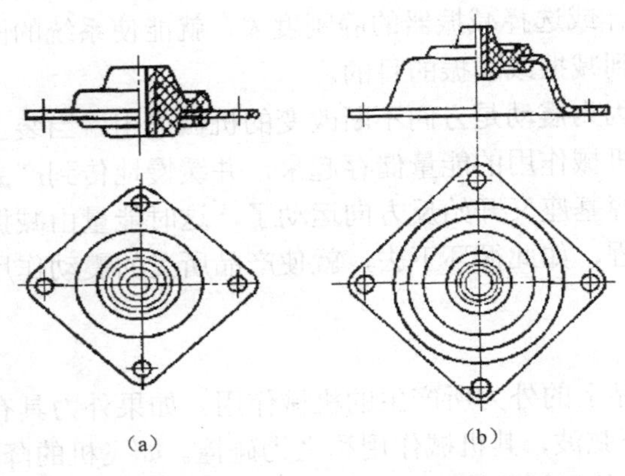

图 1.3.7　橡胶-金属减振器

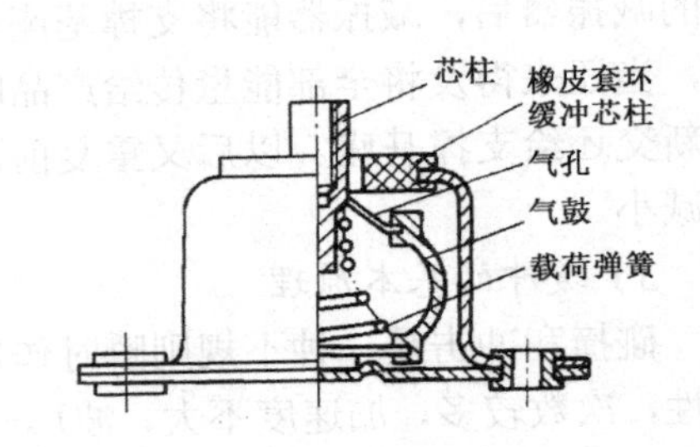

图 1.3.8　JZN 型阻尼式减振器

（2）金属弹簧减振器用弹簧钢板或钢丝绕制而成，常用的有圆柱形弹簧和圆锥形弹簧两种。这种减振器的特点是对环境条件反应不敏感，适用于恶劣环境，如高温、高寒、油污等；工作性能稳定，不易老化；刚度变化范围宽，不但能做得非常柔软，亦能做得非常钢硬。其缺点是阻尼比很小（$\zeta \leqslant 0.005$），因此必要时还应另加阻尼器或在金属减振器中加入橡胶垫层、金属丝网等。

对于陶瓷、玻璃等脆性元件或产品内部空间有限而无法安装减振器时，可采用具有软弹性的胶状物充填在需要隔离的部位，以起到隔离减振的作用。

4）阻尼减振技术

利用减振器对电子产品进行震动和冲击隔离时，减振器的作用是减弱机械环境对电子产品的危害。在很多情况下，由于电子产品并不是理想刚体，因此，当被减弱的干扰振幅传递到产品上时，也可能引起结构或产品中的某些零部件发生共振。尽管改变质量和刚度或者进行二次隔振可以避开共振，但是，当一些特殊的微小型零件或连接部件难以实施二次隔振，而质量、刚度又不能改变过大时，尤其是在干扰频率较宽的情况下，这些措施收效甚微甚至难以奏效。这时可以采用阻尼来进行减振，例如，将阻尼材料涂覆或粘贴在震动物体上，使物体或结构发生震动时通过这些阻尼形式消耗大量的震动能，达到减振的作用。

5）其他措施

除了安装减振器进行被动隔离外，还应对电子产品中各元器件采取措施，提高产品的耐振、耐冲击能力。

（1）导线和电缆：通常都尽量将几根导线编扎在一起，并用线夹做分段固定，以提高其固有频率，提高抗冲击震动能力。但单线连接有时是不可避免的，这时使用多股导线比单股硬导线好，跳线不能过紧也不能过松。若过紧，在震动时由于没有缓冲而易造成脱焊或拉断；若过松，在震动时易引起导线摆动造成短路。

（2）电容器和电阻器：电容器一般采用立装和卧装两种方式，卧装的抗振能力强，为了提高其抗振能力，立装应尽量剪短引脚，最好垫上橡皮、塑料、纤维、毛毡等；卧装可用环氧树脂固定。电阻器多采用卧装，因其抗振能力强。

（3）晶体管：小功率晶体管一般采用立装，为了提高其本身能抗冲击和震动能力，可以卧装、倒装，并用弹簧夹、护圈或胶（如硅胶、环氧树脂）固定在印制电路板上，如图 1.3.9 所示。大功率晶体管应与散热器一起用螺栓固定在底板或机壳上。

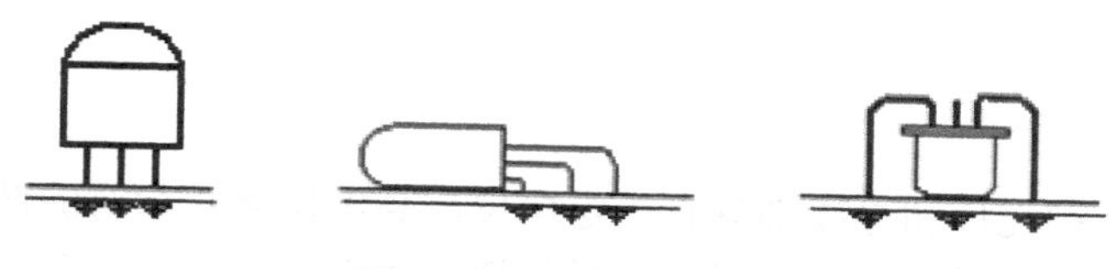

图 1.3.9　晶体管的安装

（4）继电器：继电器和其他电气元件不一样，由电气和机械结构组合在一起，它本身容易失效，在冲击和震动的影响下，继电器的典型故障有：接触不良；衔铁动作失灵或移位；触点抖动使接触电阻不断变化干扰电路工作等。继电器安装如图 1.3.10 所示。

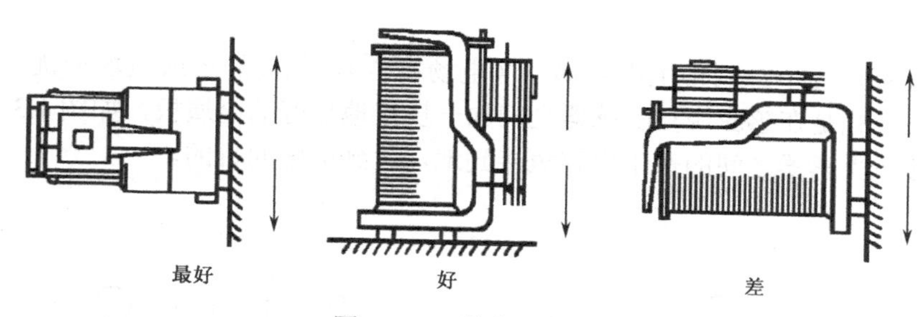

图 1.3.10　继电器安装

（5）变压器等较重的元器件，应尽量安装在产品的底层，利用变压器铁心的穿心螺栓将框架和铁心牢固地固定在底板上，其螺栓应有防松装置。

（6）印制电路板较薄，易于弯曲，故需要加固。

（7）机架和底座的结构可根据要求设计成框架薄板金属盒或复杂的铸件。

（8）对特别怕震动的元器件、部件，可进行单独的被动隔振，对震动源（如电动机）也要单独进行主动隔振。

（9）调谐机构应有锁定装置，紧固螺钉应有防松动装置。陶瓷元件及其他较脆弱的元件和金属零件连接时，它们之间最好垫上橡皮、塑料、纤维、毛毡等衬垫。

为了提高抗震动和抗冲击能力，应尽可能地使设备小型化。其优点是易使产品具有较坚固的结构和较高的固有频率；在既定的加速度作用下，惯性力也较小。

1.3.4　电磁干扰的屏蔽

在电子产品的外部和内部存在着各种电磁干扰，干扰会影响或破坏电子产品的正常工作。

外部干扰是指除电子产品所要接收的信号以外的外部电磁波对电子产品的影响，外部干扰可通过辐射、传导或辐射和传导同时存在的传输方式，从电子产品的外壳，输入导线，输出导线以及馈电线等，进入电子产品的内部，从而影响产品的正常工作。其中有些是自然产生的，如宇宙干扰、地球大气的放电干扰等。有些是人为的，如电焊机、电吹风所产生的干扰等。

内部干扰是由于产品内部存在着寄生耦合。寄生耦合有电容耦合与电感耦合。

为了保证电子产品正常地工作，就需要防止来自产品外部和内部的各种电磁干扰。

电子产品受到的干扰可分为两种情况：一是场的干扰（如电场、磁场等），二是路的干扰（如公共阻抗的耦合、地电流干扰、馈线传导干扰等）。前者可采取隔离和屏蔽等方法解决，后者可采用滤波、合理设计馈线系统和地线系统等措施解决。

1．电场的屏蔽

1）寄生电容耦合

由于产品内的各种元件和导线都具有一定电位，高电位导线相对的低电位导线有电场存在，也即两导线之间形成了寄生电容耦合。通常把造成影响的高电位叫感应源 g，而被影响的低电位叫受感器 s。实际上凡是能辐射电磁能量并影响其他电路工作的都称为感应源（或干扰源），而受到外界电磁干扰的电路都称为受感器。在感应源和受感器之间，由于电场存在，形成了寄生电容耦合，如图 1.3.11 所示。由寄生电容 C_{js} 所造成的影响正比于电场强度，即正比于感应源和受感器之间的电压，反比于它们之间的距离。

2）静电或电场屏蔽

电场的屏蔽是为了抑制寄生电容耦合（电场耦合），隔离静电或电场干扰。电场屏蔽的最简单的方法，就是在感应源与受感器之间加一块接地良好的金属板，如图 1.3.12 所示，就可以把感应源与受感器之间的寄生电容短接到地，达到屏蔽的目的。

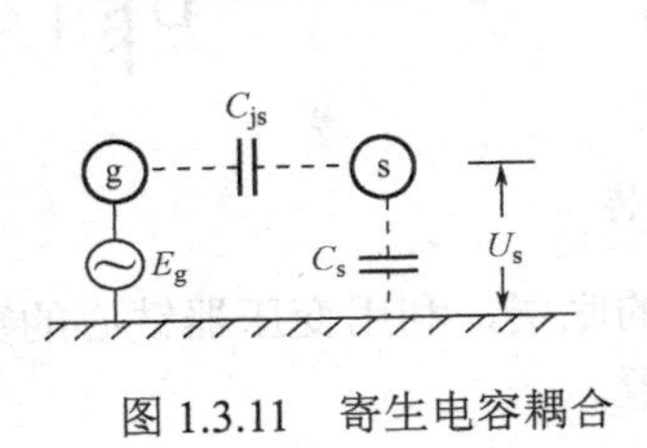

图 1.3.11 寄生电容耦合

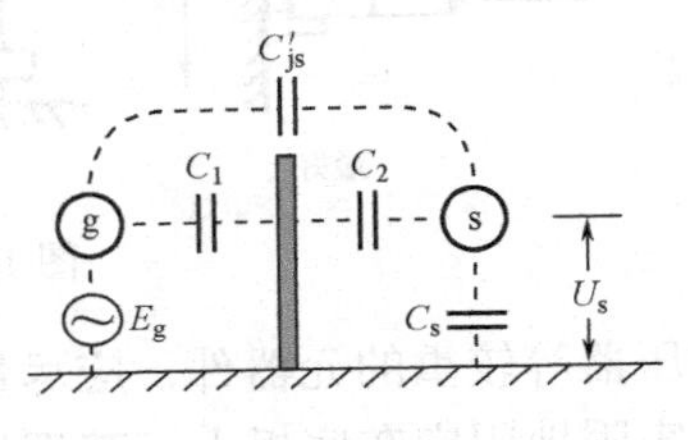

图 1.3.12 电场屏蔽

（1）在没有电场屏蔽的情况下，受感器上的感应电压为：

$$U_s=E_gC_{js}/(C_{js}+C_s) \quad (1\text{-}1)$$

式中 E_g——感应源电压；

C_s——受感器对地的分布电容。

（2）当在感应源与受感器之间加一块接地良好的金属板后，使原来的寄生耦合电容 C_{js} 被分成电容 C_1、C_2 和不大的剩余寄生电容 C'_{js}，这时受感器上的感应电压为：

$$U_s=E_g C'_{js} / (C'_{js}+C_2+C_s) \quad (1\text{-}2)$$

由于金属板的面积比感应源与受感器之间形成电容的面积大得多，而且距离较近，所以，$C_1 \gg C_{js}$、$C_2 \gg C_{js}$、$C_{js} \gg C'_{js}$，比较式（1-1）和式（1-2），可得式（1-2）中的 U_s 比式（1-1）的 U_s 小很多，如果接地金属板无穷大，$C'_{js}=0$，则受感器上的感应电压 U_s 也为零，电场干扰被完全隔离。

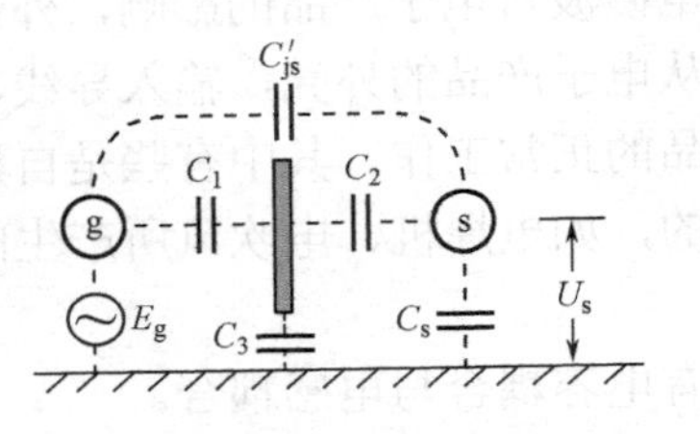

图 1.3.13 金属板不接地的电场屏蔽示意图

（3）如果隔离金属板没有接地或接地不良，如图 1.3.13 所示。这时金属板与地之间存在着很小的颁布电容 C_3，在忽略 C'_{js} 的情况下，受感器上的感应电压为：

$$U_s=E_g \cdot C_1C_2 / [(C_1+C_3)(C_2+C_s)+C_2C_s] \quad (1\text{-}3)$$

比较式（1-2）和式（1-3），可得式（1-3）的 U_s 比

式（1-1）的 U_s 大很多。由此可见，金属隔板不接地，不仅没有屏蔽作用，而且是有害的。

2．磁场的屏蔽

磁场的屏蔽主要是为了抑制寄生电感耦合。寄生电感耦合也叫磁耦合，如图 1.3.14 所示。

当感应源 g 内的电路中有电流通过时，在感应源 g 和受感器 s 之间，由于电感作用而形成寄生电感耦合。随着频率的不同，磁场屏蔽要采用不同的磁屏蔽材料，其磁屏蔽原理也不同，下面分别讨论。

1）恒定磁场和低频磁场的屏蔽

对于恒定磁场和低频（低于 100kHz）磁场采用导磁率高的铁磁性材料做屏蔽物。其原理是利用铁磁材料的高导磁率对干扰磁场进行分路。

磁场有磁力线，磁力线通过的主要路径为磁路，与电路具有电阻一样，磁路也有磁阻 R_c。即

$$R_c = l_c/\mu \cdot S$$

式中 μ——相对导磁系数（相对导磁率）；

S——磁路横截面积；

l_c——磁路长度。

显然导磁率越大，磁阻就越小。由于铁磁材料的 μ 比空气的 μ 高得多，因此，铁磁材料的磁阻 R_c 比空气的磁阻 R_c 小得多。将铁磁材料置于磁场中时，磁通将主要通过铁磁材料，而通过空气的磁通将大为减小，从而起到磁场屏蔽作用。

图 1.3.15 所示的屏蔽线圈，采用铁磁材料作为屏蔽罩。图 1.3.15（a）所示中，线圈是一个感应源，其所产生的磁力线主要沿屏蔽罩通过，从而使线圈周围的电路或元件不受线圈磁场的影响。同样，图 1.3.15（b）所示中，线圈是一个受感器，外界磁场被屏蔽罩隔离，而很少进入屏蔽罩内，从而使线圈不受外部磁场的影响。屏蔽物的导磁系数越高，屏蔽物壁越厚，磁屏蔽的效果就越好。但是，在垂直于磁力线的方向上，不应出现缝隙，否则磁阻增大，将使屏蔽效果变差。

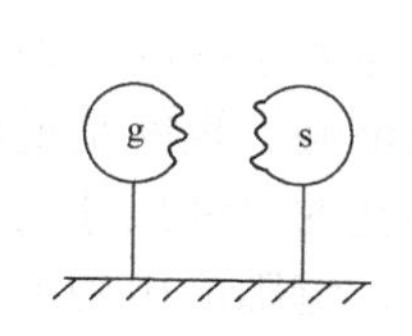

图 1.3.14 磁耦合

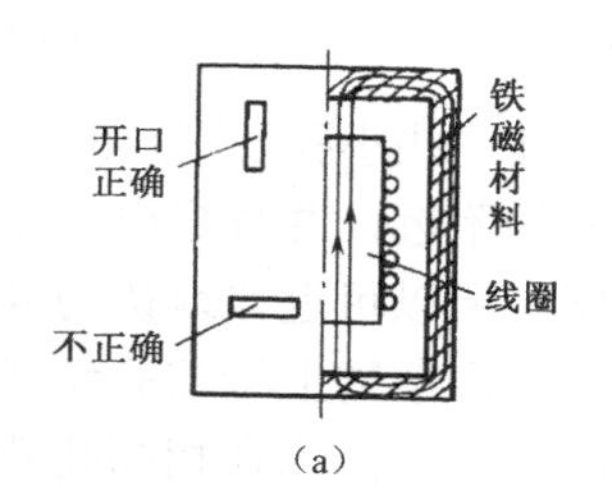

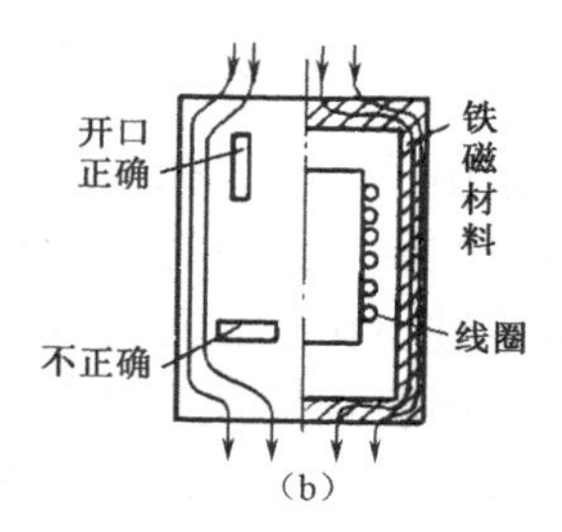

图 1.3.15 低频磁场的屏蔽

2）高频磁场的屏蔽

如果在一个均匀的高频磁场中，如图 1.3.16（a）所示，放置一金属圆环，那么，在此金属环中将产生感应电流，此电流将产生一个反抗外磁场变化的磁场，如图 1.3.16（b）所示。此磁场的磁力线在金属圆环内与外磁场磁力线方向相反，在圆环外方向相同。结果使得金属圆环内部的总磁力线减少，即总磁场削弱，而圆环外部的总磁力线增加，即总磁场加强。从而发生了外磁场从金属圆环内部被排斥到金属圆环外面去的现象，如图 1.3.16（c）所示。

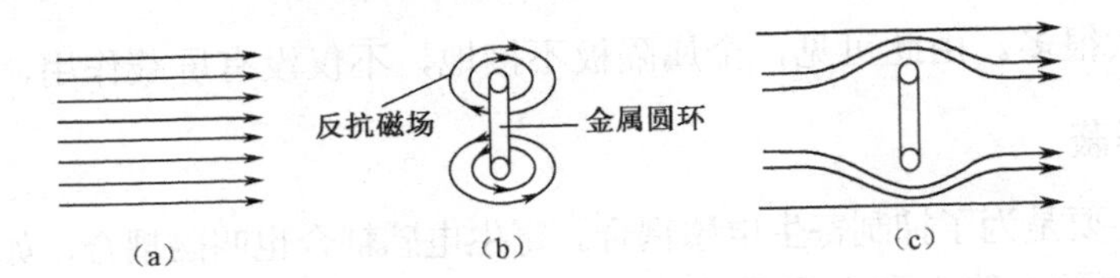

图 1.3.16　金属圆环中的电流将磁场挤出

如果在外磁场中放置一块金属板，金属板可以看成是由若干个彼此短路的圆环所组成的。那么，由于涡流排斥外磁场的作用，反抗外磁场通过金属板将外磁场排斥到金属板外面，如图 1.3.17 所示。故金属板就成为阻止外磁场通过的屏蔽物。这种屏蔽方式称为屏蔽物对磁场排斥。高频的磁场屏蔽均属这种方式。

由此可以得出，对于磁场屏蔽：当频率较低时，屏蔽作用是屏蔽物对磁路分路，应采用相对导磁率高的铁磁材料做屏蔽物；当频率高时，屏蔽作用是屏蔽物对磁场的排斥（这种排斥是由感应涡流引起的），应采用导电性能好的金属材料作为屏蔽物。

用金属板做成一个封闭的屏蔽盒，将线圈置于屏蔽盒内，如图 1.3.18 所示，则既能使线圈不受外磁场的干扰，也能使线圈磁场不干扰外界。

屏蔽物的接缝或切口，只允许顺着涡流的方向，而不允许截断涡流的方向，如图 1.3.18（a）所示。因为截断涡流意味着对涡流的电阻增大，即涡流减小，从而使屏蔽效果变坏。考虑到实际情况，如果被屏蔽的是复杂电路，或者作用于电路的外磁场有几个，即产生的磁通方向是多种多样的，则屏蔽物上应避免有长缝隙。

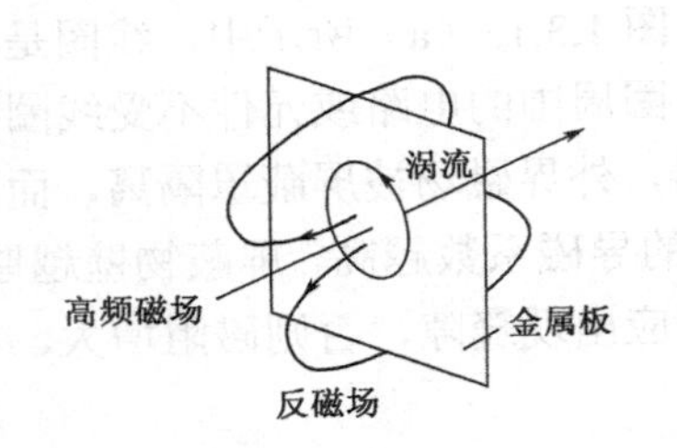

图 1.3.17　金属板对磁场的排斥作用

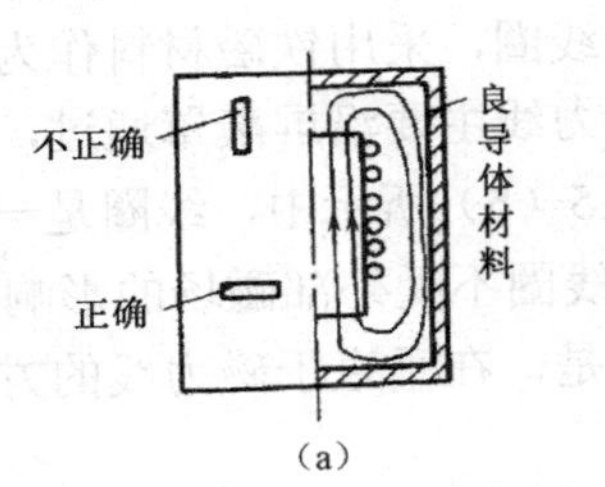

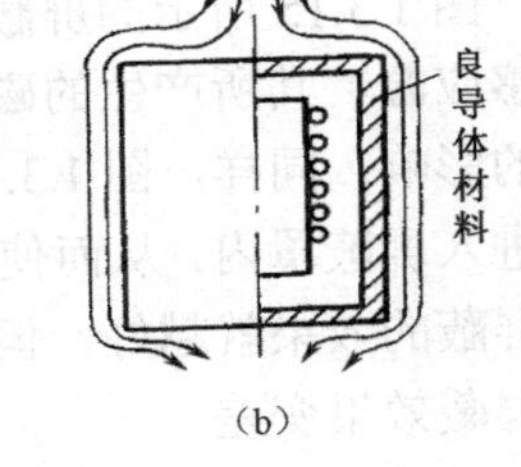

图 1.3.18　金属屏蔽盒屏蔽高频磁场

如果由于需要，在屏蔽物上开一些小孔，则孔的尺寸应小于波长的 0.25%～1%。由于从小孔穿出的磁力线只存在于小孔的附近，并且穿出小孔的磁力线数与穿入小孔的磁力线数相等，即穿过小孔的总磁通等于零。所以可近似地认为屏蔽物没有磁场泄漏。也就是说这样的小孔对磁屏蔽效果几乎没有影响。屏蔽物上缝隙的允许直线尺寸比小孔的允许尺寸还要小一些，一般是小孔允许尺寸的 50%，这是因为在相同孔隙面积的情况下，缝隙的电磁泄漏比孔洞严重。

3．电磁场的屏蔽

除了静电场和恒定磁场外，电场和磁场总是同时出现的。如元件与元件之间（例如线圈之间，导线之间）可能同时存在着电场和磁场耦合。此外，元件工作在高频时，辐射能力增强，产生辐射电磁场，其电场分量和磁场分量总是同时出现的。在这种情况下，就要求对电场和磁场同时加以屏蔽，即对电磁场屏蔽。

电磁场屏蔽主要是用来防止高频电磁场的影响。从上面电场屏蔽和高频磁场屏蔽的讨论中可以看出，只要将高频磁场的屏蔽物良好地接地，就能同时达到电场屏蔽的要求，即达到电场和磁场同时屏蔽的目的。一般所说的电屏蔽就是指高频电磁场的屏蔽，而通常所说的磁屏蔽，多是指恒磁场和低频磁场的屏蔽。

由于电磁感应，一个交变的高频电磁场（系指 3kHz 以上频段）在一个金属壳体上将激励出交变电动势，而此交变电动势将产生交变的感应涡流。根据电磁感应定律，涡流的磁场与激励的磁场在壳体外方向相同，而在壳体内方向相反。这样，金属壳体内的磁场就被排挤到壳体外部去了，从而达到屏蔽交变电磁场的效果。感应的涡流越大，产生的反磁场就越强，金属壳体的屏蔽作用也越好。

电磁场屏蔽用低电阻（导电性好的）金属材料作为屏蔽物，并给以良好的接地。

本章小结

（1）电子产品具有鲜明的特点，电子产品结构工艺随着电子技术的发展而发展。

（2）电子产品的基本要求有气候条件方面的、生产方面和使用方面的要求，各项要求的实施为电子产品质量提供了可靠的保证。

（3）电子产品的可靠性是反映电子产品质量的综合指标。可靠性的主要指标有可靠度、故障率、平均寿命、失效率等。提高可靠性的途径可从产品设计制造及使用两方面去考虑。

（4）电子产品的防护主要有气候因素的防护、热防护、机械因素防护和电磁干扰的屏蔽。

（5）对气候因素的防护主要是“三防”，即防潮、防盐、防霉菌。

（6）物体的热传导方式有传导、对流和辐射。常用的散热方法是自然散热、强制散热。半导体散热主要是采用散热器。

（7）机械因素的影响主要是震动和冲击，减振和缓冲的主要措施是安装减振器。常用元器件的防振则采取各种不同的耐振措施。

（8）电场的屏蔽是为了抑制寄生电容耦合（电场耦合），隔离静电或电场干扰。电场屏蔽的方法是在感应源与受感器之间加一块接地良好的金属隔板。

（9）磁场的屏蔽主要是为了抑制寄生电感耦合。低频磁场的屏蔽，屏蔽作用是屏蔽物对磁路分路，应采用相对导磁率高的铁磁材料做屏蔽物；高频磁场的屏蔽，屏蔽作用是屏蔽物对磁场的排斥（这种排斥是由感应涡流引起的），应采用导电性能好的金属材料做屏蔽物。

（10）电磁屏蔽用低电阻（导电性好的）金属材料作为屏蔽物，并给以良好的接地。

习题 1

1．电子产品主要有哪些特点？

2．生产条件对电子产品提出哪些要求？

3．什么是可靠性？产品的可靠性包括哪些内容？

4．提高电子产品的可靠性一般采用哪些措施？

5．为什么对元器件进行老化筛选可以提高产品的可靠性？

6．说明可靠性与经济性的关系，其对实际生产有什么意义？

7. 说明潮湿的机理，潮湿对电子产品有哪些危害？通常采取哪些防潮措施？

8. 盐雾对电子产品有哪些危害？如何防盐雾？

9. 霉菌对电子产品有哪些危害？如何防霉菌？

10. 电子产品中常采取哪些散热方式？各有何特点？

11. 机械作用对电子产品带来哪些影响？一般采取哪些防护措施？

12. 对电子产品中的元器件，可采取哪些减振缓冲措施？

13. 什么是电场屏蔽？什么是磁场屏蔽？什么是电磁场屏蔽？并说明它们的屏蔽原理。

第2章

常用材料

电子产品所用材料很多，随着科学技术的发展，电子的新型材料不断涌现。本章主要介绍电子产品常用的导电材料、焊接材料、绝缘材料、粘接材料和磁性材料。

2.1 导电材料

材料按其导电性可分为绝缘材料、导体材料和半导体材料三类。电阻系数 10^{-8}～$10^{-4}\Omega\cdot m$ 的为导电材料，10^{-4}～$10^{7}\Omega\cdot m$ 的为半导体材料，10^{7}～$10^{20}\Omega\cdot m$ 以上则是绝缘材料。

导电材料主要是金属材料，又称导电金属。用做导电材料的金属除应具有高导电性外，还应有足够的机械强度，不易氧化，不易腐蚀，容易加工和焊接。

电子产品常用的导电材料主要有各种线材和覆铜板。

2.1.1 线材

1．线材的分类

在电子工业中，常用的线材有电线和电缆两大类，它们又可分为裸线、电磁线、绝缘电线电缆、通信电缆等。

1）裸线

裸线是没有绝缘层的电线，常用有单股或多股铜线、镀锡铜线、电阻合金线等。裸线主要是用做电线电缆的线芯，通常也直接用在电子产品中连接电路。

2）电磁线

电磁线是涂有绝缘漆或包缠纤维绝缘层的铜线。电磁线主要用于铸电机、变压器、电感器件及电子仪表的绕组等。其作用是实现电能和磁能转换：当电流通过时产生磁场，或在磁场中切割磁力线产生电流。电磁线包括通常所说的漆包线和高频漆包线。

3）绝缘电线电缆

绝缘电线电缆一般由导电的线芯、绝缘层和保护层组成。线芯有单芯、二芯、三芯和多芯，如图 2.1.1 所示。

绝缘层的作用为防止漏电和电力放电。它是由橡胶、塑料或油纸等绝缘物包缠在芯线外构成的。保护层有金属保护层和非金属保护层两种。金属保护层大多用铝套、铅套皱纹金属套和金属编织套等，起屏蔽作用。非金属保护层采用橡胶、塑料等。

4）通信电缆

通信电缆包括电信系统中的各种通信电缆、射频电缆、电话线及广播线等，如图 2.1.2 所示。

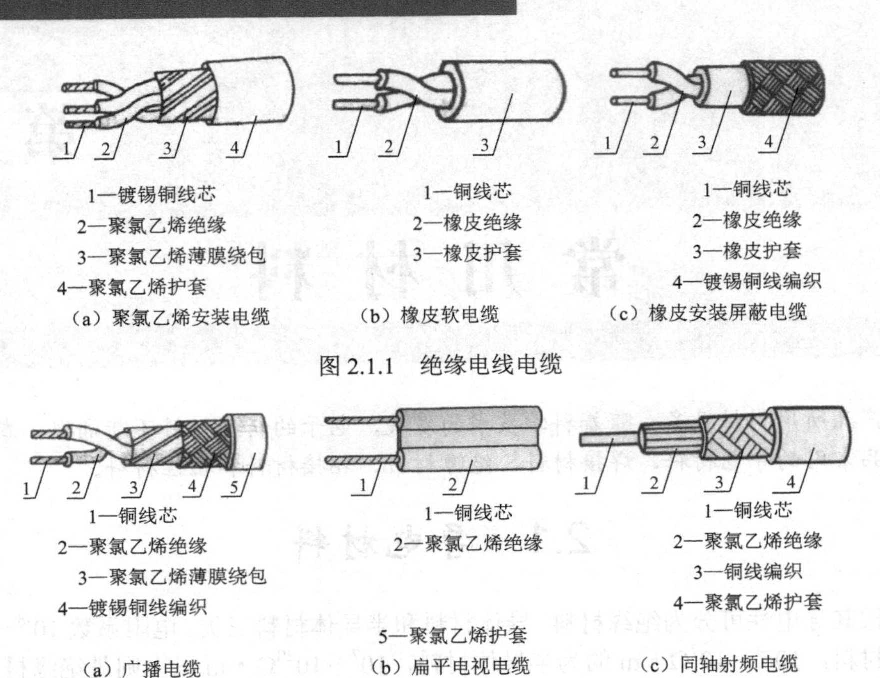

图 2.1.1　绝缘电线电缆

图 2.1.2　通信电缆

通信电缆的结构与绝缘电线电缆相似，通信电缆除扁平线外通常都有屏蔽层，防止电磁干扰和电磁辐射。通信电缆与绝缘电线电缆主要区别是，通信电缆需要考虑介质损耗，所以，不能随便使用绝缘电线电缆代替通信电缆。在高频电路中，当电路两侧的特性阻抗不匹配时，就会发生信号反射。为防止这种影响，需要选择特性阻抗相符的导线，同轴电缆的阻抗是 50Ω 和 75Ω，而扁平电缆的特性阻抗是 300Ω。

5）安装排线

排线又叫扁平安装电缆或带状电缆，从外观上看像是几十根塑料导线并排黏合在一起。排线占用空间小，轻巧柔韧，布线方便，不易混淆。电缆插头是电缆两端的连接器，它与电缆的连接是靠压力使连接端内的刀口刺破电缆的绝缘层实现电气连接，工艺简单可靠，如图2.1.3 所示。电缆插头的插座部分直接装配焊接在印制电路板上。扁平电缆多用于低电压、小电流场合，能够可靠地同时连接几路到几十路微弱信号，但不适合用于高频电路中。在高密度的印制电路板之间已经越来越多地使用了扁平电缆插件及扁平电缆连接。

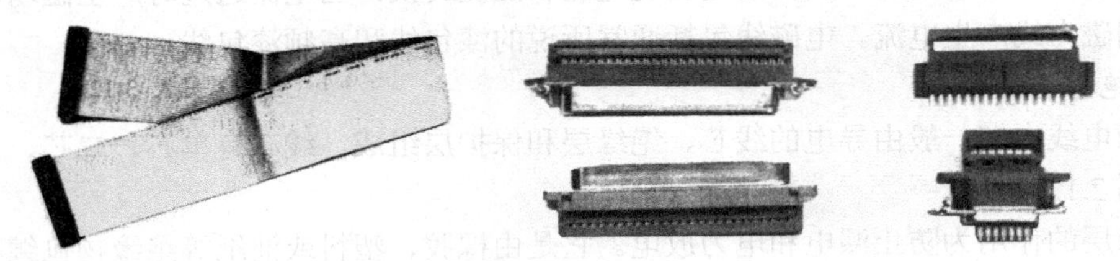

图 2.1.3　扁平电缆外形及接插件

6）高压电缆

高压电缆一般采用绝缘耐压性能好的聚乙烯或阻燃性聚乙烯作为绝缘层，而且耐压越高，绝缘层就越厚。表 2.1.1 所示是绝缘层厚度与耐压的关系，可在选用高压电缆时参考。

表 2.1.1　绝缘层厚度与耐压的关系

耐压（直流：kV）	6	10	20	30	40
绝缘层厚度（mm）	0.7	1.2	1.7	2.1	2.5

2. 导线的选用

导线的选用要从电路条件、环境条件、机械强度等多方面来考虑。

1）电路条件

（1）导线的安全载流量应满足其工作要求。表 2.1.2 列出的安全载流量，是铜芯导线在环境温度为 25℃、载流芯温度为 70℃的条件下架空铺设的载流量。当导线在机壳内、套管内等散热条件不利的情况下，安全载流量应该打折扣，取表中数据的 1/2 是可行的。一般情况下，载流量可按 5A/mm^2 估算，这在各种条件下都是安全的（由于铜的纯度不同而异，铜线的电阻率为 10^{-7} 到 10^{-8}m・Ω，通常铜芯导线在每平方毫米的安全载流量可以达 5A），但在电路中要考虑过大的电流密度可能引起的压降等问题。

表 2.1.2　铜芯导线的安全载流量（25℃）

截面（mm²）	0.2	0.3	0.4	0.5	0.6	0.7	0.8	1.0	1.5	4.0	6.0	8.0	10.
安全载流量（A）	4	6	8	10	12	14	17	20	25	45	56	70	85

（2）导线电阻的电压降。在导线很长时，要考虑导线电阻对电压的影响。

（3）导线应具有高耐压和绝缘性能。随着所加电压的升高，导线绝缘层的绝缘电阻将会下降；如果电压过高，就会导致放电击穿。导线标志的试验电压，是表示导线加电 1min 不发生放电现象的耐压特性。实际使用中，工作电压应该大约为试验电压的 1/3～1/5。

（4）频率特性。对不同的频率选用不同线材，要考虑高频信号的趋肤效应。

（5）特性阻抗。在射频电路中还应考虑导线的特性阻抗，保证电路的阻抗匹配，以防止信号的反射波。

2）环境条件

（1）温度。由于环境温度的影响，会使导线的绝缘层变软或变硬，以致变形、开裂，造成短路。

（2）湿度。环境潮湿会使导线的芯线氧化，绝缘层老化。

（3）气候。恶劣的气候会加速导线的老化。

（4）化学药品。许多化学药品都会造成导线腐蚀和氧化。

选用线材应能适应环境的温度及气候的要求。一般情况下导线不要与化学药品及日光直接接触。

3）机械强度

所选择的导线应具备良好的拉伸强度、耐磨损性和柔软性，质量要轻，以适应环境的机械震动等条件。

4）正确选择和使用不同颜色的导线

导线颜色有很多，单色导线就有棕、红、橙、黄、绿、蓝、紫、灰、白、黑等多种，除了纯色的导线外，还有在基色底上带一种或两种颜色花纹的花色导线。为了便于在电路中区分使用，习惯上经常选择的导线颜色如表 2.1.3 所示，可供参考。

表 2.1.3　选择安装导线颜色的一般习惯

电路类型		导线颜色
交流线路		① 白　② 灰
接地线路		① 绿　② 绿底黄纹　③ 黑
直流线路	+	① 红　② 白底红纹　③ 棕
	地	① 黑　② 紫
	−	① 青　② 白底青纹
晶体管电极	发射极	① 红　② 棕
	基极	① 黄　② 橙
	集电极	① 青　② 绿
指示灯		① 青
立体声电路	右声道	① 红　② 橙　③ 无花纹
	左声道	① 白　② 灰　③ 有花纹
有号码的接线端子		1～10 无花纹（10 是黑色） 11～19 有花纹（19 是绿底黄纹）

5）要便于连接操作

应该选择使用便于连接操作的安装导线，例如，纱包绝缘层的导线用普通剥线钳很难剥出端头，如果不是机械条件的需要，不应该选择这种导线作为普通连线。

2.1.2　覆铜板

制造印制电路板的主要材料是覆铜板。所谓覆铜板，就是经过粘接、热挤压工艺，使一定厚度的铜箔牢固地覆着在绝缘基板上，如图 2.1.4 所示。

图 2.1.4　单面覆铜板结构

1. 覆铜板的分类

（1）按增强材料类别、黏合剂类别或板材特性分类有：

① 酚醛纸基覆铜箔板（又称纸铜箔板）。它是由纸浸以酚醛树脂，两面衬以无碱玻璃布，在一面或两面覆以电解铜箔，经热压而成的。这种板的缺点是机械强度低，易吸水及耐高温较差，但价格便宜。

② 环氧酚醛玻璃布覆铜箔板。它是由无碱玻璃布浸以酚醛树脂，并覆以电解紫铜，经热压而成。由于用了环氧树脂故黏结力强，电气及机械性能好，既耐化学溶剂，又耐高温潮湿，但价格较贵。

③ 环氧玻璃布覆铜箔板。它是由玻璃布浸以双氰胺固化剂的环氧树脂，覆以电解紫铜箔经热压而成的。它的电气及机械性能好，耐高温潮湿，且板基透明。

④ 聚四氟乙烯玻璃布覆铜箔板。它是由无碱玻璃布浸渍聚四氟乙烯分散乳液，覆以经氧化处理的电解紫铜箔，经热压而成的。它具有优良的价电性能和化学稳定性，是一种耐高温、高绝缘的新型材料。

（2）按其结构可分为单面、双面、多层覆铜板，以及软覆铜板和平面覆铜板等。

① 单面印制电路板。单面印制电路板是在厚度为0.2～0.5mm的绝缘基板上，一个表面敷有铜箔，通过印制和腐蚀的方法，在基板上形成印制电路。

② 双面印制电路板。在绝缘基板上（其为0.2～0.5mm）两面均敷有铜箔，可在基板上的两面制成印制电路。

③ 多层印制电路板。在绝缘基板上制成三层以上印制电路的印制板称为多层印制电路板。它是由几层较薄的单面板或双层面板黏合而成的，其厚度一般为1.2～2.5mm。为了把夹在绝缘基板中间的电路引出，多层印制板上安装元件的孔需要金属化，即在小孔内表面涂覆金属层，使之与夹在绝缘基板中间的印制电路接通。其特点是：与集成电路块配合使用，可以减小产品的体积与重量；有可能增设屏蔽层，以提高电路的电气性能。

④ 软印制电路板。基材是软的层状塑料或其他软膜性材料，如聚脂或聚亚胺的绝缘材料。其厚度在0.25～1mm之间。它也有单层、双层及多层之分，它自身在空间可以端接、排接到任意规定的位置。因此被广泛用于电子计算机、通信、仪表等电子产品上。

⑤ 平面印制电路板。印制电路板的印制导线嵌入绝缘基板，与基板表面平齐，一般情况下在印制导线上都电镀一层耐磨金属。通常用于转换开关、电子计算机的键盘等。

2. 覆铜板主要技术指标

（1）抗剥强度。抗剥强度是指单位宽度的铜箔被剥离基板所需的最小力，用这个指标来衡量铜箔与基板之间的结合强度。该项指标主要取决于黏合剂的性能及制造工艺。

（2）翘曲度。衡量覆铜板相对于平面的不平度指标，取决于基板材料和厚度。

（3）抗弯强度。覆铜板所承受弯曲的能力，这项指标取决于覆铜板的基板材料和厚度。

（4）耐浸焊性。耐浸焊性是指覆铜板置入一定温度的熔融焊锡中停留一段时间（一般为10s）后所能承受的铜箔抗剥能力。一般要求铜板不起泡、不分层。如果浸焊性能差，印制板在经过多次焊接时，可能使焊盘及导线脱落。此项指标对电路板的质量影响很大，主要取决于板材和黏合剂。

除上述几项指标外，衡量覆铜板的技术指标还有表面平滑度、光滑度、坑深、介电性能、表面电阻、耐氧化物等，其相关指标可参考相关手册。

2.2 焊接材料

焊接即金属与金属建立一种牢固的电连接形式。电子产品的焊接材料包括焊料、焊剂和阻焊剂。

2.2.1 焊料

焊料是用来连接两种或多种金属表面，同时在被连接金属的表面之间起冶金学桥梁作用的金属材料。焊料应是易熔金属，其熔点应低于被焊金属。焊料按成分分类，有锡铅焊料、银焊料、铜焊料等。

1. 对焊料的要求

（1）熔点低。焊接温度高会影响电子元器件的质量，对操作人员的工作环境也不利，因此要求焊料的熔点要低，以使焊接能在低温度下进行。

（2）凝固快。在焊接的冷却阶段，焊点上的熔融焊料将迅速固化，虽然固化是个快速的现象，但它的持续时间仍不能忽视。固化期间液态和固态焊料同时并存，焊料的流动性因温度下降而迅速降低，此时任何的小震动都会引起焊料出现裂纹，一旦有了裂纹，就不会再有焊料来填充，就可能造成一个不可靠的接点，因此要求冷却时间要短，以有利焊点的成型，同时也便于焊接操作。

（3）有良好的浸润作用。浸润是焊接的必要条件，浸润良好有利于焊料的均匀分布，有利于金属间的连接。

（4）抗腐蚀性要强。电子产品应能在高温、低温、潮湿和盐雾等恶劣环境条件下工作。因此，所用焊料必须有很好的抗腐蚀性，才能保证电子产品可靠地工作。

（5）要有良好的导电性和足够的机械强度。

（6）价格便宜而且材料来源丰富，以有利电子产品成本的降低。

2. 锡铅合金的特性

目前，在电子产品的生产中，大都采用锡铅焊料。

根据锡和铅的不同配比，可以配制出性能不同的合金焊料，这可从锡铅合金状态图中得到了解。所谓状态图就是把锡铅的配比与加热温度的关系绘制成金属状态变化的图形，如图 2.2.1 所示。

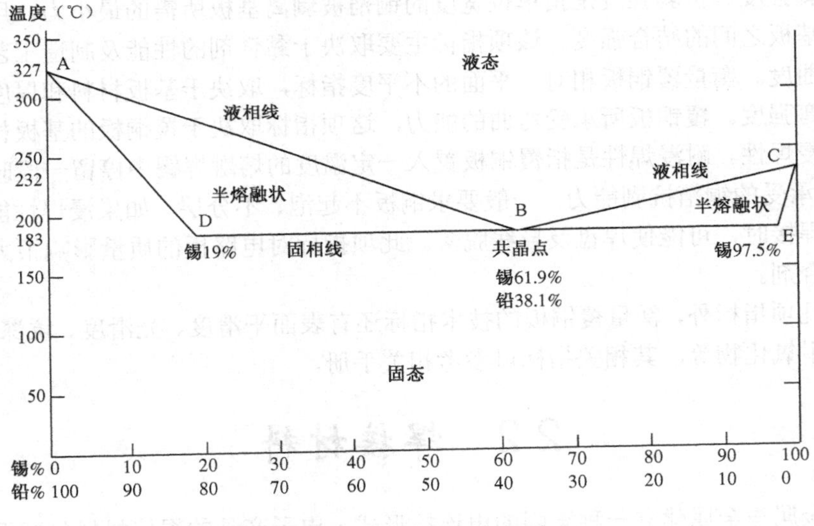

图 2.2.1　锡铅合金状态图

从图 2.2.1 中可以看出，A 点（纯铅），C 点（纯锡）和 B 点（共晶合金）是在单一温度下熔化的，而其他配比的合金都是在一个区域内熔化。图中 ABC 线叫做液相线，温度高于此线时合金为液相； ADBEC 线叫做固相线，温度低于此线时合金为固相，在两个温度线之间为半熔、半凝固状态。图中 B 点叫共晶点，合金不呈半液体状态，可由固体直接变成液体，按共晶点的配比配制的合金称为共晶合金。共晶点处的合金成分是锡 61.9%，铅 38.1%，它的熔点最低（183℃）。当锡含量高于 61.9%时，熔化温度升高，强度降低。当含锡量少于 10%时，焊接强度差，接头发脆，焊料润滑能力差，最理想的是共晶焊锡。采用共晶焊锡进行焊接的优点如下。

（1）焊点温度低，减少了元器件、印制板等被焊接物体受热损坏的机会。

（2）熔点和凝固点一致，可使焊点快速凝固，减少焊点冷却过程中元器件松动而出现的虚焊现象。

（3）流动性好，表面张力小，有利于提高焊点质量。

（4）强度高，导电性好。

正因为如此，共晶焊锡应用非常广泛。

3. 焊料的选用

现在市场上锡铅焊料的牌号标志，是以焊料两字汉语拼音的第一个字母“HL”及锡铅两个基本元素的符号Sn-Pb，再加上元素含量的百分比组成（一般为铅含量的百分比），例如占Sn61%，占Pb39%的锡铅焊料表示为SnPb39，或称为锡铅焊料39。

焊料可以根据需要加工成各种形状，如棒状、带状、线状等，也可用焊料和焊剂粉末均匀搅拌后，制成膏状焊料。手工焊接大量使用线状焊料，即通常称之为焊锡丝的锡铅焊料。有的焊锡丝在丝中心加有松香（助焊剂），称为松香焊锡丝。如果在松香中加入盐酸二乙胺，就构成活性焊锡丝。

为了使焊接质量良好，就必须使用合适于焊接目的和要求的焊料。

2.2.2 焊剂

焊剂与焊料不同，它是用来增加润湿，以帮助和加速焊接的进程，故焊剂又称助焊剂。焊剂的助焊能力，依靠焊剂的活性。焊剂的活性是指从金属表面迅速去除氧化膜的能力。了解焊剂的作用及性能，将有助于提高焊接质量。

1. 焊剂的作用原理

焊剂的作用原理可分为化学的和物理的两个方面。

（1）化学作用，主要表现在达到焊接温度前，能充分地使金属表面的氧化物还原或置换，形成新的金属盐类化合物。

（2）物理作用，主要表现在两个方面：一是改善焊接时的热传导作用，促使热量从热源向焊接区域扩散传送。因为焊接时，烙铁头和被焊金属的接触不可能是平整的，其间隙中的空气就起到隔热作用。加入焊剂后，熔融焊剂填充空隙，可使焊料和被焊金属迅速加热，从而提高了热传导性。二是施加焊剂能减少熔融焊剂的表面张力，提高焊料的流动性。

2. 焊剂的分类

目前国内外对焊剂的分类方法很多，但一般根据焊剂的特性分为三大类，即无机焊剂、有机焊剂、树脂焊剂。

（1）无机焊剂的化学作用强，有很强的活性，助焊性能非常好，但腐蚀作用大。焊接后必须清洗干净，在电子产品的装配中一般禁止使用。

（2）有机焊剂的化学作用缓和，腐蚀性小，有较好的助焊性能。

（3）树脂焊剂腐蚀性小，在加热的条件下有一定的清除氧化物的能力，且在常温下绝缘电阻高，是一种在电子产品焊接中应用最广的可靠焊剂。

2.2.3 阻焊剂

为了提高印制板的焊接质量，特别是浸焊和波峰焊的质量，常在印制基板上，除焊盘以外的印制板上全部涂上防焊材料，这种防焊材料称为阻焊剂。

1．采用阻焊剂的优点

（1）可以使浸焊或波峰焊时桥接、拉尖、虚焊和连条等毛病大为减少或基本消除，板子的返修率也大为降低，提高焊接质量，保证产品的可靠性。

（2）除了焊接盘外，其他印制连线均不上锡，这样可节省大量的焊料。同时，由于只有焊盘部位上锡，受热少，冷却快，降低了印制板的温度直到保护了塑料封元器件及集成电路的作用。

（3）阻焊剂本身具有三防性能和一定的硬度，形成印制电路板表面一层很好的保护膜，还可直到防止碰撞等引起机械损伤的作用。

（4）使用阻焊剂特别是带有色彩的阻焊剂，使印制板的板面显得整洁美观。

2．阻焊剂的种类

阻焊剂的种类很多，一般分为干膜型阻焊剂和印料型阻焊剂。目前广泛使用的是印料型焊剂，这种阻焊剂又分为热固化和光固化两种。

（1）热固化阻焊剂的特点是附着力强，能耐 300℃高温，但要在 200℃高温下烘烤 2h，因而板子容易变形，能源消耗大，生产周期长。

（2）光固化阻焊剂（光敏阻焊剂）特点是在高压灯照射下，只要 2～3min 就能固化，因而可节约大量能源，提高生产效率，并便于组织自动化生产。这种阻焊剂还由于毒性低，减小环境污染。但这种阻焊剂易熔于酒精，能和印制电路板上喷涂的助焊剂中的酒精成分相溶而影响板子的质量。

2.3 绝缘材料

绝缘材料具有很大的电阻系数（10^7～$10^{20}\Omega\cdot m$ 以上），在直流电压作用下只有极微小的电流通过，通常又称为电介质。其主要作用是用来隔离带电的或不同电位的导体。

2.3.1 绝缘材料的特性

1．绝缘材料的基本性能

1）电介质的漏导电流

绝缘材料并不是绝对不导电的材料，这是因为在材料内部总多少存在一些带电质点，一般在不太强的电场下，电介质中参加导电的带电质点主要是离子，而金属的导电则完全是由自由电子的移动引起的。当对绝缘材料施加一定的直流电压后，绝缘材料中会有极其微弱的电流通过，并随时间而减小，最后逐渐趋近于一个常数，这个常数就是电介质的漏导电流。

2）体积电阻和表面电阻

在固体电介质中，漏导电流有两个流通途径，一部分电流穿过固体介质内部，称为体积漏导电流，另一部分沿介质表面流过，称为表面漏导电流。所对应的电阻就是体积电阻和表面电阻，两者的电阻系数不同，其阻值也不相同，固体电介质的电阻为两电阻的并联。

3）电介质的极化和介电常数

（1）电介质的极化现象。电介质中的绝大多数电荷是被束缚的，在电场作用下，这些束缚电荷将按其所受作用力的方向发生位移。当电场撤除时，这些束缚电荷又恢复到原来的位置。在某些极性分子中，其正负电荷中心不在同一点上，称为偶极分子，在没有电场作用时，由于热运动，这些偶极分子处于杂乱无秩序状态，如图 2.3.1（a）所示。在电场作用下，整个偶极分子将趋向沿电场的取向，即转到电场相反的方向排列如图 2.3.1（b）所示。当外电场取消时，偶极分子的这种有序状态将消失。

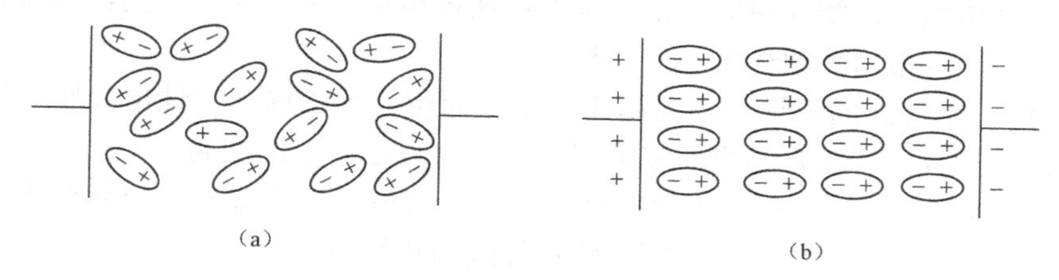

图 2.3.1　电介质的极化

在外电场作用下，束缚电荷的弹性位移和偶极分子沿电场的取向，称为电介质的极化，由于极化作用的结果，在电介质的表面形成了符号相反的感应电荷。

（2）电介质的介电常数。任何接于电路中的电介质都可以看成是具有一定电容量的电容器，由于介质极化，使电容器极片上的电荷量增大，因而电容器的电容量 C 比真空时的电容量 C_0 增大。以某种物质为介质的电容器的电容与以真空作介质的同样尺寸的电容器的电容之比值，称为该物质的相对介质系数，又称介电常数 ε。

$$\varepsilon = C/C_0$$

显然真空的介电常数即等于 1，任何介质的介电常数均大于 1。介电常数是表征电介质极化程度的一个参量。

4）电介质的损耗

在交变电场作用下，电介质内的部分电能将转变成热能，这部分能量叫做电介质的损耗。

5）电介质的击穿

处于电场中的任何电介质，当其电场强度超过某一临界值时，通过介质的电流剧烈增长，致使介质被局部破坏或分解，丧失绝缘性能，这种现象称为电介质的击穿。

2. 影响绝缘材料的主要因素

（1）温度。温度升高，电介质的电阻率下降，电阻减小；电介质的极化特性和损耗也随着温度变化而变化；温度升高还会加速热击穿和热老化。

（2）湿度。绝缘材料的绝缘电阻，一般随湿度增大而下降；吸湿后介电常数和电导率普遍增大，介质损耗增大，抗电强度降低。

（3）电场强度。外加电场增大，会使绝缘材料电阻率下降，介质损耗增大，还会加速击穿与老化。

（4）频率。外加电场频率变大，会影响电介质的极化特性、损耗特性，影响介质的击穿与老化。

2.3.2　常用绝缘材料

绝缘材料按其构成元素分为两大类：有机绝缘材料和无机绝缘材料。有机绝缘材料的特点是轻、柔软、易加工，但耐热性不高、化学稳定性差、易老化。无机绝缘材料则与之恰恰相反。

1．有机绝缘材料

1）树脂

树脂分为天然树脂和合成树脂两种，合成树脂包括热塑性树脂和热固性树脂。

（1）热塑性树脂。热塑性树脂是由化学方法通过聚合反应人工合成的，其聚合物是线型结构，具有热塑性。常用热塑性树脂主要有：

① 聚乙烯。由气态的乙烯在高温高压下聚合而得。聚乙烯是中性电介质，绝缘性能极好，吸水性接近为零，有较好的弹性和柔韧性。其缺点是耐热性不高。

② 聚氯乙烯。是由气态聚氯乙烯聚合而成的。其电气性能较差，但其对水、稀酸、汽油、酒精等的作用很稳定。广泛用于制造塑料导线的绝缘层。

③ 聚苯乙烯。聚苯乙烯的电阻率高，常用做高频和超高频的低损耗绝缘。

④ 聚四氟乙烯。聚四氟乙烯的化学稳定性高，不会燃烧，用于制作耐高温的电容器。

（2）热固性树脂。热固性树脂是通过化学缩聚反应产生的，聚合物大多是空间结构，具有热固性。常用热固性树脂主要有：

① 环氧树脂。凡含有环氧基团的高聚合物统称为环氧树脂。这种缩聚物是线型的大分子，呈热塑性，由于分子链中有很多活性基团，在各种固化剂的作用下都会交联而变成体形结构的热固性树脂。其绝缘性能良好、耐热性、耐气候性强、稳定性高、透湿性小，而且黏结性很好，能与金属、陶瓷等多种材料密切黏合。其应用非常广泛。

② 酚醛树脂。是由苯酚和甲醛缩聚所得的热固性酚醛，又称胶木（电木），价格低廉。常用于制造合成电阻及合成电位器的电阻体、酚醛塑料、酚醛层压板，电工中的开关、插头、插座等。但其高频损耗较大，只适用于工频和音频等低频场合。

③ 硅氧树脂。硅氧树脂又称有机树脂，是具有有机物和无机物优点的新型高分子化合物。有较好的机械性能和耐热性能，介电性能好，防水、防潮、耐寒、耐化学腐蚀、耐电弧高压电晕。用于制造有机硅漆、有机硅模塑料，用于浸渍、涂覆和电子元器件的封装。

2）塑料

塑料是以树脂（或在加工过程中用单体直接聚合）为主要成分，以增塑剂、填充剂、润滑剂、着色剂等添加剂为辅助成分。它在加工完成时呈现固态形状，在制造以及加工过程中，可以借流动来造型。

塑料的主要特性为质轻、化学稳定性好、不会锈蚀、有良好的弹性、耐冲击、耐磨、绝缘性好，具有较好的透明性。其成型性和着色性都好，而且加工成本低。但是容易老化，导热性能低。大部分塑料耐热性能差，热膨胀系数大，易燃烧。多数塑料耐低温性能差，低温下变脆。尺寸稳定性能差，容易变形。某些塑料易溶于溶剂。

3）橡胶

橡胶同塑料、纤维并称为三大合成材料。

橡胶的特性，一是弹性模量非常小，而伸长率很高，耐各种弯曲变形。二是它具有相当好的耐透气性以及耐各种化学介质和电绝缘性能。三是它能与多种材料并用、混用与复合，由此进行改性，以得到良好的综合性能。

4）绝缘漆

绝缘漆是以高分子聚合物为基础，能在一定条件下固化成绝缘硬膜或绝缘整体的重要绝缘材料。绝缘漆主要以合成树脂或天然树脂为漆基（即成膜物质），添加溶剂、稀释剂、填料等组成。漆基在常温下黏度很大或呈固体状，溶剂或稀释剂用来溶解基，调节漆基黏度和固体含量，使其在漆的成膜、固化过程中或者逐渐挥发，或者成为绝缘体的组成部分。

5）绝缘油

绝缘油为绝缘油液体材料，主要有矿物油和合成油两大类，其中矿物油使用最为广泛。它是从石油原油中经不同程度的精制提炼而得到的一种中性液体，呈金黄色，具有很好的化学稳定性和电气稳定性，主要应用于工业电气设备中，绝缘油除了起绝缘作用外，还起散热冷却、灭弧、填充、浸渍等作用。

合成油主要有硅油、十二烷基苯等。

硅油是一种线型低分子量有机硅聚合物，为透明液体。其分子链由SI-O键组成，键能大，所以耐热性好，而且介电性能好、憎水性好、化学稳定好、导热性好、无毒。是一种较理想的液体介质。

2. 无机绝缘材料

无机绝缘材料的耐热性好，不燃烧，不易老化，适合制造稳定性要求高而机械性能坚实的零件，但其柔韧性和弹性较差。

常用的无机绝缘材料有玻璃、陶瓷、云母、石棉等。

1）玻璃

玻璃按所含成分的不同可分为碱玻璃和无碱玻璃。碱玻璃是含有钾或钠氧化物的玻璃，如普通玻璃。无碱玻璃是不含钾或钠氧化物的玻璃，如纯石英玻璃。常温下的玻璃有极好的绝缘性能，温度升高时，其绝缘性能明显下降，介质损耗增大，熔化时的绝缘电阻为0.1Ω•m。普通玻璃在电场作用下极化显著，介电常数达16，纯净的石英玻璃介电常数约为3.5。在高频情况下，玻璃的介质损耗急剧增大，可能导致热击穿。

2）陶瓷

电子陶瓷由各种氧化物和滑石、碳酸钡、黏土等原料的粉末，经适当配方、制坯成型再经高温烧结而成。电子陶瓷具有优良的介电性能，而且可通过调整其配方中的化学成分和变更工艺比较容易改变其电、热和机械性能。优点：耐热性能极高，吸水性几乎为零，化学稳定性高，不老化，机械强度高，价格便宜等。缺点：性硬而脆，烧成后不易于机械加工。主要用于制作绝缘装置和电容器。

3）云母

云母属稀有矿物。是具有良好的耐热、传热、绝缘性能的脆性材料。同时具有不收缩、不燃烧、化学稳定好等优点。主要用做耐热、耐高压的绝缘衬垫。

4）石棉

石棉是一种矿产品，石棉具有保温、耐热、绝缘、耐酸碱、防腐蚀等特点，适用于高温条件下工作的电机、电器。

长期接触石棉对人体有害，加工制作石棉制品时应注意劳动保护。

2.4 粘接材料

2.4.1 粘接材料的特性

粘接材料主要是指黏合剂，黏合剂又称作粘剂，简称为胶。日常生活中使用的胶水和浆糊就是黏合剂。随着高分子化学工业的发展，合成了一系列新型性能优良的黏合剂。这些黏合剂不仅能粘接非金属材料，而且能粘接金属材料，在工农业生产等各领域中得到了日益广泛的应用。

黏合剂的粘接与铆接、螺栓连接、焊接等相比，其优点是：重量轻、耐疲劳强度高、适应性强、能密封、能防锈。但其使用温度不高，若超过使用温度会使强度迅速下降。温度特性差。

某些黏合剂的耐老化、耐酸、耐碱等能力不够强。某些黏合剂粘合工艺较复杂，需要加温、加压，固化的时间较长，被粘接材料需要经过特殊表面处理。

2.4.2 常用黏合剂介绍

1. 通用黏合剂

1）快速黏合剂

快速黏合剂即常用的 501、502 胶，成分是聚丙烯酸酯胶。其渗透性好，粘接快（几秒钟至几分钟即可固化，24 小时可达到最高强度），可以粘接除聚乙烯、氟塑料以及某些合成橡胶以外的几乎所有材料。缺点是接头的韧性差。

2）环氧类黏合剂

这种黏合剂的品种多，如常用的 911、914、913、J-11、JW-1 等，其粘接范围广，且有耐热、耐碱、耐潮、耐冲击等优良性能。但不同的产品各有特点，需要根据产品的条件合理选择。这类黏合剂大多是双组分胶，要随用随配，并且要求有一定的温度与时间作为固化条件。

2. 电子工业专用胶

1）导电胶

这种胶有结构型和添加型两种。结构型树脂本身具有导电性；添加型则是指在绝缘的树脂中加入金属导电粉末，例如加入银粉、铜粉等配制而成。这种胶的电阻率各不相同，可用于陶瓷、金属、玻璃、石墨等制品的机械、电气连接。成品有 701、711、DAD3-DAD6、三乙醇胺导电胶等。

2）导磁胶

这种胶是在胶粘剂中加入一定的磁性材料，使粘接层具有导磁作用。聚苯乙烯、酚醛树脂、环氧树脂等黏合剂加入铁氧体磁粉或羰基铁粉等可组成不同导磁性能和工艺性导磁胶。主要用于铁氧体零件、变压器等粘接加工。

3）热熔胶

这种胶有点类似焊锡的物理特性，即在室温下为固态，加热到一定温度后成为熔融态，即可进行粘接工件，待温度冷却到室温时就能将工件粘合在一起。这种胶存放方便并可长期反复使用，其绝缘、耐水、耐酸性也很好，是一种很有发展前景的黏合剂。可粘范围包括金属、木材、塑料、皮革、纺织品等。

4）光敏胶

光敏胶是由光引发而固化（如紫外线固化）的一种新型黏合剂，由树脂类胶粘剂中加入光敏剂、稳定剂等配制而成。光敏胶具有固化速度快、操作简单、适于流水线生产的特点。它可以用在印制电路板和电子元器件的连接。在光敏胶中加入适当的焊料配制成焊膏，可用于集成电路的安装技术中。

5）压敏胶

压敏胶是在室温下施加一定的压力就能粘接的一种胶粘剂。它是可剥性胶粘剂，在较长时间内不会变干，并可反复使用。压敏胶以胶带形式使用，在变压器绕制时可代替扎线，既绝缘，又方便；在喷漆时用于遮盖不需喷涂漆的地方。印制电路板制图时，用粗细不同的黑压敏胶贴图，可简化描图工序，压敏胶还可用于各种铭牌的粘接等。

2.5 磁性材料

磁性是物质的基本属性之一。但自然界中大多数物质对磁场的影响都很小，有的物质使磁场比真空时略为增强一些，称为顺磁物质。有的物质使磁场比真空时略为减弱一些，称为逆磁物质，它们统称为非磁性物质。只有铁、镍、钴及其合金以及铁的氧化物，能使磁场大为增强，这类物质称为铁磁性物质。

2.5.1 磁性材料的特性

1. 铁磁性理论

在没有外磁场时，铁磁性物质内的原子磁矩形成一个个小磁畴（即原子中电子旋转形成的小磁场），每个磁畴磁性取向各不相同，作用相互抵消，对外不表现出磁性，如图 2.5.1（a）所示。

磁性材料在外磁场作用下，磁畴的磁矩将从各个不同方向转动到接近外加磁场方向，对外呈现出很强的磁性，这个过程称为技术磁化，简称磁化，如图 2.5.1（b）所示。当所有磁畴的磁矩都完全与外加磁场方向一致时，达到磁饱和，如图 2.5.1（c）所示。

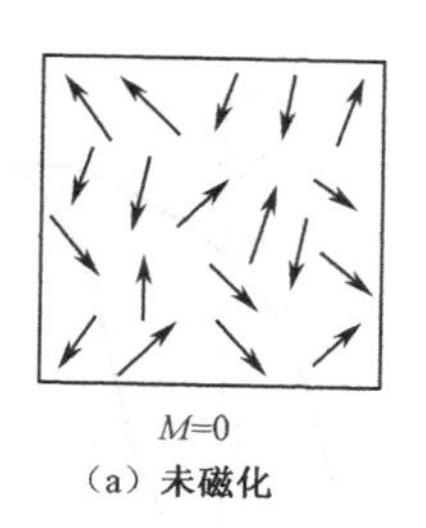

M=0

（a）未磁化

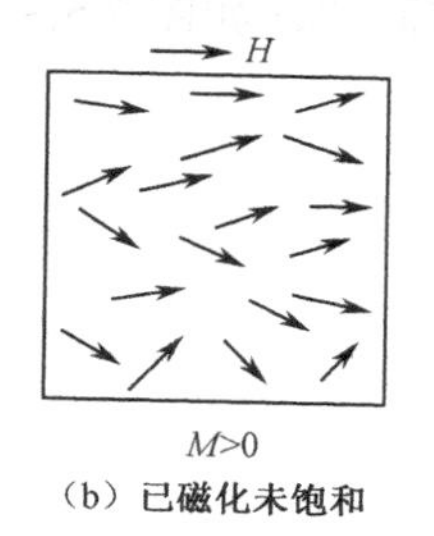

M>0

（b）已磁化未饱和

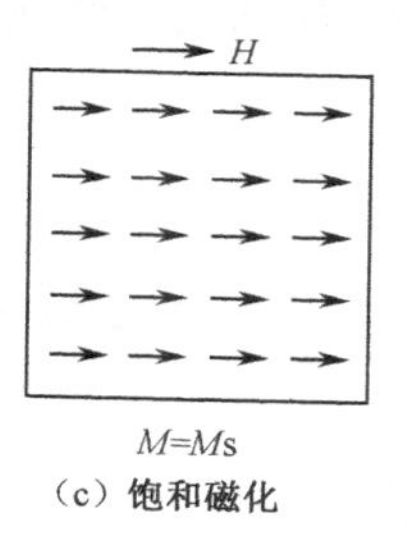

M=Ms

（c）饱和磁化

图 2.5.1 磁性材料的磁化

2. 磁性材料的磁性能

1）磁导率

磁导率又称导磁系数，表示磁化曲线上任何一点 B 与 H 之比，$\mu=B/H$。相对磁导率是指磁性材料磁导率与真空磁导率之比，$\mu_r=\mu/\mu_o$。真空磁导率$\mu_o=4\pi\times10^{-7}$H/m。

磁导率表示磁性材料在外磁场作用下工作时的磁性能。

2）磁化强度

在外加磁场作用下，铁磁性物质的磁化程度用磁化强度 M 来表示。当 H 足够大时，再增加 H，M 也不会再增大，这时的磁化强度称为饱和磁化强度 M_s。

磁化之后，铁磁物质内部的磁感应强度 B 大大增加，$B=\mu_o\times(H+M)$。

铁磁物质的 M_s 与温度有关，当温度升高到一定值后，M_s 降为零，这个温度称为居里点，这是由于温度升高，热运动破坏了磁畴磁矩的定向排列作用。居里点越高，铁磁性物质允许使用的工作温度就越高。

3）磁化曲线与磁化过程

如果将磁性物质置于交变磁场中，当磁场强度 H 由零逐渐增强，磁感应 B 就从零开始增大，这段曲线叫初始磁化曲线。磁化曲线表示铁磁物质以未被磁化状态为出发点，在外加电场作用下，产生磁感应强度 B 随 H 变化的规律，如图 2.5.2 所示。

在不同阶段上，磁化过程是不同的。

oa 段：软磁材料可逆磁化阶段，若 H 退回零，则 B 也几乎退回零。

ab 段：软磁材料不可逆磁化阶段，B 随 H 增加而增大很快。

bc 段：软磁材料强磁化阶段。

cd 段：软磁材料饱和阶段。

4）磁滞回线

磁性材料被磁化后，当 H 增大到 $+H_S$ 时，B 变为 $+B_S$，达到磁饱和，H，B 不再增大。H_S 为饱和磁场强度，B_S 为饱和磁感应强度。

若 H 由 H_S 减小到零，B 并不沿原曲线返回到零，而是由 B_S 降到 B_r，即还剩下一部分磁性，B_r 为剩余磁感应强度。

要想消除 B_r，得加反向磁场 H 至 $-H_C$ 时，$B=0$。$-H_C$ 为矫顽力，即剩磁 B_r 减为零所需的反向磁场强度的大小。

进一步增大 H，则反向磁化。当 H 为 $-H_S$ 时，达到反向饱和磁化，磁感应强度为 $-B_S$。当减弱磁场强度至 $H=0$ 时，B 由 $-B_S$ 降到 $-B_r$。需要加正向 H 至 H_C 时，才有 $B=0$。

继续增大 H，又达到饱和，形成一个封闭曲线。

如果H 继续按上述反复变化，则变化仍为该曲线。这种循环交变磁化过程中，磁感应强度 B 与磁场强度 H 的关系曲线叫磁滞回线，如图 2.5.3 所示。

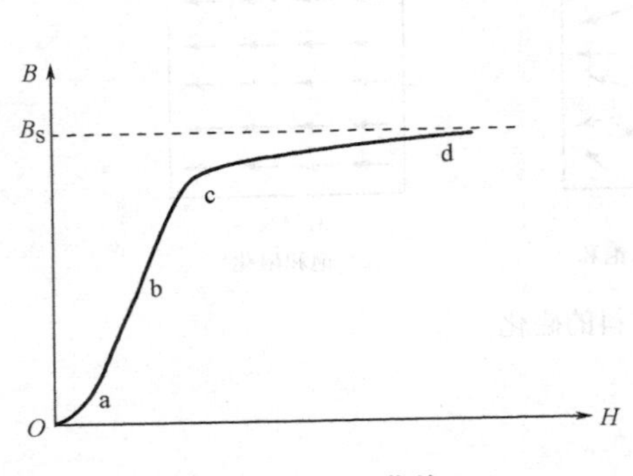

图 2.5.2　磁化曲线

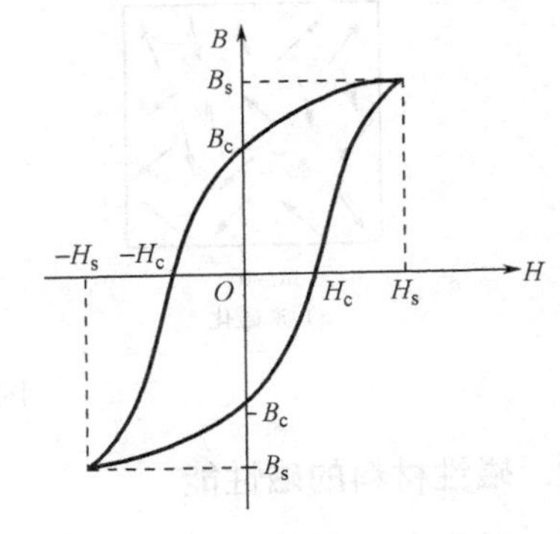

图 2.5.3　磁滞回线

从磁滞回线可以看出：磁感应强度 B 滞后于所加磁场强度 H；磁感应强度 B 不完全随磁场强度 H 做线性变化。

2.5.2　常用磁性材料

磁性材料分为两大类：软磁材料和硬磁材料。

1. 软磁材料

软磁材料的主要特点是高导磁率和低矫顽力。这类材料在较弱的外磁场下就能获得高磁感应强度，并随外磁场的增强很快达到饱和。当外磁场撤除时，其磁性即基本消失。主要用来导磁，用做变压器、线圈、继电器等的导磁体。常用的软磁材料如下。

1）硅钢片

硅钢片是铁和硅的合金，其中含硅 0.8%～4.5%，含硫＜1%，其余为铁。其特点是：在铁中加入硅可大大降低其电阻率，但硬度和脆性也随之增高，导热系数降低，所以对机械加工和散热不利。其次，硅钢片随频率的增加其铁损愈大，而有效的导磁率愈低。为了减少涡流损耗，在硅钢片之间采取绝缘措施，如在硅钢片上喷涂绝缘漆或进行氧化处理。

2）铁镍合金

铁镍合金又称坡莫合金，属于精密软磁合金。其特点：在磁场强度不大的情况下，具有极高的导磁率和很低的矫顽力，并有较好的防锈性能，可做成尺寸精确的元件，因而可用于较高频率。但其价格高，电阻率较高，一般只在 1MHZ 以下的频率范围内使用。

3）软磁铁氧体

铁氧体是氧化铁与一种或几种金属氧化物的复合物，其生产过程机械性质均与陶瓷相似，常称磁性瓷。软磁铁氧体在磁场中很容易磁化，当外磁场撤去时磁性即很快消失，它的磁滞回线窄而陡，剩磁和矫顽力很小。常用有锰锌铁氧体和镍锌铁氧体。

2. 硬磁材料

硬磁材料（又称永磁材料）的主要特点是具有高矫顽力。其经饱和磁化后当外磁场撤除后磁性并不完全消失，而能在较长时间内仍保留相当强的磁性。主要用来储藏和供给磁能，作为磁源，用于电声器件。常用的硬磁材料如下。

1）铝镍钴系永磁

铝镍钴系永磁是一类含有铝、镍、钴、铜的铁合金。这类材料的优点是剩磁较大，磁感应温度系数小，居里温度高，矫顽力和最大磁能积较大，性能稳定可靠。其缺点是：硬而脆，不易加工。目前应用较少，基本上已被铁氧体所取代。

2）铁氧体永磁

铁氧体永磁中常用的有钡铁氧体、锶铁氧体和锶钙二元系复合铁氧体等。这类材料的剩磁、矫顽力和最大磁能积虽然较低，但不用镍、钴等稀贵金属，原材料来源丰富，工艺简单，价格低廉。因此其应用非常广泛。

3）稀土类永磁

稀土类永磁是稀土类金属和铁族类金属所形成的一种金属间化合物。它具有优异的磁性能，其矫顽力和最大磁能积很高，温度稳定性也较好，适于微型或薄片形永磁体，但居里温度较低，不宜在高温下工作。

本章小结

（1）导电材料主要是金属材料，又称导电金属。用做导电材料的金属除应具有高导电性外，还应有足够的机械强度，不易氧化，不易腐蚀，容易加工和焊接。导电材料在电子产品装接中，主要使用各种导线材料和覆铜板。

（2）电子产品的焊接材料包括焊料、焊剂和阻焊剂。焊料是用来连接两种或多种金属表面，同时在被连接金属的表面之间起冶金学桥梁作用的金属材料。在电子产品的生产中，常采用锡铅焊料。焊剂用来增加润湿，以帮助和加速焊接的进程。焊剂的作用原理可分为化学的和物理的两个方面，即氧化和传热作用。阻焊剂即防焊材料，用来提高印制板的焊接质量，特别是浸焊和波峰焊的质量。

(3) 绝缘材料具有很大的电阻系数，在直流电压作用下只有极微小的电流通过，通常又称为电介质。其主要作用是用来隔离带电的或不同电的导体。绝缘材料主要分为两大类：有机绝缘材料和无机绝缘材料。有机绝缘材料的特点是轻、柔软、易加工，但耐热性不高、化学稳定性差、易老化。无机绝缘材料则与之恰恰相反。

(4) 粘接材料的特点是：重量轻，耐疲劳强度高，适应性强，能密封，能防锈，但温度特性差。

(5) 磁性是物质的基本属性之一。自然界中大多数物质对磁场的影响都很小，有的物质使磁场比真空时略为增强一些，称为顺磁物质。有的物质使磁场比真空时略为减弱一些，称为逆磁物质，它们统称为非磁性物质。只有铁、镍、钴及其合金以及铁的氧化物，能使磁场大为增强，这类物质称为铁磁性物质或磁性材料。

(6) 磁性材料分为两大类：软磁材料和硬磁材料。软磁材料的主要特点是高导磁率和低矫顽力。这类材料在较弱的外磁场下就能获得高磁感应强度，并随外磁场的增强很快达到饱和。当外磁场撤除时，其磁性即基本消失。

习题2

1. 常用的导线有哪些？选用导线应注意什么？
2. 什么叫覆铜板？覆铜板有哪些类型？
3. 绝缘材料有哪些基本性能？常见的绝缘材料主要有哪些？
4. 焊接材料包括哪些？共晶焊锡有什么优点？
5. 助焊剂和阻焊剂在焊接中起什么作用？
6. 什么叫软磁？什么叫硬磁？软磁材料和硬磁材料主要有何区别？
7. 粘接的特点是什么？常用的黏合剂有哪些？

第 3 章

常用电子元器件

3.1 RCL 元件

在电子产品电路中，RCL 元件即电阻器、电容器和电感器是使用最多、最广泛的元件。应熟练掌握它们的特性和使用方法。

3.1.1 电阻器

当电流流经导体时，导体对电流的阻力作用称为电阻。在电路中具有电阻作用的元件称为电阻器。加在电阻两端的电压与通过电阻器的电流之比，称为电阻器的阻值，用 R 表示，单位为Ω（欧姆）。

1. 电阻器的分类及命名

1）电阻器的命名方法

电阻器的型号命名方法。根据国家标准 GB2470-95 规定，电阻器的产品型号一般由以下几部分组成，如图 3.1.1 所示，各部分的意义如表 3.1.1 所示。

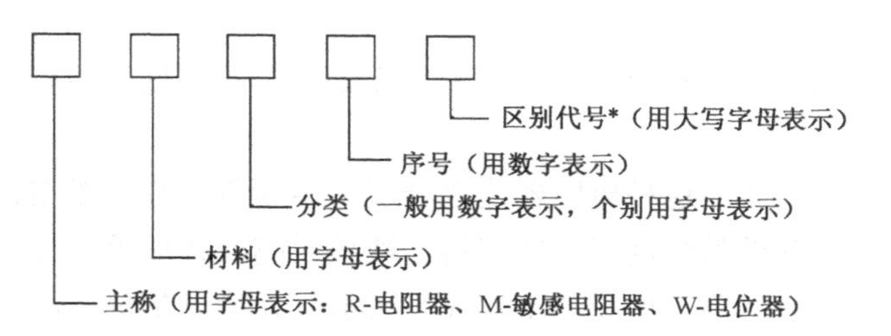

图 3.1.1　电阻器的命名

表 3.1.1　电阻器的材料、分类代号及意义

材料		分类					
字母代号	意义	数字代号	意义		字母代号	意义	
			电阻器	电位器		电阻器	电位器
T	碳膜	1	普通	普通	G	高功率	—
H	合成膜	2	普通	普通	T	可调	—
S	有机实心	3	超高频	—	W	—	微调
N	无机实心	4	高阻	—	D	—	多圈

续表

材料		分类					
字母代号	意义	数字代号	意义		字母代号	意义	
			电阻器	电位器		电阻器	电位器
J	金属膜	5	高温	—	说明：新型产品的分类根据发展尾部以予补充		
Y	金属氧化膜	6	—	—			
C	化学沉积膜	7	精密	精密			
I	玻璃釉膜	8	高压	函数			
X	线绕	9	特殊	特殊			

例：RT22——碳膜普通电阻器；WSW1A——微调有机实心电位器。

2）电阻器的分类

电阻器可分为固定电阻器、可变电阻器和敏感电阻器三大类。固定电阻器是指阻值固定不变的电阻器，通常简称为电阻。主要用于阻值固定而不需要调节变动的电路中。

可变电阻器又称变阻器或电位器，主要用在阻值需要经常变动的电路中。

敏感电阻器是指其阻值对某些物理量表现敏感的电阻元件。

电阻器按其材料结构，可分为合金型、薄膜型和合成型三类。合金型电阻包括线绕电阻和块金属膜电阻；薄膜型电阻包括热分解碳膜、金属膜、金属氧化膜、化学沉积膜等；合成型电阻包括合成碳膜、合成实芯、金属玻璃釉电阻等。

3）常用电阻器

（1）碳膜电阻器。是由碳氢化合物在真空中通过高温热分解，使碳在瓷质基体表面上沉积形成导电膜而制成的，如图 3.1.2（a）所示。其特点是电阻器的阻值范围宽（10μΩ～10Ω），稳定性好，受电压和频率的影响很小，温度系数为负值，可靠性较高，体积小，价格低廉。但其单位负荷功率较小，使用环境温度较低，主要用做通用型电阻器。

（2）金属膜电阻器。真空条件下，在陶瓷表面上蒸发沉积一层金属氧化膜或合金膜而成，如图 3.1.2（b）所示。

其特点是工作范围广（−55～+125℃），温度系数小，噪声低，体积小。在稳定性要求较高的电路中广泛应用。

（3）金属玻璃釉电阻器。这种电阻器是以金属、金属氧化物或难熔化合物作为导电相，以玻璃釉作黏结剂，与有机黏结剂混合成浆料，被覆于陶瓷或玻璃基体上，然后经烘干、高温烧结而成，又称厚膜电阻器，如图 3.1.2（c）所示。其特点是耐高温、高压、阻值范围宽（100μΩ～100KΩ）、温度系数小、稳定可靠、耐潮湿性好。其既可做成分立元件，又可广泛用于厚膜电路。

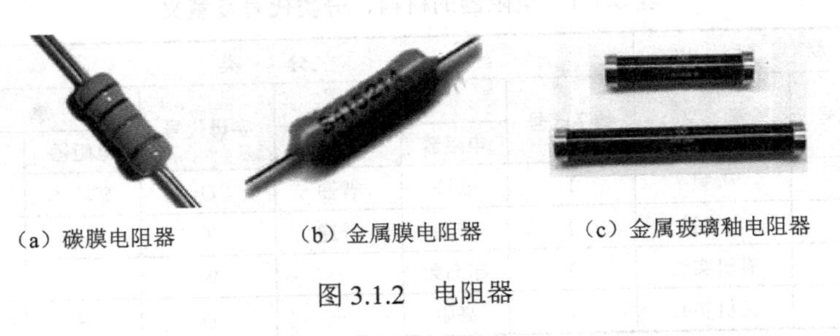

（a）碳膜电阻器　（b）金属膜电阻器　（c）金属玻璃釉电阻器

图 3.1.2　电阻器

2. 电阻器的主要参数

1）电阻器的标称阻值

电阻器的标称阻值是指在电阻体上所标示的阻值。常用的标称值有 E6，E12，E24 系列，电阻的标称阻值为表 3.1.2 所列数值的 10^n 倍（n 为正整数、负整数或零）。例如，表中 E24 系列的“2.0”包括 0.2Ω，2.0Ω，20Ω，200Ω，2kΩ，2MΩ等阻值。

表 3.1.2 通用电阻的标称阻值系列和允许偏差

系列	允许偏差	电阻的标称值
E24	±5%	1.0、1.1、1.2、1.3、1.5、1.6、1.8、2.0、2.2、2.4、2.7、3.0、3.3、3.6、3.9、4.3、4.7、5.1、5.6、6.2、6.8、7.5、8.2、9.1
E12	±10%	1.0、1.2、1.5、1.8、2.2、2.7、3.3、3.9、4.7、5.6、6.8、8.2
E6	±20%	1.0、1.5、2.2、3.3、4.7、6.8

2）允许偏差

电阻器的标称值与实测值不可能相同，总是存在一定差别，把它们之间允许的最大偏差范围称为电阻器的允许偏差。通常电阻器的允许偏差分为三级：I 级（±5%）、II 级（±10%）、III 级（±20%）。精密电阻器允许偏差要求高，如±1%、±2%等。

3）电阻器的额定功率

电阻器的额定功率指电阻器在直流或交流电路中，在正常大气压力（86Pa～106kPa）及额定温度条件下，能长期连续负荷而不损坏或不显著改变其性能所允许消耗的最大功率。

电阻器额定功率系列应符合标准，即符合表 3.1.3 的规定。

表 3.1.3 电阻器额定功率系列

电阻器类型	额定功率系列
线绕电阻器	0.05,0.125,0.25,0.5,1,2,4,8,10,16,25,40,50,75,100,150,250,500
非线绕电阻器	0.05,0.125,0.25,0.5,1,2,5,10,25,50,100
线绕电位器	0.25,0.5,1,1.6,2,3,5,10,16,25,40,63,100
非线绕电位器	0.025,0.05,0.1,0.25.0.5,1,2,3

小功率的电阻器在电路图中，通常不标出额定功率符号。大于 1 瓦的电阻器可用阿拉伯数字加单位表示或用罗马数字标注。如图 3.1.3 所示为电路图中表示电阻器额定功率的常见图形符号。

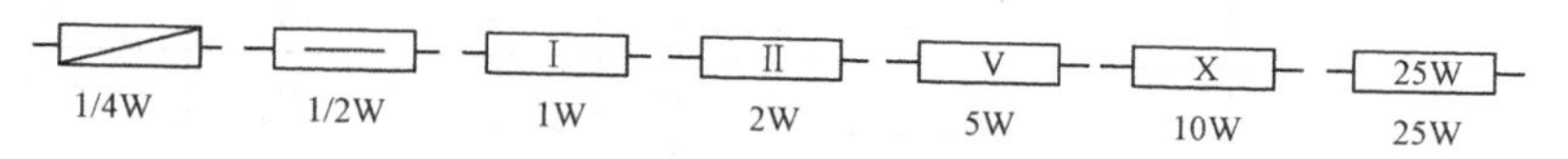

图 3.1.3 电阻器额定功率的图形符号

3. 电阻器的识别

电阻器识别可根据电阻的标志进行识别。常用的标志方法有以下几种。

1）直标法

用阿拉伯数字表示和单位符号（Ω、kΩ、MΩ）在电阻体表面直接标出阻值，用百分数标出允许偏差的方法称为直标法。例如：24kΩ±10%。

2）文字符号法

用阿拉伯数字和文字符号有规律的组合起来，表示标称值和允许偏差的方法称为文字符号法。标称阻值的单位标志符号如表 3.1.4 所示，单位符号的位置则代表标称阻值有效数字中小数点所在的位置。

表 3.1.4　标称阻值的单位标志符号

标称阻值		标称阻值	
标志符号	单位及进位	标志符号	单位及进位
Ω	Ω（10^0Ω）	G	GΩ（10^9Ω）
k	kΩ（10^3Ω）	T	TΩ（10^{12}Ω）
M	MΩ（10^6Ω）		

例：Ω33—0.33Ω，3Ω3—3.3Ω，3k3—3.3kΩ，3M3—3.3MΩ，　3T3—3.3×10^6MΩ。

允许偏差的标志符号如表 3.1.5 所示。

表 3.1.5　电阻允许偏差的标志符号

对称偏差				不对称偏差	
标志符号	允许偏差（%）	标志符号	允许偏差（%）	标志符号	允许偏差（%）
E	±0.001	D	±0.5	H	+100　−0
X	±0.0025	F	±1	R	+100　−10
Y	±0.005	G	±2	T	+50　−10
H	±0.01	J	±5	Q	+30　−10
U	±0.025	K	±10	S	+50　−20
W	±0.05	M	±20	Z	+80　−20
B	±0.1	N	±30	无标记	+无规定　−20
C	±0.25				

3）色标法

色标法是指用不同颜色表示元件不同参数的方法。在电阻器上，从不同的颜色代表不同的标称值和偏差，如表 3.1.6 所示。

表 3.1.6　色标符号

颜色	数字	乘数	偏差（%）	颜色	数字	乘数	偏差（%）
银色	—	10^{-2}	±10	绿色	5	10^5	±0.5
金色	—	10^{-1}	±5	蓝色	6	10^6	±0.2
黑色	0	10^0	—	紫色	7	10^7	±0.1
棕色	1	10^1	±1	灰色	8	10^8	—
红色	2	10^2	±2	白色	9	10^9	+50　−20
橙色	3	10^3	—	无色	—	—	±20
黄色	4	10^4	—				

（1）四色环。普通电阻大多用四色环色标法来标注。四色环的前两条色环表示阻值的有效数字，第三条色环表示阻值的乘数（数量级），第四条色环表示阻值的允许偏差范围。如图 3.1.4（a）所示。

（2）五色环。精密电阻大多用五色环色标法来标注。五色环的前三条色环表示阻值的有效数字，第四条色环表示阻值乘数，第五条色环表示阻值允许偏差范围。如图 3.1.4（b）所示。

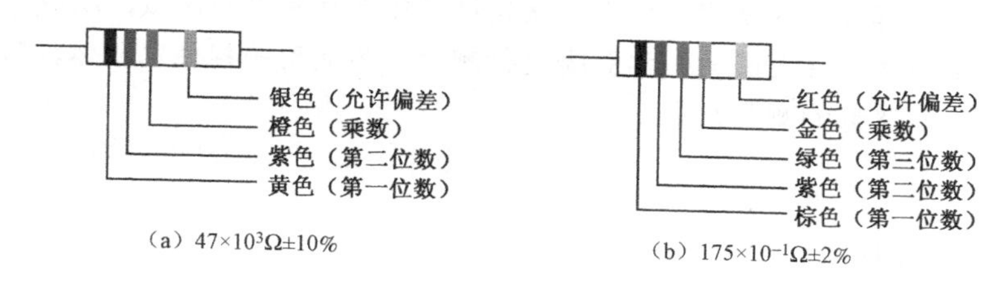

图 3.1.4　固定电阻器的色标示例

（3）三色环。有时电阻也用三色环色标法来标注。其实三色环色标法与四色环色标法是一样的，只是第四条色环为无色，其允许偏差为±20%。

采用色环标志的电阻器，颜色醒目，标志清晰，不易褪色，从各方向都能看清阻值和允许偏差。在电子产品装配时，无须注意电阻器的标志方向，有利于提高插装速度，减轻装配人员的劳动强度；有利于整机的自动化生产和增加装配密度。在整机的调试和检修过程中不用拨动电阻器即可看清阻值。但是，在实际使用过程中，由于色彩标志不规范、电阻器体积过小等因素，使色环电阻器不易判别。

下面介绍色环电阻器第一条色环的判别方法。

① 一般第一条色环紧靠端面，如图 3.1.4（a）所示的黄色和如图 3.1.4（b）所示的棕色。

② 末尾环与其他环间距要稍大一些，如图 3.1.4（a）所示的银色和如图 3.1.4（b）所示的红色。

③ 金、银不为首环，如表 3.1.6 所示。

④ 橙、黄、黑及灰色不为末尾环，如表 3.1.6 所示。

⑤ 当判别首尾难分、色彩难辨的色环电阻器时，可将读数与万用表实际测量值比较后再进行判断。其中与万用表实际测量值相近的读数正确。另外还应注意银色容易氧化发黑，但其又与油漆的黑色不一样，没有光泽。

4）数码表示法

用三位数码表示电阻器标称值的方法称为数码表示法，简称数码法。数码是从左向右的。第一、二位数字为有效数，第三位是乘数（或为零的个数），单位为 Ω。其允许偏差通常用文字符号表示。数码法主要用于贴片等小体积的电阻器，例如：512K—$51\times10^{2}\Omega$，误差为±10%；513J—$51\times10^{3}\Omega$，误差为±5%。

4. 电阻器的质量判别

1）外观检查

从外观检查电阻体表面有无烧焦、断裂，引脚有无折断现象。

对于在电路中的电阻器，可能出现松动、虚焊、假焊等现象，可用手轻轻地摇动引脚进行检查，也可用万用表 Ω 挡测量，有问题就会发现指针指示不稳定。

2）阻值检查

电阻内部损坏或阻值变化较大，可通过万用表 Ω 挡测量来核对。合格的电阻值应该稳定在允许的误差范围内，若超出误差范围或阻值不稳定，则说明电阻不正常，不能选用。

对电阻的其他参数则应采用仪表或专用测试设备进行判别。

【注意】（1）严禁带电测量。
（2）选择合适的量程并校零，使指针落在表盘的中间区域，以减少读数误差。
（3）用手捏住电阻的一端引脚进行测量，不能用手捏住电阻体，防止人体电阻短路影响测量结果。

5. 电阻器的选用

（1）阻值应选取最靠近计算值的一个标称值。

（2）电阻器的额定功率选取一个比计算的耗散功率大一些（1.5～2 倍）的标称值。

（3）电阻器的耐压也应充分考虑，选取比额定值大一些的，否则会引起电阻器击穿、烧坏。

（4）选用时，不仅要求其各项参数符合电路的使用条件，还要考虑外形尺寸、散热等因素。

6. 可变电阻器

1）可变电阻器的分类

（1）按结构形式可分为电位器、可调电阻器和微调电阻器（半可变电阻器），其电路符号如图 3.1.5 所示。微调电阻器主要用在阻值不经常变动的电路中，其转动结构简单如图 3.1.6（c）所示。可调电阻器，其阻值可以调节，但是只有两只引脚。

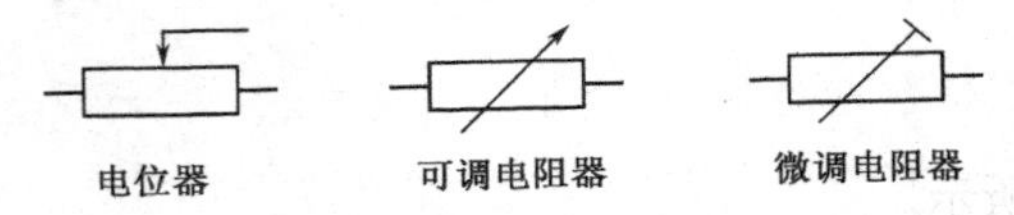

图 3.1.5 可变电阻器在电路中的图形符号

（2）按调节方式划分为旋转式（或转轴式）和直滑式电位器。图 3.1.6（a）、（b）所示是旋转式电位器，可顺时针、逆时针旋转电位器的转轴来调节阻值；图 3.1.6（d）所示是直滑式电位器，通过滑柄做直线滑动来改变阻值。

（3）按联数划分为单联式和双联式电位器。单联式电位器就是一个转动轴，只控制一个电位器的阻值变化，如图 3.1.6（a）所示。双联式电位器可用一个转动轴同步控制两个电位器的阻值变化，如图 3.1.6（b）所示。

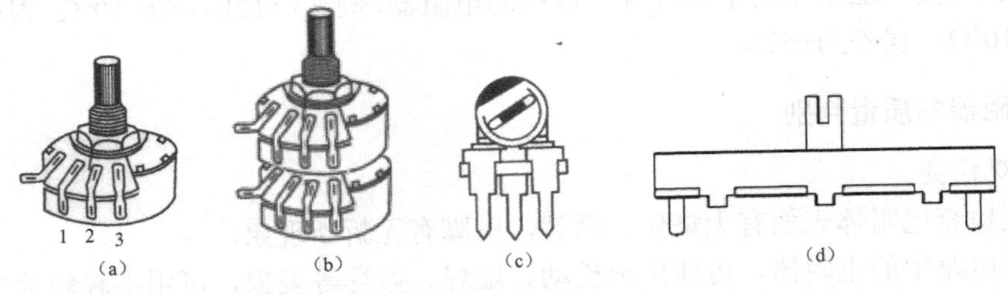

图 3.1.6 可变电阻器常见外形图

（4）按有无开关分为开关电位器和无开关电位器。

（5）按输出函数特性划分为线性电位器（X 型）、对数电位器（D 型）和指数电位器（Z 型）三种。

2）电位器的结构及工作原理

以旋转式电位器为例，电位器由电阻体、滑动片、转轴、外壳和焊片构成，如图 3.1.7 所示。转轴旋转时，滑动片紧贴着电阻体转动，这样 A、C 或 B、C 引出端的阻值会随着轴的转动而变化。由于转动轴旋转时可能会引起干扰，使用时，将外壳接地，以抑制干扰。

3）电位器的质量判定

（1）用万用表 Ω 挡测量电位器的两个固定（A、C）端，其阻值应为电位器的标称值或接近其标称值。

（2）测量某一固定端与可调端（A、C 或 B、C）之间的电阻，反复慢慢旋转电位器转轴，观察指针是否连续、均匀变化。如果指针不动或跳动则说明电位器有问题或损坏。

（3）测量各端子与外壳是否绝缘。

7. 敏感电阻器

敏感电阻器是指其阻值对某些物理量表现敏感的电阻元件。常用的敏感电阻器有热敏、光敏、压敏、湿敏电阻器等，其电路符号如图 3.1.8 所示。

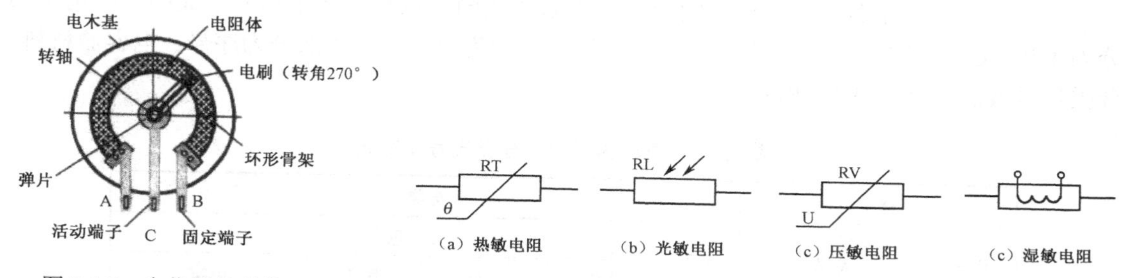

图 3.1.7　电位器的结构

图 3.1.8　常见敏感电阻器的电路符号

1）敏感电阻器分类

（1）热敏电阻器。热敏电阻器的阻值是随着环境和电路工作温度变化而变化。它有两种类型，一种是正温度系数型（PTC），另一种是负温度系数型（NTC）。

（2）光敏电阻器。光敏电阻器是应用半导体光电效应原理制成的一种器件。其阻值随入射光的强弱而改变，当光敏电阻器受到光照时，半导体产生大量载流子，使光敏电阻器的电阻率减少；而当光敏电阻器无光照射时，光敏电阻器呈高阻状态。

（3）压敏电阻器。压敏电阻器其伏安特性是非线性的，对外加电压非常敏感，当电阻器两端电压增加到某一特定值时，其电阻值即急剧减小。

（4）湿敏电阻器。湿敏电阻器是利用半导体表面吸附水汽后其电阻率发生变化的特性制成的敏感元件。它可用于相对温度的测量，也可以在电子产品中用于温度测量和控制。

2）敏感电阻器检测

（1）热敏电阻器的检测。热敏电阻器的检测，将万用表置于电阻挡，用两表笔分别接热敏电阻器的两引脚，同时用电吹风给热敏电阻器加热，调节电吹风的加热距离观察万用表的指针变化，如图 3.1.9（a）所示。

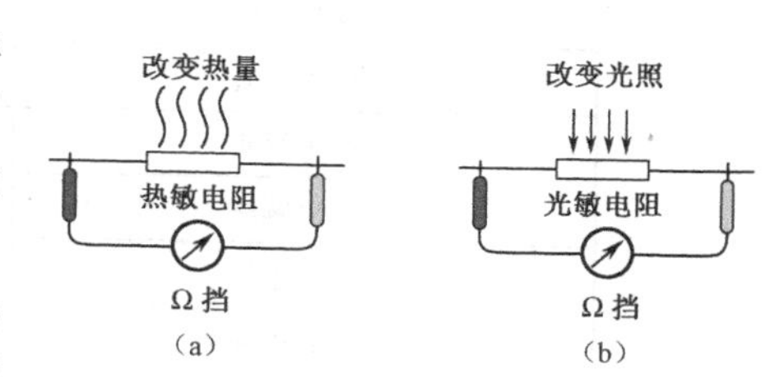

图 3.1.9　敏感电阻器检测示意图

（2）光敏电阻器的检测。光敏电阻器的检测与热敏电阻的检测类似，用两表笔分别接光敏电阻器的两引脚，同时用可调台灯给光敏电阻器进行光照，调节可调台灯改变灯泡的强弱观察万用表的指针变化，如图 3.1.9（b）所示。

3.1.2 电容器

电容器的基本结构是在两个相互靠近的导体之间夹一层不导电的绝缘材料——电介质，构成电容器，如图 3.1.10 所示。在电容两导体（称为电极或极板）上施加一定电压 U，两个极板上就分别有等量异号电荷 Q，两极间的电压越高，极板上聚集的电荷也就越多，而电荷量与电压的比值则保持不变，这个比值称为电容器的电容量，用符号 C 表示，是表征电容器储存电荷的能力，其基本单位是法拉，以 F 表示。常用单位有微法（μF）、纳法（nF）和皮法（pF），其关系为：$1F=10^6\ \mu F=10^9 nF=10^{12} pF$。

1. 电容器分类及命名

（1）电容器分类。电容器按结构可分为固定电容器、可变电容器两大类。按照电容器的介质材料，又可分为固体有机介质电容器、固体无机介质电容器、电解电容器和气体电容器等。按照电容器有无极性又可分为极性电容器和无极性电容器。按用途可分为旁路、滤波、耦合、调谐电容器等。

（2）电容器的命名。国产电容的命名与电阻器相同，也是由四个部分组成的，即第 1 部分为主称（C—电容器）、第 2 部分为材料、第 3 部分为分类、第 4 部分为序号。电容器材料、分类代号及意义如表 3.1.7 所示。

表 3.1.7 电容器材料、分类代号及意义

材料		分类				
代号	意义	代号	意义			
			瓷介	云母	有机	电解
C	高频陶瓷	1	圆形	非密封	非密封	箔式
T	低频陶瓷	2	管形	非密封	非密封	箔式
I	玻璃釉	3	叠片	密封	密封	烧结粉非固体
O	玻璃膜	4	多层	独石	密封	烧结粉固体
Y	云母	5	穿心	—	穿心	—
V	云母纸	6	支柱式	—	—	—
J	纸介	7	交流	标准	片式	无极性
Z	金属化纸	8	高压	高压	高压	—
B	聚苯乙烯	9	—	—	特殊	特殊
BF	聚四氟乙烯	G	高功率			
Q	漆膜	J	金属化			
H	复合介质	L	立式矩形			
D	铝电解质	M	密封型			
A	钽电解质	T	铁片			
N	铌电解质	W	微调			
G	合金电解	Y	高压			
L	极性有机薄膜					
LS	聚碳酸酯薄膜					
E	其他材料电解质					

2. 常用电容器

（1）纸介电容器。这是生产历史最悠久的电容器之一，以纸介作为介质，以金属箔作为电容器的极板，卷绕而成。这种电容器容量范围宽，耐压范围宽，成本低，但体积大。

（2)）有机薄膜电容器。此种电容在结构上与纸介电容基本一致，区别在于介质材料，介质材料不是电容纸，而是有机薄膜。有机薄膜只是一个统称，具体又有涤纶、聚苯乙烯等七八种之多。这种电容不论从体积重量上，还是在电参数上，都要比纸介电容器要优越得多。

（3）瓷介电容。瓷介电容也是一种生产历史悠久的电容，一般按其性能可分为低压（电压低于 1kV）小功率和高压（电压高于 1kV）大功率两种。低压小功率电容常见的有瓷片、瓷管、瓷介独石等类型。这种电容体积小、重量轻、价格低廉，在普通电子产品中使用广泛。瓷介电容的容量范围较窄，一般从几 pF 到 0.1μF 之间。

（4）电解电容。电解电容以金属氧化物膜做介质，以金属和电解质组作为电容的两极，如图 3.1.11 所示。金属为正极，电解质为负极。电解电容器，在相同容量的和耐压下，其体积比其他电容要小上几个或十几个数量级，特别是低压电容更为突出。但电解电容损耗大，温度、频率特性差，绝缘性能差，长期存放可能干涸、老化等。常见电解电容有铝电容、钽电容、铌电解电容等。

（5）可变电容器。可变电容器是一种容量可连续变化的电容器。可变电容器由两组形状相同的金属片间隔一定距离，并夹以绝缘介质而成。其中一组金属片是固定不动的称为定片；另一组金属片和转动轴相连，能在一定角度内转动（称为动片）。旋转动片改变两组金属片之间的相对面积，使电容量可调。

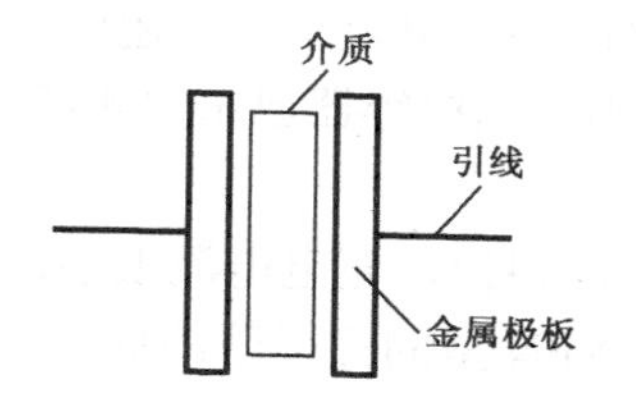

图 3.1.10　电容器基本结构示意图

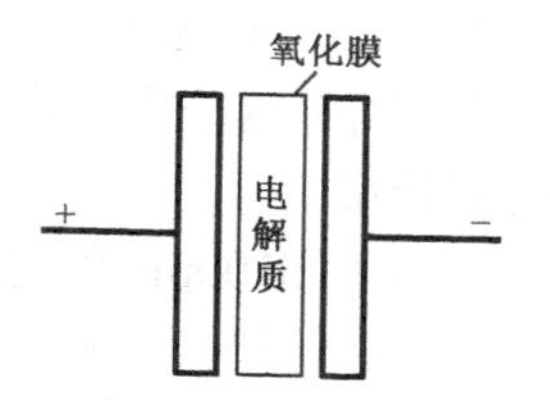

图 3.1.11　电解电容器结构示意图

可变电容器的种类很多，按照介质划分有空气可变电容器和薄膜可变电容器。按照联数划分有单联、双联和四联等，如图 3.1.12 所示为双联可变电容器的外形图和电路符号。

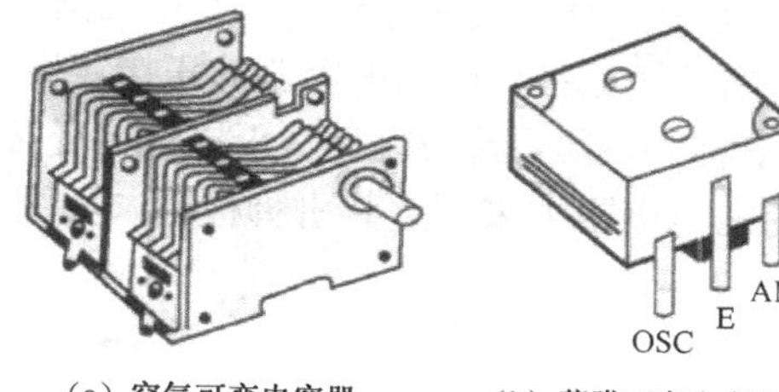

（a）空气可变电容器　（b）薄膜可变电容器　（c）电路符号

图 3.1.12　双联可变电容器

3. 电容器的标志

（1）直标法。在产品表面直接标出，其容量的有效值用阿拉伯数字表示，单位则以文字符号（pF、μF、F）标出，允许偏差用百分数表示。对于小容量（小于 100 pF）电容，通常不标出单位和误差，如 56 表示为 56 pF。

（2）文字符号法。将容量、允许偏差用文字、数字两者有规律的组合起来，标称容量的单位标志符号如表 3.1.5 所示，单位符号的位置则代表标称容量有效数字中小数点所在位置。

例：p33—0.33pF，5p1—5.1pF，3n3—3.3nF，5μ1—5.1μF，33m—33×10^3μF。

表 3.1.5　标称容量的单位标志符号

标志符号	单位及进位	标志符号	单位及进位
F	F（10^0 F）	n	nF（10^{-9} F）
m	mF（10^{-3} F）	P	p F（10^{-12} F）
μ	μF（10^{-6} F）		

（3）色标法。电容色标法也与电阻器相似，在产品表面用不同颜色来表示各种参数的不同数值，单位为 pF。

（4）数码表示法。电容器数码表示法基本上与电阻器数码表示法相同，但当第三位数为 9 时表示 10^{-1}，单位为皮法，在微法容量中，小数点是用 R 字母表示。例如：471J—47×10^1pF，误差为±5%；339 K—33×10^{-1}pF，误差为±10%，5R1K—5.1μF，误差为±10%。

4. 电容器的质量判别

（1）对于容量大于 5100pF 的电容器，可用万用表 R×10k、R×1k 挡测量电容器的两引脚。正常情况下，表针先向电阻值为零的方向摆去，然后向电阻值为∞方向退回（充电）。如果回不到∞，而停在某一数值上，指针稳定后的阻值就是电容器的绝缘电阻（也称漏电电阻）。一般的电容器绝缘电阻在几十兆欧以上。若所测电容器的绝缘电阻小于上述值，则表示电容漏电。绝缘电阻越小，漏电越严重。若绝缘电阻为零，则表明电容器已击穿短路。若表针不动，则表明电容器内部开路。

（2）对于容量小于 5100pF 的电容，由于充电时间很快，充电电流很小，即使用万用表的高阻值挡也看不出表针摆动。所以，可以借助一个 NPN 型的三极管的放大作用来测量。选用 R×10k 挡，将万用表红表笔接三极管发射极，黑表笔接集电极，电容器接到集电极和基极两端，如图 3.1.13（a）所示，由于晶体管的放大作用就可以看到表针摆动。也可利用交流信号来进行测量，即用万用表或试电笔通过串接电容器去测量交流信号。

（3）使用电解电容时应注意电容器的极性，一般正极引脚长，负极引脚短，通常还在外壳上标注极性，如图 3.1.13（b）所示。也可使用万用表进行判别，万用表黑表笔（电池的正极）与电容器的正极相接，红表笔与电容器的负极相接，称为电容器的正接。将万用表红表笔接电容器的正极，而黑表笔接电容器的负极，称为反接。因为电容器正接时比反接时的漏电电阻大，所以，可根据电容器正接时比反接时的漏电电阻大来判定其引脚极性，如图 3.1.13（c）所示。

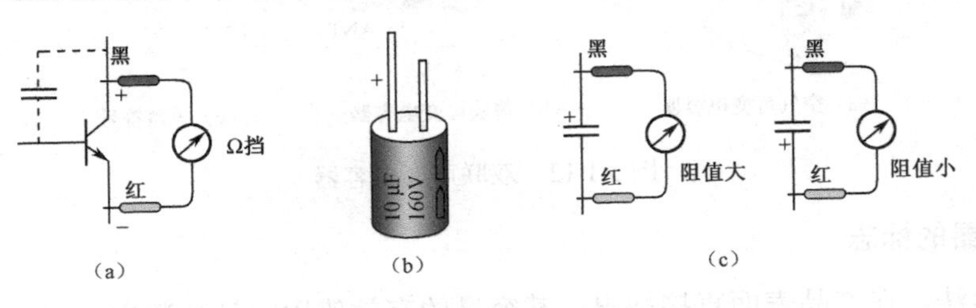

图 3.1.13　电容器判别

3.1.3 电感器

凡能产生电感作用的器件统称电感器。电感器是根据电磁感应原理制作的电子元件，可分为两大类：一类是利用自感作用的电感线圈；另一类是利用互感作用的变压器和互感器。电感器的单位是亨利（H），常用的有毫亨（mH）、微亨（μH）。它们的关系是：$1H=10^3mH=10^6\mu H$。

1. 电感线圈的分类

电感线圈按工作特征分成固定和可变两种，如图 3.1.14 所示。按磁导体性质分成单层、蜂房式、有骨架式或无骨架式。

（1）空芯线圈。用导线绕制纸筒、胶木筒、塑料筒上的线圈或绕制后脱胎而成的线圈称为空芯线圈。这类线圈在绕制时，线圈中间不加介质材料。空芯线圈的绕制方法很多，常见有密绕法、间绕法、脱胎法以及蜂房式绕法等。

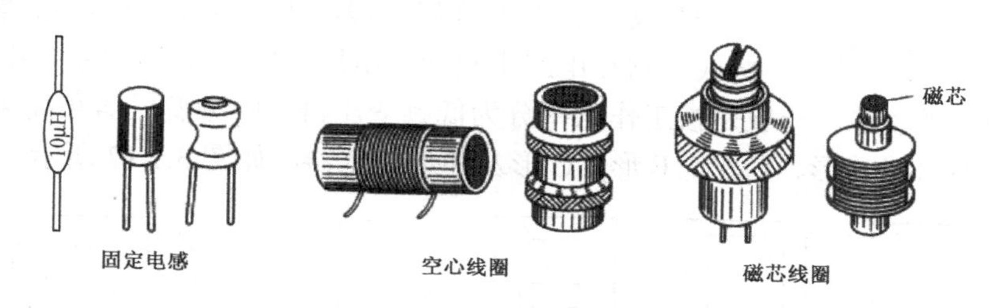

图 3.1.14

（2）磁芯线圈。将导线在磁芯、磁环上绕制成线圈或在空芯线圈中装入磁芯而构成的线圈均称为磁芯线圈。

（3）可调电感线圈。可调电感线圈是在空芯线圈中插入位置可变的磁芯或铜芯材料而构成的。当旋动磁芯或铜芯时，改变了磁芯或铜芯在线圈中的相对位置，即改变了电感量。

2. 电感线圈的识别

（1）直标法。电感线圈的直标法与电阻的直标法相似，用阿拉伯数字表示和单位符号（H、mH、μH）在电感体表面直接标出，用百分数标出允许偏差。例如：1 mH±10%。

（2）色标法。电感线圈色标法如图 3.1.15 所示。

图 3.1.15（b）所示中的电感线圈标称值为 650μH±10%，图 3.1.15（c）所示中的电感线圈标称值为 10μH±20%，图 3.1.15（d）所示中的电感线圈标称值为 6.8μH±10%，图 3.1.15（e）所示中的电感线圈标称值为 1.8μH±5%。

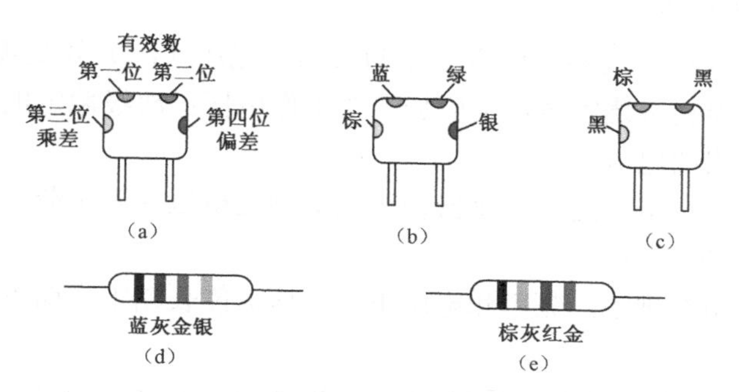

图 3.1.15　电感线圈的色标法

3. 电感线圈的质量判别

（1）外观检查。电感线圈选用时要检查其外观，不允许有线匝松动，引脚接点活动等现象。

（2）线圈通、断检测。检查线圈通、断时，应使用精度较高的万用表或欧姆表，因为电感线圈的阻值均比较小，必需仔细区别正常阻值与匝间短路。

（3）带调节芯电感线圈的检查。带调节芯的电感线圈，在成品出厂时，其电感量均已调好并在调节芯封上蜡或点油漆加以固定，一般情况不允许随意调整。

（4）电感线圈的电感量可用专门的仪器测量，也可用万用表粗略测量，按图 3.1.16 所示连接电路，观察万用表指针的偏转，读电感器对应的刻度。

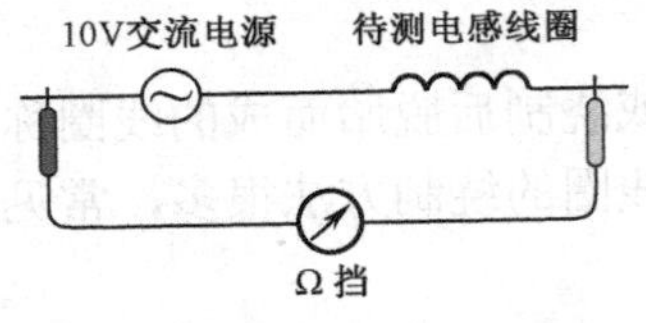

图 3.1.16　电感线圈测量

4. 变压器的分类

变压器是将两组或两组以上线圈（初级和次级线圈）绕在同一骨架上，并在绕好的线圈中插入铁芯或磁芯等导磁材料而构成，它在电路中起变换电压、电流和阻抗的作用。

变压器的种类较多，一般是按工作频率分为低频变压器、中频变压器和高频变压器。根据铁心的形状不同有 E 形、口形、F 形、C 形及环形变压器，如图 3.1.17 所示。

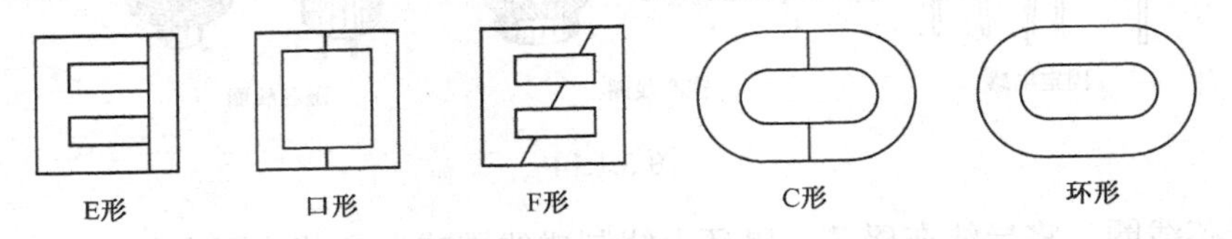

图 3.1.17　变压器铁心的形状

5. 常用变压器

（1）音频变压器。音频变压器可分为输入和输出变压器两种。主要用在收音机末级功放上起阻抗变换作用。

（2）中频变压器。适用于频率范围从几千赫兹到几十兆赫兹。它是超外差式接收机中的重要元件，又叫中周。起选频、耦合、阻抗变换等作用。

（3）高频变压器。一般又分为耦合线圈和调谐线圈。调谐线圈与电容可组成串、并联谐振回路，用来起选频等作用。天线线圈、振荡线圈都是高频线圈。

（4）电源变压器。电源变压器大都是交流 220V 降压变压器，用于电子产品低压供电。

6. 变压器的主要参数

（1）额定电压。变压器的额定电压包括初级额定电压（U_1）和次级额定电压（U_2），初级额定电压是指变压器初级绕组按规定应加上的工作电压；次级额定电压是指初级绕组加上额定电压时，次级输出的电压。

（2）额定电流。额定电流是指变压器初级加上额定电压并满负荷工作时，初级输入电流（I_1）和次级的输出电流（I_2）。

（3）额定功率。指在规定的频率和电压下，变压器能长期工作而不超过规定温升的输出功率。

（4）匝数比（n）。它是指次级绕组匝数（N_2）与初级绕组匝数（N_1）之比，即 $n=N_1/N_2=U_1/U_2=$

I_2/I_1。

7. 变压器的质量判别

（1）变压器的测量。变压器的测量与电感器测量基本相同。同时还应考虑初、次级的判断和绕组间绝缘电阻的测量。

（2）变压器的初、次级判断。变压器初、次级的判断，可根据变压器的变压比与电压及电抗的关系来确定。$U_1/U_2=N_1/N_2$，$Z_1/Z_2=(N_1/N_2)^2$，即是电压正比于匝数也正比于电抗。

3.2 半导体器件

半导体器件诞生于 20 世纪 50 年代，具有功能多、体积小、重量轻、寿命长、省电和工作可靠等优点。是目前电子产品中运用最广泛的电子器件。半导体器件种类很多，主要有半导体二极管（简称二极管）、双极型晶体管（简称三极管）和场效应晶体管（简称场效应管）。

3.2.1 二极管

1. 半导体器件命名

1）国产半导体器件的命名方法

半导体器件型号由五个部分组成，前三个部分的符号意义如表 3.2.1 所示。第四部分是数字，表示器件的序号，第五部分是用汉语拼音字母表示规格号。

表 3.2.1　半导体器件型号的符号及意义

第一部分		第二部分		第三部分			
用数字表示器件的电极数目		用汉语拼音字母表示器件的材料和极性		用汉语拼音字母表示器件的类型			
符号	意义	符号	意义	符号	意义	符号	意义
		A	N 型，锗材料	P	普通管		
		B	P 型，锗材料	V	微波管	X	低频小功率管（fα＜3MHz, Pc＜1W）
		C	N 型，硅材料	W	稳压管	G	高频小功率管（fα≥3MHz,Pc＜1W）
		D	P 型，硅材料	C	参量管	D	低频大功率管（fα＜3MHz,Pc≥1W）
2	二极管	A	PNP 型，锗材料	Z	整流器	A	高频大功率管（fα≥3MHz,Pc≥1W）
3	三极管	B	NPN 型，锗材料	L	整流堆	T	可控硅整流器
		C	PNP 型，硅材料	S	隧道管	Y	体效应器件
		D	NPN 型，硅材料	N	阻尼管	B	雪崩管
		E	化合物材料	U	光电器件	J	阶跃恢复管
				K	开关管		
				CS	场效应器件	FH	复合管
				BT	半导体特殊器件	PIN	PIN 型管
						JG	激光器件

例如：3DD15D 为 NPN 型硅材料低频大功率三极管，序号为 15，规格为 D。

2）日本半导体器件的命名方法

日本半导体器件型号由五至七部分组成。前五个部分符号及意义如表 3.2.2 所示。第六、七部分的符号及意义通常由各公司自行规定。

表 3.2.2　日本半导体器件的命名方法

第一部分		第二部分		第三部分		第四部分		第五部分	
符号	意义	符号	意义	符号	意义	符号	意义	符号	意义
0	光电二极管或三极管	S	已在日本电子工业协会注册登记的半导体器件	A	PNP 高频晶体管	数字	用两位以上数字表示在日本电子工业协会注册登记的顺序号	A B C D E F	该器件为原型号的改进产品
				B	PNP 低频晶体管				
1	二极管			C	NPN 高频晶体管				
				D	NPN 低频晶体管				
2	三极管或三个电极的其他器件			E	P 控制极可控硅				
				G	N 控制极可控硅				
				H	N 单结晶体管				
				J	P 沟道场效应管				
3	四个电极的器件			K	N 沟道场效应管				
				M	双向可控硅				

例如：2SC1815 为 NPN 型高频三极管（简称 C1815）；2SD8201A 为 NPN 型低频三极管，A 表示改进型。

3）美国半导体器件的命名方法

美国电子工业协会（EIA）规定的半导体器件的命名型号由五部分组成，第一部分为前缀，第五部分为后缀，中间部分为型号的基本部分，如表 3.2.3 所示。

表 3.2.3　美国半导体器件的命名方法

第一部分		第二部分		第三部分		第四部分		第五部分	
用符号表示用途		用数字表示 PN 结数目		美国电子工业协会注册标志		美国电子工业协会登记号		用字母表示器件分档	
符号	意义	符号	意义	符号	意义	符号	意义	符号	意义
JAN 或 J	军用品	1	二极管	N	该器件是在美国电子工业协会注册登记的半导体器件	数字	该器件是在美国电子工业协会登记号	A B C D	同一型号器件的不同档别
		2	三极管						
无	非军用品	3	三个 PN 结器件						
		n	n 个 PN 结器件						

例如：1N4001—硅材料二极管；JAN2N2904—军用三极管。

4）欧洲半导体器件型号命名法

欧洲半导体器件一般由四部分组成，如表 3.2.4 所示。

表 3.2.4　欧洲半导体器件的命名方法

第一部分		第二部分				第三部分		第四部分	
用字母表示器件的材料		用字母表示器件的类型及主要特性				用数字或字母加数字表示登记号		用字母表示器件分档	
符号	意义	符号	意义	符号	意义	符号	意义	符号	意义
A	锗材料	A	检波、开关、混频二极管	L	高频大功率三极管	三位数字	代表通用半导体器件的登记号	A	同型号半导体器件的分档标志
B	硅材料	B	变容二极管	M	封闭磁路中霍尔器件	一个字母二位数字	代表专用半导体器件的登记号	B	
C	砷化镓	C	低频小功率三极管	P	光敏器件			C	
D	锑化铟	D	低频大功率三极管	Q	发光器件			D	
R	复合材料	E	隧道二极管	R	小功率可控硅			E	
		F	高频小功率三极管	S	小功率开关管			…	
		G	复合器件及其他器件	T	大功率可控硅			…	
		H	磁敏二极管	U	大功率开关管			…	
		K	开放磁路中霍尔器件	X	倍压二极管				
				Y	整流二极管				
				Z	稳压二极管				

如：BDX51-表示 NPN 硅低频大功率三极管，AF239S-表示 PNP 锗高频小功率三极管。

2. 二极管的分类

二极管的种类繁多，按采用的材料的不同可分为硅二极管、锗二极管、砷二极管等；按结构的不同又可分为点接触和面接触二极管；按用途分为整流、检波、稳压、阻尼、开关、发光和光敏二极管等；按工作原理分为隧道二极管、变容二极管、雪崩二极管、双基极二极管等。二极管的主要图形符号如图 3.2.1 所示。二极管其主要特性是单向导电性和非线性。

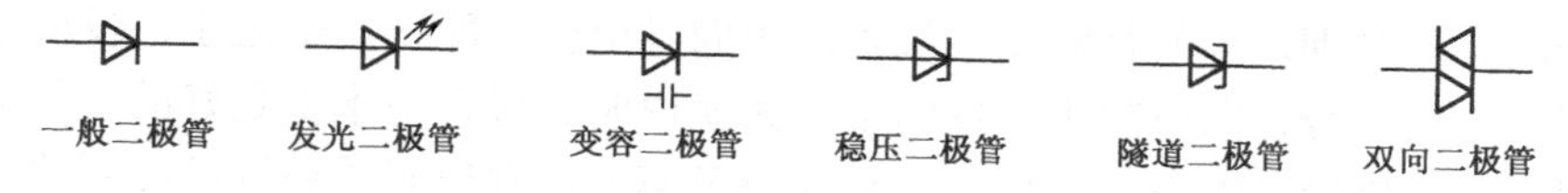

图 3.2.1　部分二极管图形符号

3. 常用二极管

（1）整流二极管。整流二极管是面接触型结构，多采用硅材料制成，体积较大，能承受较大的正向电流和较高反向电压。但因结电容较大，不宜工作在高频电路中，不能作为检波管使用。

（2）检波二极管。检波二极管是点接触型结构，体积较小。检波二极管的作用是把调制（调幅）在高频电磁波上的低频信号解调下来。检波二极管也可以用于小电流整流。检波二极管多采用玻璃封装或陶瓷封装，以获得良好的高频特性。

（3）开关二极管。开关二极管是利用二极管的单向导电性在电路中对电流进行控制，从而起到“接通”或“关断”作用。开关二极管具有开关速度快、体积小、寿命长等特点。开关二极管多采用玻璃封装或陶瓷封装，以减少管壳电容。

4．二极管的检测

1）二极管的极性判别

将万用电表拨在 R×100 或 R×1k 电阻挡上，两只表笔分别接触二极管的两个电极，若测出的电阻约几十、几百欧或几千欧，则黑表笔所接触的电极为二极管的正极（对应 P 区），红表笔所接触的电极为二极管的负极（对应 N 区）。若测出来的电阻约几十千欧至几百千欧，则黑表笔所接触的电极为二极管的负极，红表笔所接触的电极为二极管的正极，如图 3.2.2 所示。

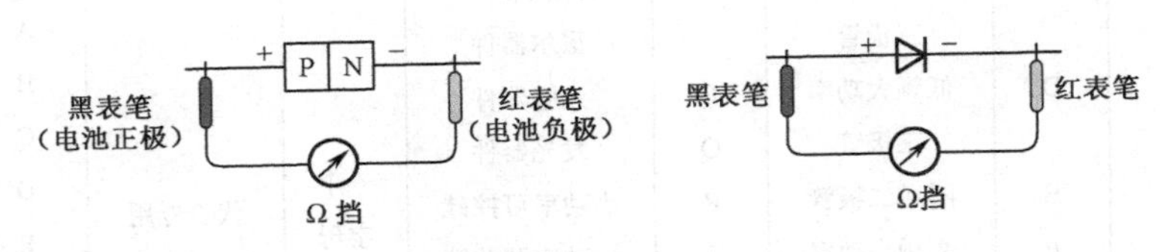

图 3.2.2　二极管极性判别

对塑封整流二极管，靠近色环（通常为白色）的引脚为负极。

顺便指出，检测一般小功率二极管的正、负向电阻，不宜使用 R×1 和 R×10k，前者通过二极管的正向电流较大，可能烧毁管子；后者加在二极管两端的反向电压太高，易将管子击穿。

2）材料判别

二极管的材料判别通常可根据锗管的正反向电阻均较小的特点来进行判断，一般硅管的正向电阻为几千欧左右，反向电阻为几百千欧至无穷大，而锗管的正向电阻为一千欧左右，反向电阻为几十千欧至几百千欧，甚至更小些。

另外，可用一节干电池（1.5V），串接被测二极管和一只 1kΩ左右的电阻，使二极管正向导通。再用万用表测量二极管两端的管压降，如管压降为 0.6～0.8V 即为硅管，如管压降为 0.2～0.4V 则为锗管。

3）质量类别

二极管的好坏判别，一般是利用二极管的单向导电性，即正向电阻小，反向电阻大的特点进行判别。如果符合正向电阻小，反向电阻大就说明二极管基本上是好的。如果正反向电阻都小，则说明二极管可能击穿。如果正反向电阻都大，则说明二极管已经开路。

3.2.2　三极管

1．三极管的分类

三极管的分类，按材料可分为硅管、锗管和化合物材料三极管；按 PN 结类型可分为 PNP 型和 NPN 型；按工作频率可分为低频管和高频管；按用途可分为电压放大管、大功率管、开关管等。

2．三极管的判别

1）基极的判别

从三极管的结构可看出，基极与另外两电极之间可看成均为同向二极管（PN 结），如

图 3.2.3 所示。所以基极与另外两极之间的正反向电阻值应基本相同。即用一表笔固定接在基极上，另一表笔分别接在集电极和发射极，其所测得的正向电阻值应都小，而反向电阻值均大。如果测量结果相符，则说明此电极就是基极，否则不是。

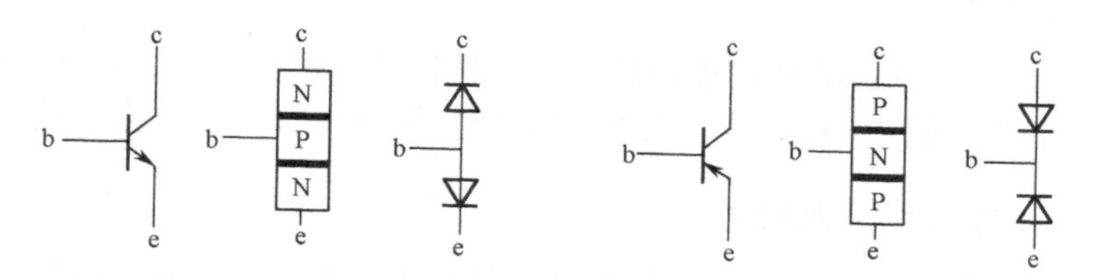

图 3.2.3 三极管结构示意图

2）NPN 型与 PNP 型判别

在判别基极时，当基极与另外两极之间的电阻值均小（正向电阻），若此时是黑表笔接基极，则三极管为 NPN 型；若此时是红表笔接基极，三极管为则 PNP 型。

3）集电极（c）与发射极（e）的判别

集电极与发射极的判别可利用三极管的放大原理来进行判别，要求发射结正向偏置，集电结反向偏置。即在判别出管型和基极 b 的基础上，任意假定一个电极为 c 极，另一个电极为 e 极。对于 NPN 型管，先用手捏住（串接人体电阻）管子的 b、c 极，注意不要让电极直接相碰，再将黑表笔接 c 极，红表笔接 e 极，并注意观察万用电表指针向右摆动的幅度，如图 3.2.4（a）所示。然后使假设的 c、e 极对调，重复上述的测试步骤。比较两次测量中表针向右摆动的幅度，若第一次测量时摆动幅度大，则说明对 c、e 极的假定是符合实际情况的；若第二次测量时摆动幅度大，则说明第二次的假定与实际情况符合。

若需判别的是 PNP 型晶体管，仍用上述方法，但必须把表笔的极性对调一下，如图 3.2.4（b）所示。

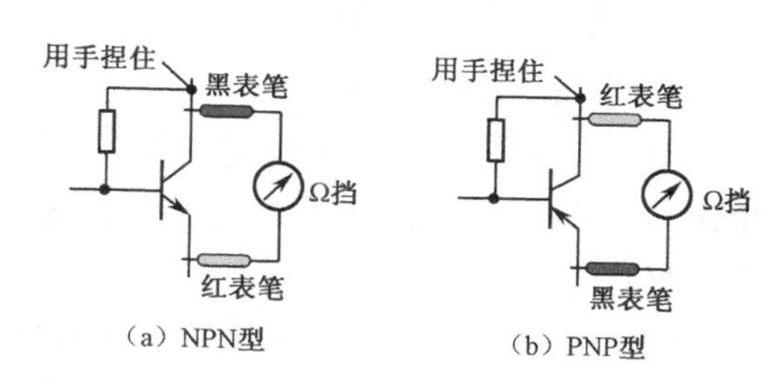

图 3.2.4 三极管电极判别示意图

3. 三极管的选用

晶体管的正常工作需要一定条件，超过条件允许范围则可能是晶体管不能正常工作，甚至会遭到永久性损坏。因而，选用时应考虑以下各因素。

（1）选用的晶体管，切勿使工作时的电压、电流、功率超过手册中规定的极限值，并根据设计原则选取一定的余量，以免烧坏管子。

（2）对于大功率管，特别是外延型高频功率管，在使用中的二次击穿往往使功率管损坏。为了防止第二次击穿，就必须大大降低管子的使用功率和电压。

（3）选择晶体管的频率，应符合设计电路中的工作频率范围。

（4）根据设计电路的特殊要求，如稳定性、穿透电流、放大倍数等，均应进行合理选择。

3.2.3 场效应管

场效应管是一种电压控制型半导体器件。场效应管具有输入阻抗高、噪声低、热稳定性好、功耗小、抗辐射能力强和便于集成等优点，但容易被静电击穿。

1. 场效应管的分类

按电场对导电沟道的控制方法不同可分为结型场效应管（JFET）和绝缘栅型场效应管

（IGFET）；按导电沟道的材料不同可分为N型沟道和P型沟道两类；按工作方式不同可为耗尽型和增强型；按栅极与半导体间绝缘层所用材料不同可为MOS管、MNS管等多种。

2．结型场效应管

结型场效应管有N沟道和P沟道两种。在一块低掺杂的N型基片上的两侧扩散两个高掺杂的P型区，形成两个PN结，就构成N沟道结型场效应管，其结构如图3.2.5（a）所示。

3．绝缘栅型场效应管（MOS）

绝缘栅型场效应管与结型场效应管的不同之处在于它的栅极是从绝缘层上引出的，栅极与源极及漏极是绝缘的，绝缘栅型场效应管也有N沟道（NMOS）和P沟道（PMOS）两类，如图3.2.5（b）所示为N沟道绝缘栅型场效应管结构图。

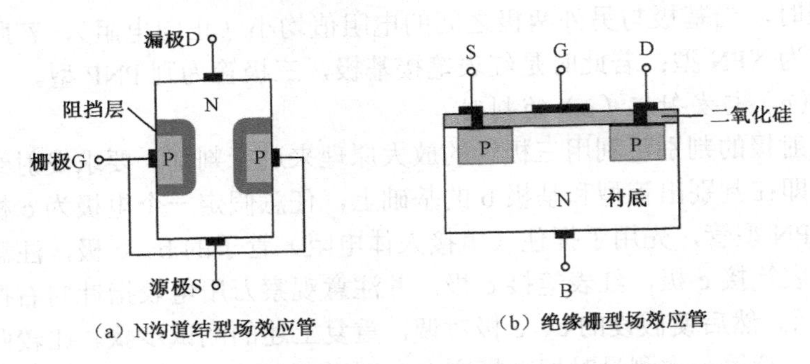

（a）N沟道结型场效应管　（b）绝缘栅型场效应管

图3.2.5　场效应管结构图

4．场效应管的判别

1）结型场效应管判别

从结型场效应管的结构图可看出，当栅极开路时，漏（D）源（S）之间的沟道相当于一电阻（几百欧至几千欧姆）。而栅极至漏极和源极均为一PN结。所以，可像判断三极管的基极一样进行判断。

（1）电极判别。从结型场效应管的结构图可看出，当栅极开路时，漏极（D）源极（S）之间的沟道相当于一电阻（几百欧姆至几千欧姆）。而栅极至漏极和源极均为一PN结。所以，可像判断三极管的基极一样进行判断。

方法一：将万用表置于R×1k挡，任选两电极，分别测出它们的正反向电阻。若正反向电阻相等（几百欧至几千欧），则该两电极为源极和漏极（结型场效应管的源极和漏极可互换），余下的则为栅极。

方法二：用万用表任选一表笔固定接一电极，另一表笔分别接其余的两电极，并分别测出它们的正反向电阻。若它们正向电阻应都小，而反向电阻都大，则所选的电极为栅极。

（2）放大倍数估测。将万用表置于R×1k档，两表笔分别接在D极和S极，用手靠近或触及G极，观察指针的摆动，摆动越大说明其放大倍数越大。

2）绝缘栅型场效应管判别

由于绝缘栅型场效应管的输入阻抗极高，即二氧化硅的绝缘电阻极高，栅极的静电感应电荷没有泄放回路，而且二氧化硅绝缘层很薄，很容易积累电荷形成高压击穿二氧化硅绝缘层。因此，不能用万用表进行检测，必须用专门的测试仪器测量，并且要求仪器应良好接地，同时要注意在接入仪器后才能去掉各电极的短路线。

5. 场效应管的使用

（1）结型场效应管和一般晶体三极管的使用注意事项相仿，可把 D、G、S 三极比做 C、B、E 三极，而 D、S 极可互换使用。

（2）结型场效应管的栅源电压不能反接，但可以在开路状态下保存。

（3）绝缘栅型场效应管特别注意避免栅极悬空，绝缘栅型（MOS）场效应管在不使用时，必须将各电极引脚短路，焊接时应将电烙铁外壳接地。

（4）结型场效应管可用万用表定性检查质量，而绝缘栅型场效应管不允许，用仪器仪表测量时也应有良好的接地措施，同时安装操作时应戴接地手环。

3.3 集成电路

3.3.1 集成电路的基本性质

集成电路是近几十年随着半导体器件发展起来的高科技产品，其发展速度异常迅猛。

1. 集成电路的特点

集成电路的体积小、耗电低、稳定性好，从某种意义上讲，集成电路是衡量一个电子产品是否先进的主要标志。

2. 集成电路的结构

集成电路的基本结构是把一个单元电路或某一功能、一些功能、甚至某一整机电路集中制作在一晶片或陶瓷片上，然后封装在一个便于安装焊接的外壳中。

3.3.2 集成电路的识别与检测

1. 集成电路的分类

集成电路按功能可分为数字集成电路和模拟集成电路；按制造工艺可分为半导体集成电路、薄膜集成电路、厚膜集成电路和混合集成电路；按集成度分有小规模（SSI）、中规模（MSI）、大规模（LSI）、超大规模（VLSI）和甚大规模（ULSI）集成电路；按封装形式可分为普通单列直插封装（SIP）、普通双列直插封装（DIP）、双列扁平封装（DFP）、四面扁平封装（QFP）、针栅阵列式封装（PGA）等多种形式。同时还可按封装材料、封装体积、引脚间距进行划分。

（1）数字集成电路。数字集成电路是与电子计算机相互依存、相互推动而发展起来的。常用的数字集成电路有双极型（如 TTL）和单极型（CMOS）两类。

（2）模拟集成电路。一般认为模拟集成电路是除了数字集成电路之外的集成电路。常用的有集成运算放大器、集成稳压器、音响及视频集成电路等。

2. 集成电路引脚识别

（1）圆形封装集成电路。将管脚对准自己，从管键（标记）开始顺时针读引脚序号，如图 3.3.1（a）所示。

（2）单列直插式封装集成电路。以正面（标志面）朝向自己，引脚向下，以缺口、凹槽或色点作为引脚参考标记，引脚序号从左到右排列，如图 3.3.1（b）所示。

（3）双列或四列封装集成电路。正面（标志面）朝向自己，以缺口、凹槽或色点作为引脚参考标记，引脚序号按顺时针排列，如图 3.3.1（c）所示。

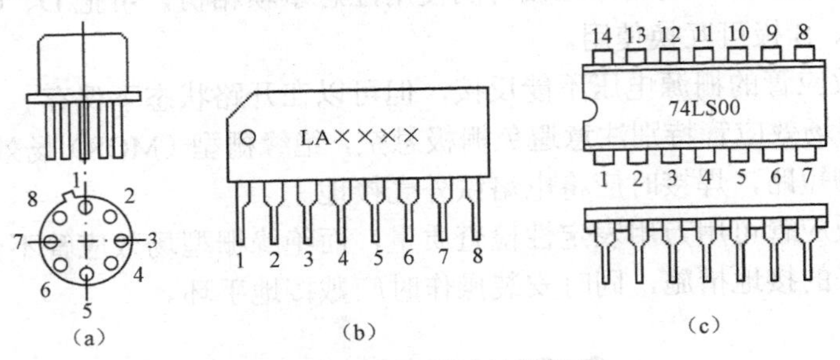

图 3.3.1　集成电路结构简图

（4）三脚封装集成电路。以正面（标志面）朝向自己，引脚向下，引脚序号从左到右排列，如图 3.3.2 所示。

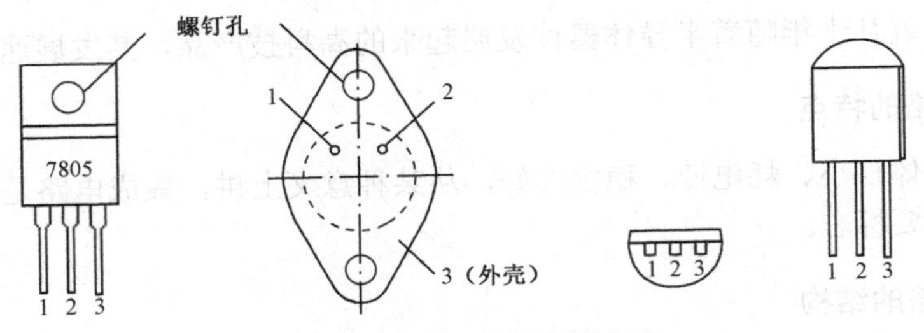

图 3.3.2　集成电路结构简图

3．集成电路质量判别

集成电路的好坏判别比较复杂，因其内部电路多种多样，不像其他元器件结构固定。要对集成电路做出正确判别，首先要掌握该集成电路的用途、内部结构原理、主要电气特性，其次要掌握各引脚对地的直流电压、波形、对地正反向电阻值等。具体检测方法如下。

（1）在路（集成电路安装在电路板上）测量各引脚对地的直流电压，与参考值或对比测量值（在工作正常的产品上测量所得电压值）进行比较。

（2）在路测量各引脚对地的电阻，与参考值或对比测量值进行比较。

（3）开路（焊开或取下集成电路）测量各引脚对地的电阻，与参考值或对比测量值进行比较。

4．集成电路的使用与注意事项

集成电路是一种结构复杂、功能多、体积小、价格高、安装与拆卸麻烦且易损坏的电子器件，因此在选购、检测与使用中应十分小心，以免造成不必要的损失。

（1）集成电路在使用时不允许超过极限值，在电源电压变化不超过额定值的±10%时，电参数应符合规范值。电路在使用的电源接通与断开时，不得有瞬时电压产生，否则会使电路击穿。

（2）集成电路使用温度一般在−30～85℃之间，在系统安装时应尽量远离热源。

（3）集成电路如用手工焊接时，不得使用大于 45W 的电烙铁，焊接时间应不超过 10s。

（4）安装集成电路时要注意方向。

（5）要处理好空脚，不能擅自接地，MOS 电路的“与非”门输入端不能悬空，不用时接电源正极，特别是加上源、漏电压时，若输入端悬空，用手触及到输入端时，由于静电感应极易造成栅极击穿烧坏集成电路。为避免拨动开关时输入端瞬时悬空，可把输入端接一只几十千欧的电阻到电源正（或负）极。

（6）对于 MOS 集成电路，为了防止栅极静电感应击穿，所使用一切测试仪器、电烙铁、线路本身均需良好接地。此外在存放时，必须将其放置于屏蔽盒内或用金属纸包装。

3.4 表面组装元器件

3.4.1 表面组装元器件的特性

表面组装元器件俗称无引脚元器件，问世于 20 世纪 60 年，通常人们把表面组装无源元件，如片式电阻、电容、电感称为 SMC（Surface Mounting Components），而将有源器件，如小外形晶体管、集成电路称为 SMD（Surface Mounting Device）。无论是 SMC 还是 SMD，在功能上都与 THT（通孔安装）元器件相同，但在结构和电气特性上有显著区别。

（1）尺寸很小，重量轻，无引脚或引脚很短，可节省引脚所占的安装空间，组装时还可双面贴装。这样大大提高了安装密度，有利于电子产品的小型化、薄型化和轻量化。

（2）高频特性好。由于没有引脚或引脚很短，寄生电感和分布电容很小，增强了抗电磁干扰和射频干扰的能力。

（3）可靠性高，抗振性能好。因引脚短，形状简单，贴焊牢固。另外不需通孔安装，避免了因引脚弯曲成形而造成的损伤及损坏。因而很结实，耐振，耐冲击，这些都使产品的可靠性大大提高。

（4）SMC/SMD 易于实现自动化组装。组装时无需在印制电路板上钻孔，没有剪线、打弯等工序，降低生产成本，适于大规模生产。

（5）目前 SMT 的自动化表面组装设备已非常成熟，使用非常广泛，大大缩短了装配时间，而且装配精确，产品合格率高。因此，节省了劳动成本。另外 SMC 无引脚、体积小，不仅节省铜材，基板面积也可大大缩小，从而提高了经济效益。

3.4.2 表面组装元器件的基本类型

1．表面组装元器件的分类

（1）按元件功能分类。分为片式无源元件、片式有源元件、片式机电元件三大类。其中片式无源元件包括电阻器类、电容器类、电感器类和复合元件（如电阻网络、滤波器等）；片式有源元件包括二极管、三极管、集成电路等；片式机电元件包括开关、继电器、微电机等。

（2）按元件结构形式分类。分为矩形、圆柱形和异形三类。矩形片式元件包括薄片矩形元件和扁平封装元件；圆柱形片式元件又称为金属电极面结合型（Metal Electrode Bonding Type）元件，简称 MELF 型元件；异形片式元件是指形状不规则的各种片式元件。

（3）按引脚形式分类。分为无引脚或短引脚两类。

2．常见表面组装元器件

1）表面组装电阻器

表面组装电阻器按封装外形，可分为片状和圆柱状两种；按制造工艺可分为厚膜型（RN

型）和薄膜型（RK 型）两大类。

（1）矩形片式电阻。外形为扁平状，其结构如图 3.4.1 所示，基片大都采用 AL_2O_3 陶瓷制成，具有较好的机械强度和绝缘性。电阻膜采用电阻浆料（RuO_2 或 TaN-Ta）印制在基片上，经过烧结制成。保护层采用玻璃浆料印制在电阻膜上，经烧结成釉。电极由三层材料构成：内层 Ag-Pd 合金与电阻膜接触良好，电阻小，附着力强；中层为 Ni，主要作用是防止端头电极脱落；外层为可焊层，采用电镀 Sn 或 Sn-Pb，Sn-Ce 合金。

（2）圆柱形片式电阻。外形为一圆柱体，如图 3.4.2 所示。这种结构与原来传统的普通圆柱型长引脚电阻器基本上是一样的，只不过把引脚去掉，两端改为电极而已，其材料及制造工艺、标记都基本相同，只是外形尺寸小了许多。

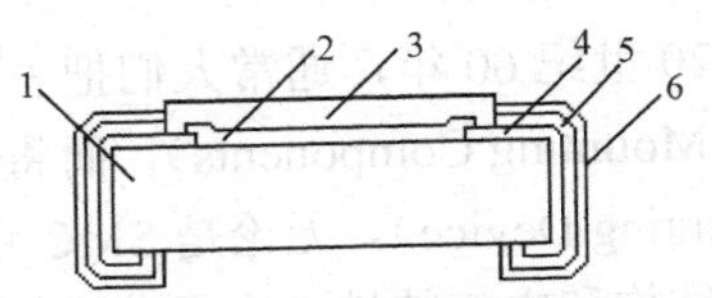

1—陶瓷基片；2—电阻膜；3—玻璃釉层；4—Ag-Pd 电极；
5—镀 Ni 层；6—镀 Sn 或 Sn-Pb 层

图 3.4.1　片式电阻结构

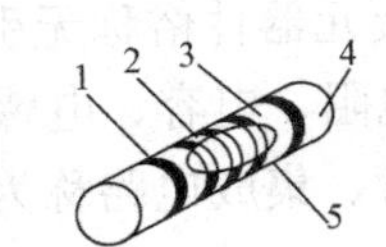

1—标志色环；2—电阻膜；3—耐热漆；
4—端电极；5—螺纹槽

图 3.4.2　圆柱形片式电阻

（3）SMC 电阻排（电阻网络）。表面组装电阻排是电阻网络的表面组装形式。目前，最常用的表面组装电阻网络的结构简图如图 3.4.3 所示。根据用途不同，电阻网络有多种电路形式，常见形式如图 3.4.4 所示。

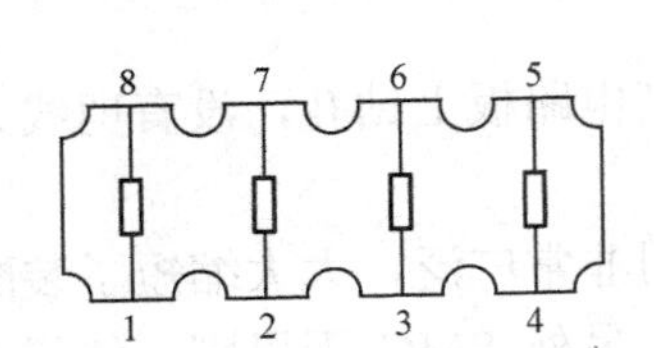

图 3.4.3　电阻网络的结构简图

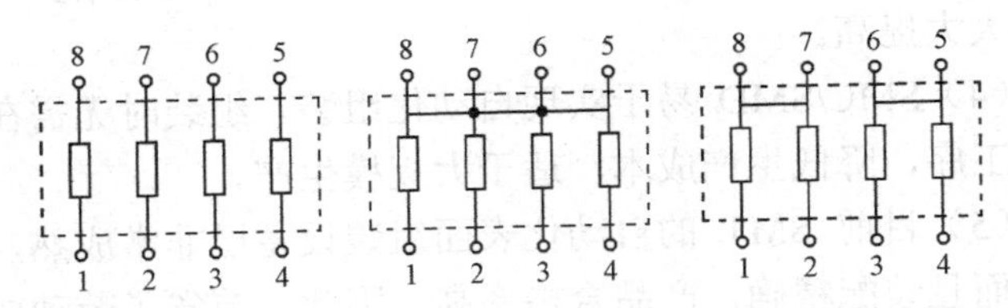

图 3.4.4　电阻网络

2）表面组装电容器

表面组装电容器目前使用较多的主要有两种：陶瓷系列的电容器和电解电容器，有机薄膜和云母电容器使用较少。

（1）SMC 多层陶瓷电容器。多层陶瓷电容器是在单层盘状电容器的基础上构成的，电极深入电容器内部，并与陶瓷介质相互交错。多层陶瓷电容器简称 MLC，MLC 通常是无引脚矩形结构，外层电极与片式电阻相同，也是 3 层结构，即 Ag-Ni/Cd-Sn/Pb，MLC 外形和结构如图 3.4.5 所示。

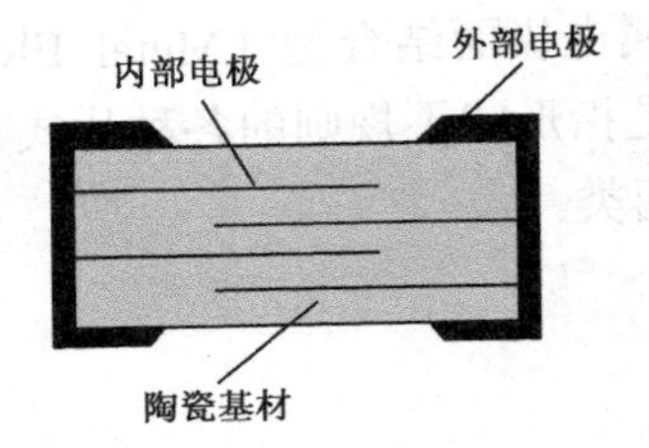

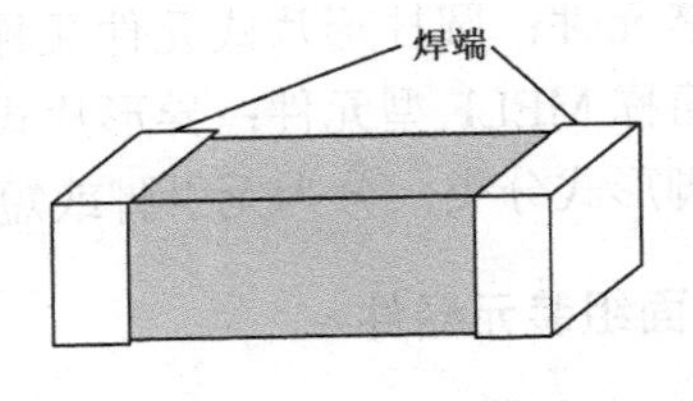

图 3.4.5　MC 多层陶瓷电容器

（2）片式电解电容器。主要有片式钽电解电容器和片式铝电解电容器。片式钽电解电容器质优价高，应用受到一定限制。而片式铝电解电容器，需要具有可靠的密封结构，以防在焊接过程中因受热而导致电解液泄漏，同时还要采用耐电解液腐蚀的材料。铝电解电容器结构如图 3.4.6 所示。

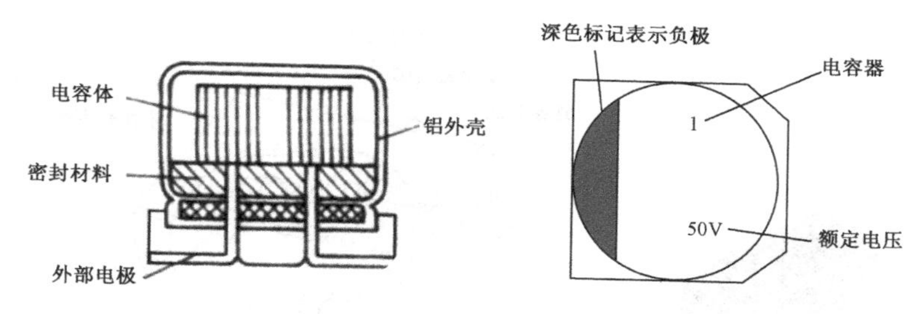

图 3.4.6 SMC 铝电解电容器结构

3）表面组装电感器

（1）叠层型片状电感器。由铁氧体浆料和导电浆料相间形成多层的叠层结构，然后经绕制而成，其特点是具有闭路磁路结构，没有漏磁，耐热性好，可靠性高。结构如图 3.4.7 所示。

（2）薄膜型片状电感器。运用薄膜技术在玻璃基片上依次沉积 Mo-Ni-Fe 磁性膜、SiO_2 膜、Cr 膜和 Cu 膜，然后光刻形成绕组，再依次沉积 SiO_2 膜和 Mo-Ni-Fe 磁性膜而成，其绕组形式有框型、螺旋形和叉指型。

（3）编织型片状电感器。是利用纺织技术，以ϕ80μm 非晶磁性纤维为经线、ϕ70μm 铜线为纬线，“织”出的一种新型电感器。其特点是电感量较高，但 Q 值偏低。

4）表面组装二极管

SMD 二极管有无引脚柱形玻璃封装和片状塑料封装两种。无引脚柱形玻璃封装二极管是将管芯封装在细玻璃管内，两端以金属帽为电极。结构如图 3.4.8 所示。

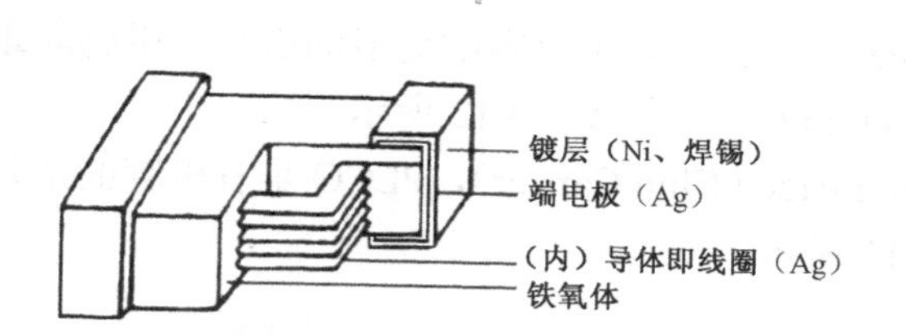

图 3.4.7 SMC 叠层型片状电感器结构

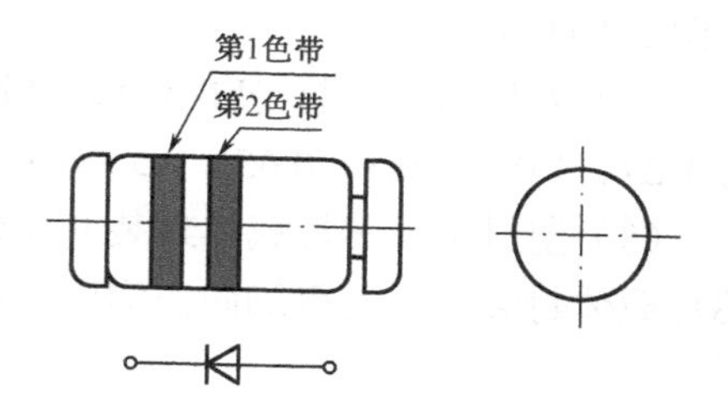

图 3.4.8 SMD 二极管结构

塑料封装二极管一般做成矩形片状，额定电流 150 mA～1 A，耐压 50～400 V，外形尺寸为 3.8mm×1.5mm×1.1mm。

还有一种 SOT-23 封装的片状二极管，多用于封装复合二极管，也用于高速开关二极管和高压二极管，如图 3.4.9 所示。

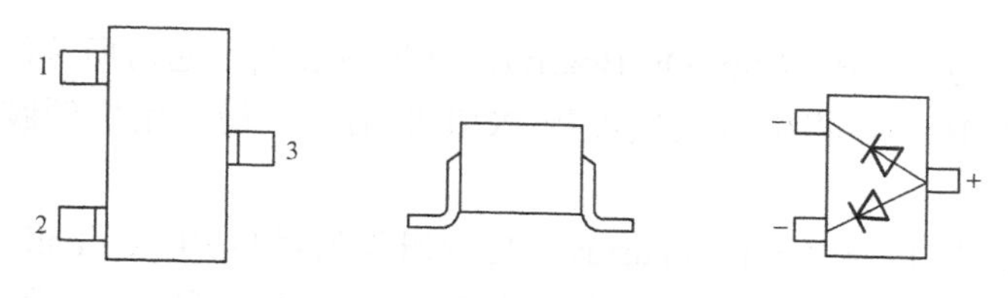

图 3.4.9 SOT-23 封装 SMD 二极管结构

5）表面组装三极管

表面组装三极管采用带有翼形短引脚的塑料封装，可分为 SOT-23、SOT-89、SOT-l43、SOT-252 几种尺寸结构，产品有小功率管、大功率管、场效应管和高频管几个系列。

（1）SOT-23 是通用的表面组装晶体管，有 3 条翼形引脚，内部结构如图 3.4.10 所示。

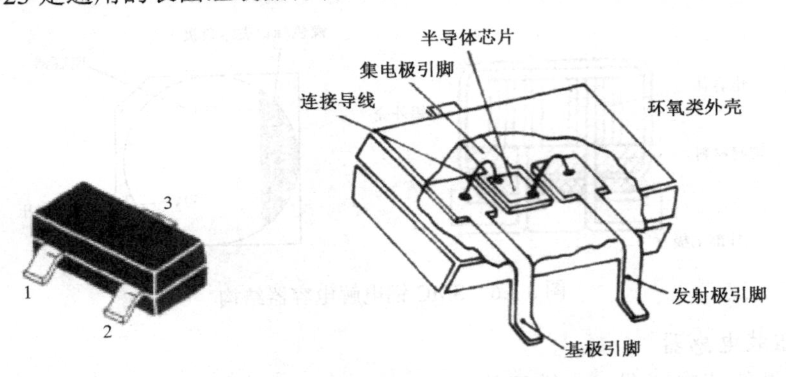

图 3.4.10　SOT-23 封装 SMD 三极管结构

（2）SOT-89 适用于较高功率的场合，它的三个电极是从管子的同一侧引出，管子底面有金属散热片与集电极相连，晶体管芯片粘接在较大的铜片上，以利于散热。

（3）SOT-l43 有 4 条翼形短引脚，对称分布在长边的两侧，引脚中宽度偏大一点的是集电极，这类封装常见双栅场效应管及高频晶体管。

6）表面组装集成电路

表面组装集成电路包括各种数字电路和模拟电路的 SSI～ULSI 集成器件。常用的封装有如下。

（1）小型封装 SO（Small Outline），引脚比较少的小规模集成电路大多采用这种封装，如图 3.4.11 所示。

（2）方形扁平封装 QFP（Quad Flat Package），这种封装可以容纳更多的引脚，引脚间距有 1.27、1.016、0.8、0.65、0.5、0.4 、0.254（mm）等，如图 3.4.12 所示。

（3）塑封引脚芯片载体封装 PLCC（Plastic Leaded Chip Carrier），PLCC 是有引脚的塑封芯片载体封装，它的引脚向内沟回，如图 3.4.13 所示。

图 3.4.11　小型封装

图 3.4.12　方形扁平封装

图 3.4.13　塑封引脚芯片载体封装

（4）板载芯片封装 COB（Chip On Board），这种封装即是通常所称的“软封装”。它是将 IC 芯片直接粘在 PCB 上，将引脚直接焊到 PCB 铜箔上，最后用黑塑胶密封。如图 3.4.14 所示。

（5）针栅阵列封装 PGA（pin grid array）与球栅阵列封装 BGA（ball grid array），这种封装是把引脚排成阵列形式并均匀分布在 IC 的底面，因此引脚可增多，而引脚间距不必很小。

PGA 的引脚成针形，是通过插座与印制板连接。BGA 的引脚成球形，直接贴装到印制板上，如图 3.4.15 所示。

图 3.4.14　板载芯片封装 COB

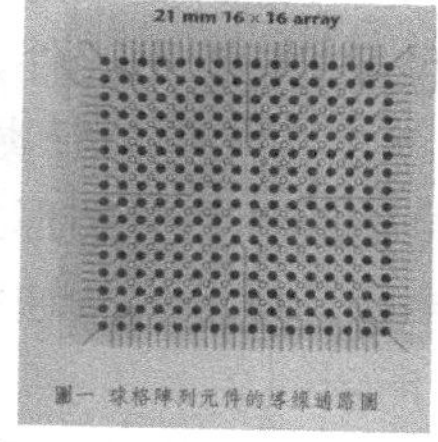

图 3.4.15　针栅阵列封装 PGA

3.4.3　表面组装元器件的选择与使用

1．表面组装元器件使用注意事项

（1）库存温度低于 40℃。

（2）生产现场温度低于 30℃。

（3）环境湿度：相对湿度低于 60%。

（4）环境气氛不得有影响焊接性能的硫、氯、酸等有毒气体。

（5）保存和使用均要满足防静电要求。

（6）存放时间一般不得超过一年。

2．表面组装元器件的选择

选择表面组装元器件，应该根据电路的要求，综合考虑表面组装元器件的规格、性能和价格等因素。

（1）选择表面组装元器件要注意贴片设备的贴装精度。

（2）表面组装元器件采用典型的再流焊，但翼形引脚可采用波峰焊和手工焊接；对经常拆换、易损坏的 PLCC 封装、PGA 封装可采用插座安装。

3.5　其他常用器件

3.5.1　压电器件

压电器件是利用压电效应制成的一种元件。在自然界中某些物体在受到外部压力（或拉力）时，在其两端表面上出现符号相反的束缚电荷（产生电场），电荷的密度与外力成正比。若给这种物体加上电场它又会产生机械形变，我们称这种物体为压电体。它们具有的这种特点叫压电效应，前者称为正压电效应，而后者称为逆压电效应。

常用的压电器件有石英晶体元件、压电陶瓷元件等。

1．石英晶体元件

石英晶体元件又称为石英晶体振荡器，通常简称晶振或晶振元件。它是利用具有压电效应的石英晶体，按特殊的轴向进行切割，然后加以封装制成的谐振元件。通过不同的切割方法以及所切晶片的薄厚，可以制成不同谐振频率的石英晶体振荡器。

1）石英晶体元件的结构及性能

石英晶体元件一般由石英晶片、晶片支架和封装外壳等构成。晶片支架的作用为固定晶片及引出电极，晶片支架可分为焊线式和夹紧式两种。石英晶体元件在电路中的作用相当于一个高 Q 值的 LC 谐振元件，其等效电路如图 3.5.2 所示。

2）石英晶体元件的种类

石英晶体元件按封装形式有塑料封装型、金属壳封装型及陶瓷封装型等，如图 3.5.1 所示。按频率稳定度分为普通型和高精度型。按电极分有双电极型、三电极型、四电极型等，如图 3.5.2 所示。

3）石英晶体元件的主要参数

石英晶体元件的主要参数有：标称频率、工作温度、频率偏移、温度系数、负载电容、激励电平等。

（1）标称频率。在石英晶体上标有一个频率参数，这就是石英晶体元件的标称频率。当电路工作在这一频率上时，其频率稳定度最高。但也有的没有标标称频率，如 CRB、ZTB、Ja 等系列。

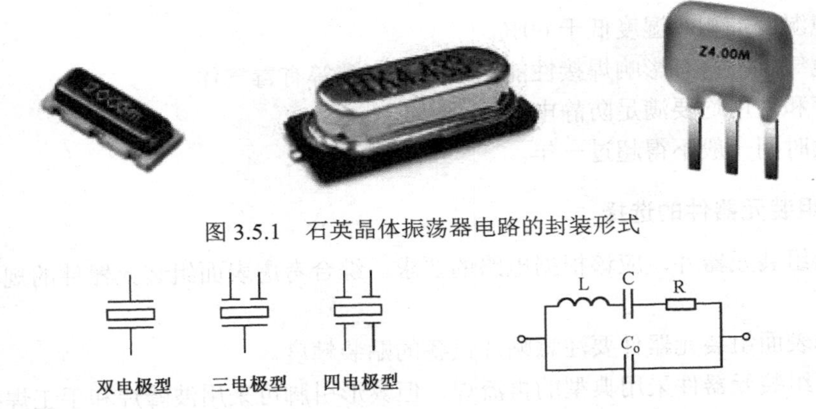

图 3.5.1　石英晶体振荡器电路的封装形式

图 3.5.2　石英晶体振荡器电路符号与等效电路

（2）负载电容。负载电容是指从石英晶的引脚两端向振荡电路的方向看进去的等效电容。负载频率不同决定振荡器的振荡频率不同。标称频率相同的晶振、负载电容不一定相同。因为石英晶体振荡器有两个谐振频率，一个是串联谐振晶振的低负载电容晶振，另一个为并联谐振晶振的高负载电容晶振。所以，标称频率相同的晶振互换时还必须要求负载电容一致，不能贸然互换，否则会造成电器工作不正常。

4）石英晶体元件的检测

（1）电阻法。用万用表 R×10k 挡测量石英晶体两引脚间电阻值，应为无穷大。如果测量结果不为无穷大或电阻为零，就说明石英晶体已经漏电或短路。

（2）在路电压测量法。在路电压测量法是通过测量石英晶体的在路电压与参考值（产品正常工作时测量所得到的正常电压值）进行比较。如果相近说明基本正常；如果差异较大，则说明石英晶体工作不正常。例如，彩电摇控器的晶体，当不操纵时，其两引脚的电压分别为 0V、3V，而当操纵时，其两引脚的电压同时为 1.5V。如果，所测量的值相近说明基本正常；反之，则说明石英晶体已损坏。

（3）电笔测试法。用一只试电笔，将试电笔头插入交流市电的火线孔内，再用手捏住石英晶体的任一只引脚，让另一只引脚去触及试电笔的顶端的金属部分，若试电笔氖管发光说明石英晶体是好的。否则，说明石英晶体已损坏。

（4）替换法。以上方法只是粗略的检测，操作也不甚方便，在实际维修中，经常直接利用新的或好的石英晶体进行替换，来进行判断石英晶体的好坏。

2. 压电陶瓷元件

压电陶瓷元件是利用某些陶瓷的压电效应制成的具有选择性的器件。压电陶瓷大多采用锆钛酸铅陶瓷材料做成薄片，在其两面镀银做电极，成为一个压电振子。当电极上加以交变电压时，由于压电效应，陶瓷片将随交变信号的变化产生机械震动，这种机械震动又可转换成电信号输出。

1）陶瓷元件的结构及性能

压电陶瓷元件通常叫压电陶瓷片是利用锆钛酸铅陶瓷材料做成薄片，在其两面镀银做电极，经过封装而成的。陶瓷元件的基本结构、工作原理、等效电路等与石英晶体元件相似。

压电陶瓷元件的优点是Q值较高、体积小、稳定度高、价格低廉。但其频率精度、频率稳定性等指标不及石英晶体元件，所以主要用在一些频率较低、要求不高的电路中。

2）陶瓷元件的种类

压电陶瓷元件按功能和用途可分为陶瓷滤波器、陶瓷谐振器和陶瓷陷波器三类，如图3.5.3所示；按电极分有两电极、三电极、四电极和多电极等。压电陶瓷元件大都采用塑料封装或复合材料封装形式，少数用金属壳封装。

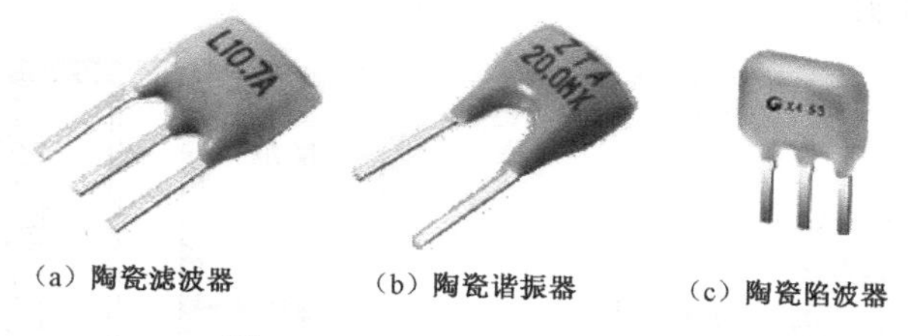

（a）陶瓷滤波器　（b）陶瓷谐振器　（c）陶瓷陷波器

图3.5.3　压电陶瓷元件外形图

3）陶瓷元件的主要参数

陶瓷元件的主要参数有标称频率、插入损耗、陷波深度、失真度、鉴频输出电压、通频带宽度、谐振阻抗等。

4）陶瓷元件的检测

陶瓷元件的检测与石英晶体元件的检测方法相同，选用和更换陶瓷元件时只要其型号和标称频率一致即可。

3.5.2 电声器件

电声器件是电声换能器，它能将电能转换成声能，或将声能转换成电能。它包括传声器、扬声器等。

1. 传声器

传声器是把声音变成电信号的一种电声器件。传声器又叫话筒或微音器，俗称麦克风（MIC），是将声能转换为电信号的一种声电转换器件。

1）传声器的分类

传声器的种类主要有动圈式、压电式、电容式和驻极体式等几种。

（1）动圈式传声器。动圈式传声器由永久磁铁、音膜、输出变压器等组成，如图 3.5.4 所示。音膜上粘有一个圆筒形的纸质音圈架，上面绕有线圈，即音圈。音圈置于强磁场的空气隙中，当入射声波使膜片震动时，音圈随膜片的震动而震动并切割磁力线产生感应电势。由于音圈的阻抗不同，有高有低，故输出电压和阻抗也不相同。为了使它与扩音机输入电路的阻抗相匹配，所以传声器中通常安装一只变压器，进行阻抗变换。

动圈式传声器输出阻抗可分为两类：高阻输出和低阻输出。一般低阻输出的阻抗为 200～600Ω，高阻输出的在 10kΩ以上。

动圈式传声器的频率特性在 200～5000Hz 范围，质量较高的可达 50～10 000Hz 的宽度，其输出电平为－30～－50dB，失真为 1%～3%。它的优点是：结构坚固，工作稳定，具有单方向性，经济耐用。

（2）压电式传声器。压电式传声器又叫晶体式传声器，它是利用石英晶体的压电效应制作而成，声波传到晶体的表面时，在两个受力面上产生电位差。电位差的大小随声波的强度而变化。此类传声器频率特性受到机械限制，但输出电平高，输出阻抗适中，价格低廉，使用方便。

（3）电容式传声器。电容式传声器是一种靠电容容量变化而起换能作用的传声器，由金属震动膜、固定电极等构成，如图 3.5.5 所示。两者之间的距离很近，约 0.025～0.05mm，中间介质为空气，结构上类似电容器。其输出阻抗较高，具有较高的灵敏度和较平坦的频率特性，瞬时特性好，音质好。

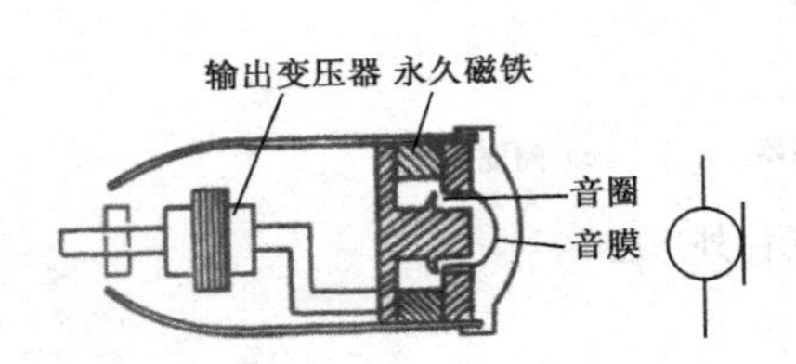

图 3.5.4　动圈式传声器结构及电路符号

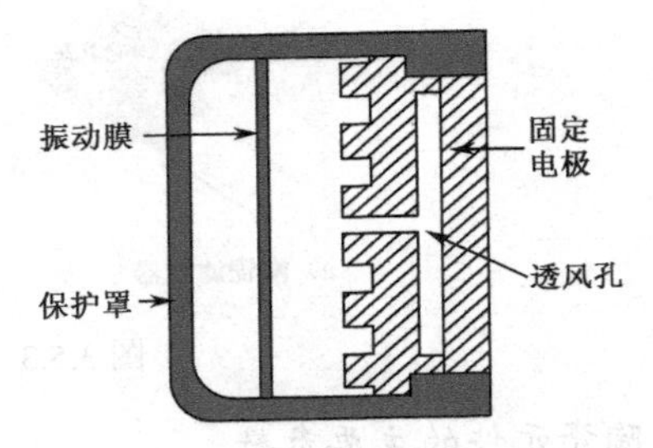

图 3.5.5　电容式传声器

（4）驻极体式传声器。驻极体式传声器是用驻极体材料做成的电容式传声器，其震动膜是在塑料基片上蒸发（或镀）一层金属膜。它具有结构简单，体积小，输出阻抗高等特点。这种传声器，由于电容容量很小，约为 50pF，其阻抗很高，一般在 100MΩ数量级，通常采用场效应管进行放大和阻抗变换，如图 3.5.6 所示。

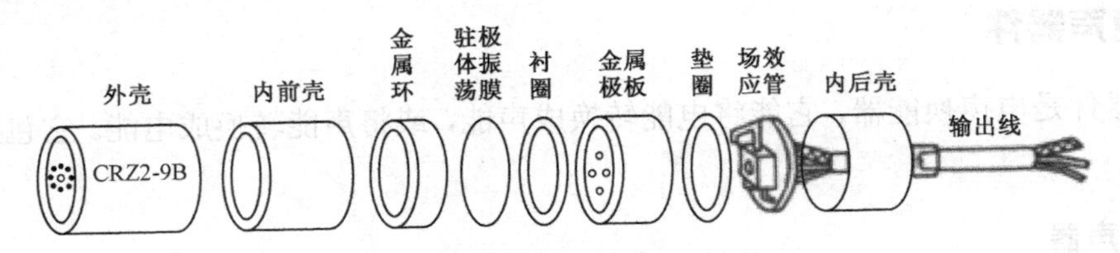

图 3.5.6　驻极式传声器结构图

2）传声器的检测

（1）将万用表置于 R×1Ω或 R×10Ω挡，用表笔接传声器两引出端，同时对传声器吹气，并观察指针的摆动。指针摆动越大说明传声器越灵敏，若指针没有摆动，则表明传声器已损坏。

（2）驻极体传声极性判别。驻极体传声器的输出端对应内部场效应管的漏极和源极，内部场效应管的栅极和源极之间接有一只二极管，利用二极管的正反向电阻特性可判断驻极体传声器的输出端。极性判别的方法是：将万用表拨至 R×100 挡，黑表笔接驻极体传声器的任一输出端，红表笔接另一端，测得一阻值；再交换表笔，又测得一阻值，比较两次结果，阻值小者，黑表笔接触的为与源极对应的输出端，红表笔接触的为与漏极对应的输出端。

2．扬声器

扬声器又称喇叭，是一种将电能转变为声能的电声转换器件。

1）扬声器的种类

常见的扬声器有电动式、电磁式、压电式，又有高音、低音扬声器之分。

（1）电动式扬声器。电动式扬声器由纸盆、音圈组成的震动系统和磁路系统等组成，如图 3.5.7 所示。纸盆是由特制的模压纸做成，模压纸通常含有羊毛等混合物。为改善音质，常在纸盆上压些凹槽来改善音质。纸盆中心厚，边缘薄，以适应高、低频信号，获得较宽的频率特性。磁路系统由永久磁铁、软铁圆板、软铁心柱等组成。按磁路系统的结构又分内磁式和外磁式。

电动式扬声器又分为纸盆式扬声器和号筒式扬声器。

电动式扬声器的工作原理：当给音圈（线圈）通电时，音圈就会受到一个与磁力线垂直方向的力，其方向符合左手定则，故音圈是上下运动的。当磁场磁通密度为 B（特斯拉），音圈导线长度为 l（m），导线流过的电流为 i（A）时，导线受力 F 为 $F=B\cdot l\cdot i$。

（2）电磁式扬声器。电磁式扬声器又叫舌簧式扬声器，由舌簧片、线圈、磁铁、纸盒、传动杆等组成。舌簧上外套线圈，放在磁铁中，通电后在磁场上运动带动连杆，使纸盒震动发声。

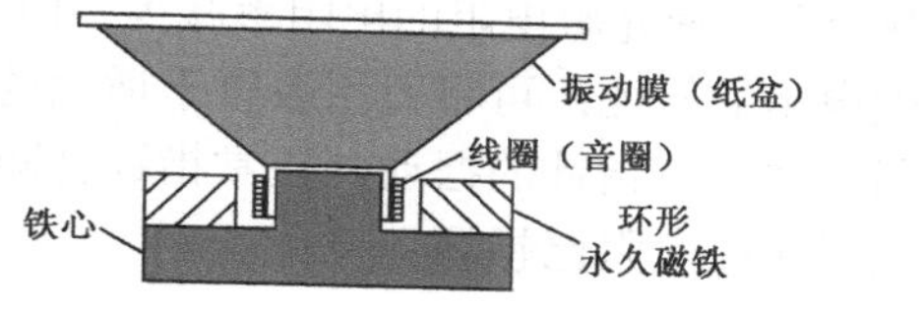

图 3.5.7　电动扬声器结构图与电路符号

（3）压电陶瓷式扬声器。压电陶瓷式扬声器是利用某些晶体材料的压电效应制成的。当在晶体配料表面加上音频电压时，晶体能产生相应的震动，利用它来推动纸盒震动发声。压电陶瓷式扬声器的结构简单，电声效率较高。

2）扬声器的主要参数

扬声器的主要参数有额定功率、标称阻抗、频率响应、灵敏度等。

3）扬声器的检测

（1）估测阻抗。一般在扬声器的磁体的标牌上都标有阻抗值。但有时也可能遇到标记不清或标记脱落的情况。这时可采取估测，即通过万用表测量直流电阻，如图 3.5.8 所示，再按下式求出扬声器阻抗：

$$Z=1.17R$$

式中　Z——扬声器阻抗；

R——用万用表实测值。

（2）判断好坏

如图 3.5.9 所示，用万用表测量扬声器时，在表笔接触扬声器电极时，扬声器能发出“喀喀”声，同时指针相应摆动，说明扬声器是好的。也可以用电池或合适的电源去接触扬声器电极，也应发出“喀喀”声，否则扬声器已损坏。

（3）判断相位。就一只扬声器而言，其两个引脚是无所谓相位之分的，但在安装组合音箱或用来播放立体声信号时，扬声器的相位是不能反接的。在扬声器没有标注相位（一般标+、−）时，可将万用表置于最低直流电流挡，如图 3.5.10 所示，用表笔接扬声器两引出端，同时用手轻弹一下扬声器纸盒，并观察指针的摆动方向。若指针向右摆动，说明红表笔接的一端为正端，而黑表笔接的一端为负端；若指针向左摆动，说明红表笔接的一端为负端，而黑表笔接的一端为正端。

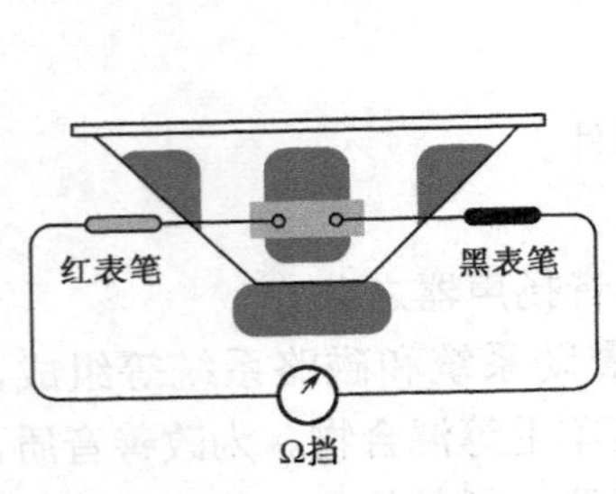

图 3.5.8 测量扬声器的电阻

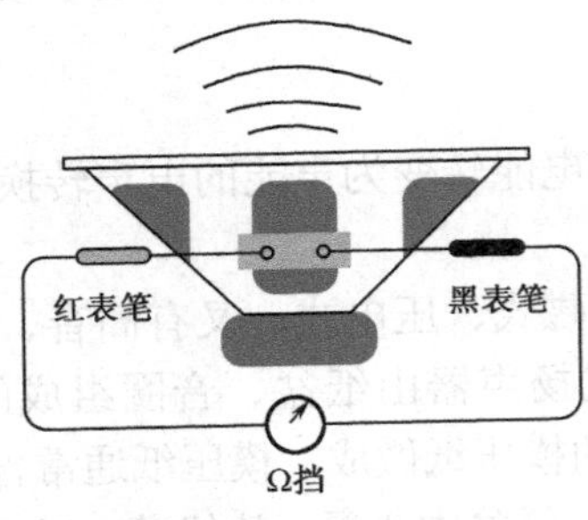

图 3.5.9 判断扬声器的好坏

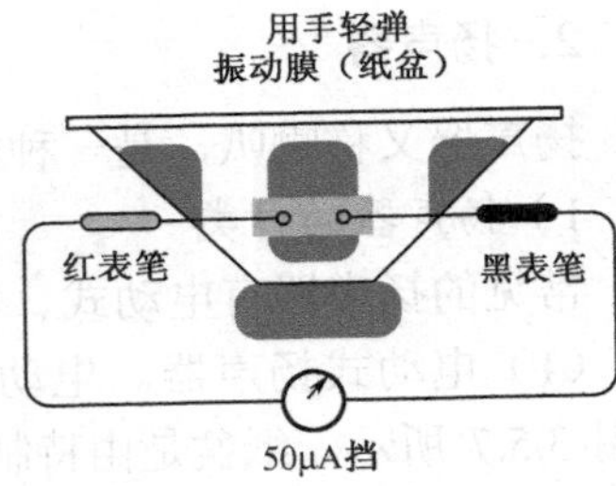

图 3.5.10 测量扬声器的相位

3.5.3 光电器件

常用的光电器件有光敏电阻、光电二极管、光电三极管、发光二极管和光电耦合器等。

1. 光敏电阻

光敏电阻是应用半导体光电效应原理制成的一种器件。当光敏电阻受到光照时，半导体产生大量载流子，使光敏电阻的电阻率减少；而当光敏电阻无光照射时，光敏电阻呈高阻状态。

光敏电阻的检测：可将万用表置于适当的电阻挡，用表笔接光敏电阻两端，同时改变光照的强弱，并观察指针的摆动。正常指针会随光照的变化而摆动，若指针没有摆动或摆动很小，则说明光敏电阻已损坏。

2. 发光二极管

发光二极管（LED）是一种将电能转化为沟通的半导体器件，有发可见光、不可见光、激光等类型。

发光二极管有单向导电性，但导通电压比较大，一般为 1.7～2.4V。

发光二极管的检测与普通二极管一样，只是因其正向导通电压较大，因此要用 1kΩ 或 10kΩ 挡。如图 3.5.11 所示为发光二极管结构图。

3. 光电二极管

光电二极管又叫光敏二极管，是将光能转换成电能的器件，其构造与普通二极管相似，不同点是在管壳上有入射光窗口。在无光照射时，光电二极管与普通二极管一样具有单向导电性。在有光照射时，其反向电流（加反向电压）与光照强度成正比。

光电二极管的检测：在无光照射时，光电二极管的检测与普通的二极管一样，正向电阻约为 10kΩ，反向电阻为∞；在有光照射时，光电二极管反向电阻与光照强度成反比。

4. 光电三极管

光电三极管是一种相当于在基极和集电极接入光电二极管的三极管，如图 3.5.12 所示。其检测与光电二极管相似。

5．光电耦合器

光电耦合器是把发光二极管和光敏三极管组装在一起而成的光—电转换器件，如图 3.5.13 所示。其主要原理是以光为媒介，实现电—光—电的传递与转换。

光电耦合器的检测：在发光二极管两端加上合适的偏置电压，用万用表置于 R×1kΩ挡，黑表笔接集电极，红表笔接发射极，并观察指针的摆动，如图 3.5.14 所示。若指针摆动则说明光电耦合器正常，若指针没有摆动或摆动很小，则光电耦合器已损坏。

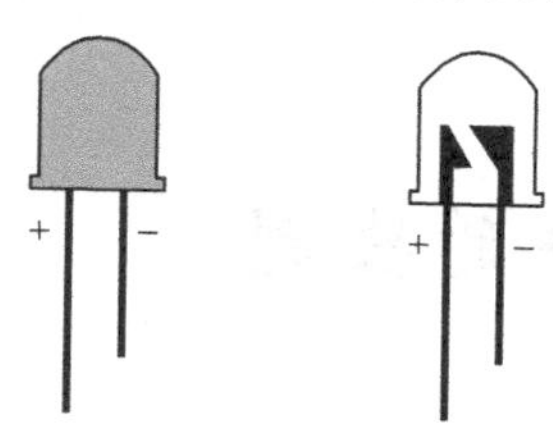

图 3.5.11　发光二极管结构图

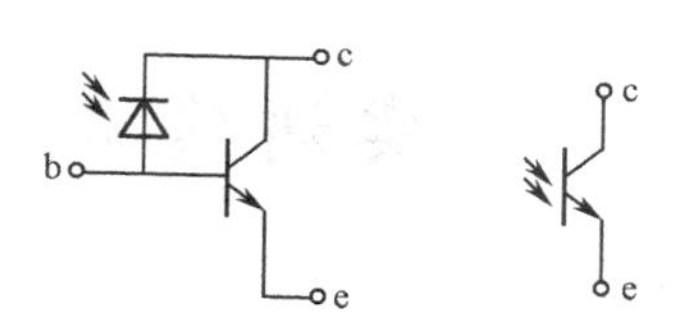

图 3.5.12　光电二极管结构图

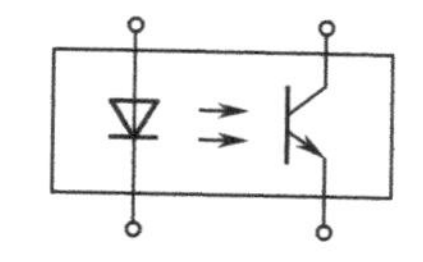
图 3.5.13　光电耦合器结构图

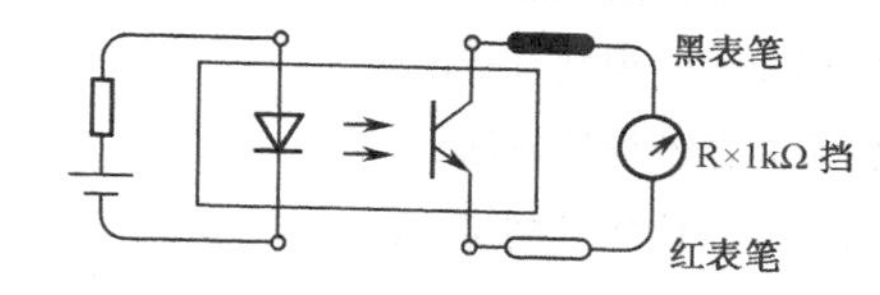

图 3.5.14　光电耦合器结的检测

本章小结

（1）电阻器主要有各种材料的固定电阻器、各种类型可调电阻器和各种类型的敏感电阻器。

（2）电感器主要有电感线圈、铁芯线圈、可调铁芯线圈等。

（3）电容器主要有各种材料的无极性电容器、电解电容器、可变电容器。

（4）半导体器件主要有各型二极管、三极管及场效应管。

（5）集成电路有数字集成电路和模拟集成电路两大类；按制造工艺可分为半导体集成电路、薄膜集成电路、厚膜集成电路和混合集成电路。

（6）表面组装器件，分为无源器件和有源器件，常见的无源器件有片式电阻、片式电容以及片式电感；有源器件有片式二极管、片式三极管及集成电路。

（7）压电器件是利用压电效应制成的器件，常用的压电器件石英晶体元件、压电陶瓷元件、声表面滤波器件等。

（8）电声器件是电声换能器，它能将电能转换成声能，或将声能转换成电能。它包括传声器、扬声器等。

（9）光电器件有光敏电阻、光电二极管、光电三极管、发光二极管和光电耦合器等。

习题 3

1．选用电阻器须遵循哪些基本原则？

2．下列标志各代表何意？RS；RH8；RX70；RJ71；WX11；WI81；4M7J；2k2K。

3. 铝电解电容器在性能上有哪些主要优缺点？适用于哪些场合？
4. 下列标志各代表何意？4μ7M；2n4J；3m9K；p33；CC3；CCW3；CD11；CJ40。
5. 瓷介电容器在性能上有哪些主要优缺点？适用于哪些场合？
6. 简述判别二极管的材料和极性的方法。
7. 简述判别三极管的材料、类型和电极过程。
8. 何谓表面组装器件？采用表面组装器件有何优越性？
9. 如何判别压电器件的好坏？
10. 如何判别电声器件的好坏？

实训项目：电子元件的检测

【实训目的】

1. 熟悉常用元器件的性能和特征。
2. 掌握常用元器件识别方法。
3. 掌握常用元器件检测方法。
4. 掌握常用元器件质量判定方法。

【实训内容与步骤】

1. 识别色环电阻器

表 1　色环电阻器的识别记录表

元件名称	第一环	第二环	第三环	第四环	第五环	读数
电阻器 1						
电阻器 2						
电阻器 3						

2. 测量常见材料电阻

表 2　材料电阻测量记录表

导线电阻	开关断开电阻	开关导通电阻	插头插座接触电阻	人体电阻

3. 测量电位器

表 3　电位器测量记录表

元件名称	标称值	总阻值	阻值变化范围
电位器 1			
电位器 2			

4. 测量变压器电阻

表 4　变压器测量记录表

元件名称	初级电阻	次级 I 电阻	次级 II 电阻
变压器 1			
变压器 2			

5．电容器检测

表 5　电容识别记录表

元件名称	标称值	介质	好坏判断
电容 1			
电容 2			

6．用万用表 Ω 挡判别二极管、三极管的极性、电极及材料

表 6　二极管识别记录表

器件名称	型号	正向电阻	正向电阻	质量判定	用　途
二极管 1	1N4007	4.3 kΩ	∞	好	整流
二极管 2					

表 7　三极管识别记录表

元件名称	型号	电极判断	NPN PNP	b-c 电阻		b-e 电阻		c-e 电阻		好坏判断
				正向	反向	正向	反向	正向	反向	
三极管 1										
三极管 2										

7．识别集成电路的引脚

8．测量集成电路各引脚对地端的正反向电阻，判定集成电路的质量

表 8　集成电路测量记录表

引脚	1	2	3	4	5	6	7	8	9	10	11	12	13	14
正向														
反向														

9．测量电声器件

表 9　电声器件测量记录表

元件名称	标称阻值	实测阻值	相位判别	质量
扬声器				
送话器				

【实训注意事项】

1．使用万用表 Ω 挡测量时应注意效零。

2．用万用表 Ω 挡判别二极管、三极管和集成电路时，一般使用 R×1k 挡，R×10k 挡的电源电压（10.5V），而 R×100 挡以下则电流大，均可能造成元器件损坏。

3．用万用表 Ω 挡测量在路元器件时，应先切断电源，大电容还应先进行放电。

4．测量集成电路时应准备和收集相应资料与数据。

第 4 章

印制电路板设计与制造

印制电路板（Printed Circuit Board，简称 PCB）也叫印刷电路板或印刷线路板，简称印制板。它由绝缘底板、连接导线和装配焊接电子元器件的焊盘组成，如图 4.1.1 所示。

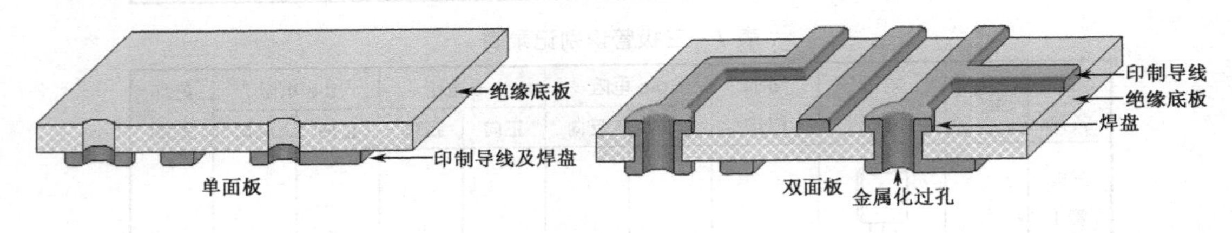

图 4.1.1　印制电路结构图

4.1　印制电路板设计基础

4.1.1　印制电路板的设计内容和要求

印制电路板的设计主要包括印制导线和印制焊盘两部分。设计的过程应根据电子产品的电路原理图及电子产品的技术指标来确定，其设计内容和要求如下。

（1）确定元器件的安放位置、是否需要安装散热片、散热面积的大小；哪些元器件需要独立的支架，元件是否需要加固等。

（2）找到可能产生电磁干扰的干扰源以及容易受外界干扰的元器件，确定排除干扰的方案。

（3）根据电气性能和机械性能，布设导线和组件，确定安装方式、位置和尺寸，确定印制导线的宽度、间距，焊盘的形状及尺寸等。

（4）确定印制电路板的尺寸、形状、材料、种类以及对外连接方式。对于主要由分立元器件构成的简单电路，一般采用单面印制板；对于集成电路较多的复杂电路，因元器件引脚间距小，引脚数目多，单面布设不交叉的印制导线较难，可采用双面印制板。

4.1.2　印制焊盘

焊盘也叫连接盘，是指印制导线在焊接孔周围的金属部分，供元件引脚、跨接线焊接用。

1．焊盘的尺寸

焊盘的尺寸取决于焊接孔的尺寸，焊接孔是指固定元件引脚或跨接线面贯穿基板的孔。显然，焊接孔的直径应该稍大于焊接元件的引脚直径。焊接孔径的大小与工艺有关，当焊接孔径大于或等于印制板厚度时，可用冲孔；当焊接孔径小于印制板厚度时，可用钻孔。一般焊接孔的规格不宜过大，可按表 4.1.1 来选用（表中有*者为优先选用）。

表 4.1.1　焊接孔的规格

焊接孔径（mm）	0.4，0.5*，0.6	0.8*，1.0，1.2*，1.6*，2.0*
允许误差（mm）	Ⅰ级±0.05	Ⅰ级±0.1
	Ⅱ级±0.1	Ⅱ级±0.15

焊盘直径 D 应大于焊接孔内径 d，D=（2～3）d。为了保证焊接及结合强度，建议参考表 4.1.2 的尺寸。

表 4.1.2　连接盘直径与焊接孔关系

焊接孔径（mm）	0.4	0.5	0.6	0.8	1.0	1.2	1.6	2.0
焊盘最小直径 D（mm）	1.5	1.5	1.5	2.0	2.5	3.0	3.5	4.0

2．焊盘的形状

根据不同的要求选择不同形状的焊盘，圆形连接盘用得最多，因为圆焊盘在焊接时，焊锡将自然堆焊成光滑的圆锥形，结合牢固、美观。但有的时候，为了增加连接盘的粘附强度，也采用正方形、长方形、椭圆形和长圆形焊盘，如图 4.1.2 所示。

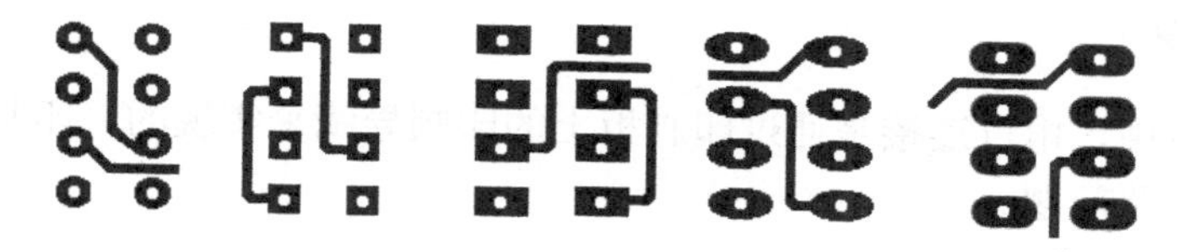

图 4.1.2　常用焊盘的形状

3．岛形焊盘

焊盘与焊盘间的连线合为一体，如同水上小岛，故称为岛形焊盘，如图 4.1.3 所示。岛形焊盘常用于元器件的不规则排列中，其优点是：有利于元器件密集固定，并可大量减少印制导线的长度与数量；焊盘与印制线合为一体后，铜箔面积加大，使焊盘和印制导线的抗剥强度增加。所以，多用在高频电路中，它可以减少连接点和印制导线电感，增大地线的屏蔽面积，以减少连接点间的寄生耦合。如果在条件允许的情况下，建议岛形焊盘尽量采用图 4.1.4 所示的圆形焊盘结构，因为圆形焊盘的焊点成光滑的圆锥形，结合牢固、美观。

图 4.1.3　岛形焊盘

4．灵活设计的焊盘

在印制电路的设计中，由于线条过于密集，焊盘与焊盘、焊盘与邻近导线有短路的危险。因此，焊盘的形状需要根据实际情况灵活变换，可以采取切掉一部分，以确保安全，如图 4.1.5 所示。

图 4.1.4　圆形焊盘的岛形结构

5．表面贴装器件用焊盘

表面贴装器件用焊盘目前已成标准形式，其示例如图 4.1.6 所示。在布线密度很高的印制板上，焊盘之间可通过一条甚至多条信号线。

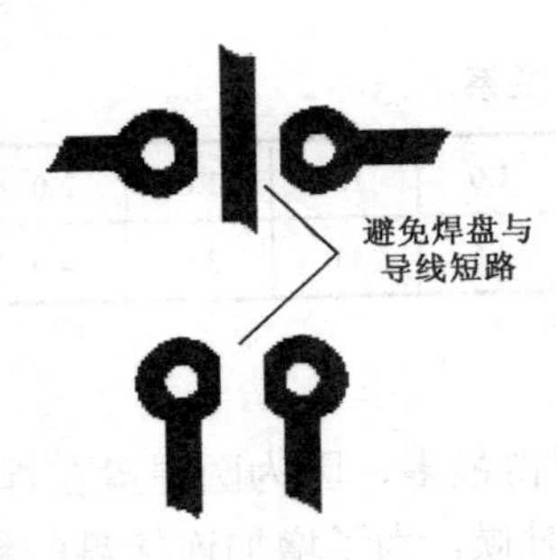

图 4.1.5　灵活设计的焊盘

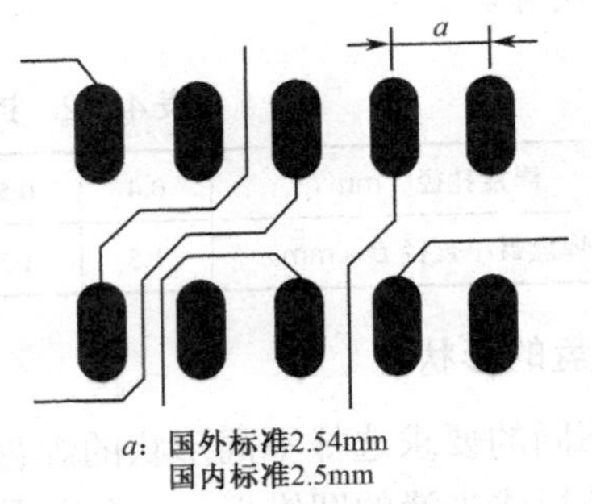

图 4.1.6　表面贴装器件用焊盘

4.1.3　印制导线

在印制电路板中，电气连接是通过印制板上的印制导线来实现的，印制导线的布设是印制电路板设计的主要问题。

1）印制导线的宽度

一般情况下，印制导线应尽可能宽一些，这有利于承受电流和制造时方便。表 4.1.3 所示为厚 0.05mm 的导线宽度与允许电流量、电阻的关系。

表 4.1.3　导线宽度与允许电流量、电阻的关系

线宽（mm）	0.5	1.0	1.5	2.0
I（A）	0.8	1.0	1.3	1.9
R（Ω/m）	0.7	0.41	0.31	0.25

在决定印制导线宽度时，除需要考虑载流量外，还应注意它在板上的剥离强度，以及与连接盘的协调，如线宽 b=（1/3～2/3）D。一般的导线宽度可在 0.3～2.0 mm 之间，建议优先采用 0.5mm、1.0mm、1.5mm、2.0mm，其中 0.5mm 主要用于微型化设备。

印制导线具有一定电阻，电流通过时将产生热量和电压降。印制导线的电阻在一般情况下可不予考虑，但当作为公共地线时，为避免地线电位差而引起寄生回路时要适当考虑。当要求印制导线的电阻和电感小时，可采用较宽的信号线；当要求分布电容小时，可采用较窄的信号线。

印制电路的电源线和接地线的载流量较大，因此，设计时要适当加宽，一般取 1.5～2.0mm。

2）印制导线间的间距

一般情况下，建议导线与导线之间的距离等于导线宽度，但不小于 1mm，否则浸焊就有

困难。对微型化设备，导线的最小间距就不能小于 0.4mm。导线间距与焊接工艺有关，采用浸焊或波峰焊时，间距要大一些，手工焊接时的间距可小一些。

在高压电路中，相邻导线间存在着高电位梯度，必须考虑其影响。印制导线间的击穿将导致基板表面炭化、腐蚀和破裂。在高频电路中，导线之间的距离将影响分布电容的大小，从而影响着电路的损耗和稳定性。因此导线间距的选择要根据基板材料、工作环境、分布电容大小等因素来确定。最小导线间距还同印制板的加工方法有关，选用时应综合考虑。

3）印制导线形状

印制导线的形状可分为平直均匀形、斜线均匀形、曲线均匀形以及曲线非均匀形四类，如图 4.1.7 所示。

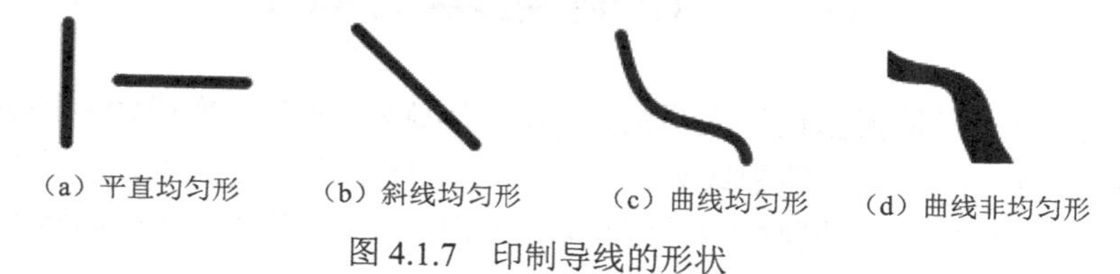
（a）平直均匀形　（b）斜线均匀形　（c）曲线均匀形　（d）曲线非均匀形

图 4.1.7　印制导线的形状

印制导线的图形除要考虑机械因素、电气因素外，还要考虑美观大方。在设计印制导线的图形时，应遵循以下原则。

（1）除地线外，同一印制板的导线宽度最好一样。

（2）印制导线应走向平直，不应有急剧的弯曲和出现尖角，所有弯曲与过渡部分均须用圆弧连接，如图 4.1.8 所示。

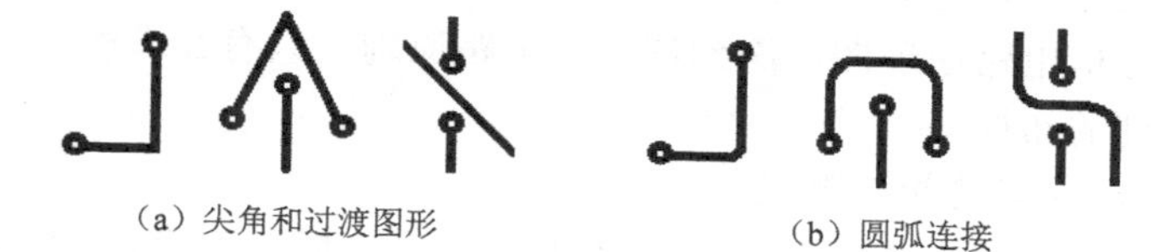
（a）尖角和过渡图形　（b）圆弧连接

图 4.1.8　印制导线尖角及处理

（3）印制导线应尽可能避免有分支（或树枝），如图 4.1.9（a）所示。建议采用如图 4.1.9（b）所示的图形。

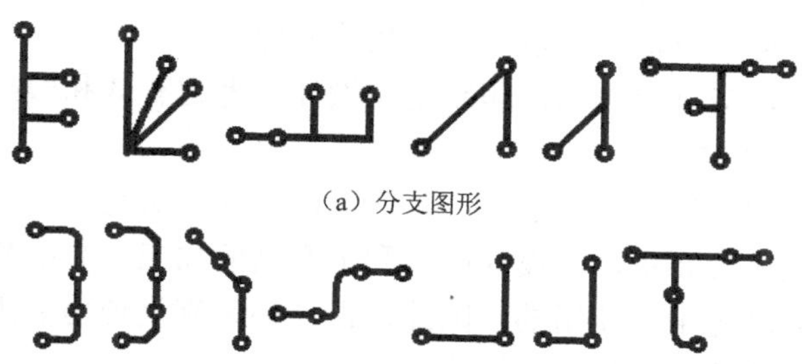
（a）分支图形

（b）分支处理

图 4.1.9　印制导线的分支及处理

（4）当导线宽度较大（一般超过 3mm）时，最好在导线中间开槽成两根并行的连接线，如图 4.1.10 所示。

（5）如果印制板面需要有大面积的铜箔，例如电路中的接地部分，则整个区域应镂空成栅状或网格状，如图 4.1.11 所示。这样在浸焊时既能迅速加热保证涂锡均匀，又能防止印制板因受热而变形，铜箔翘起和剥脱。

图 4.1.10　导线过宽的处理

（a）栅状

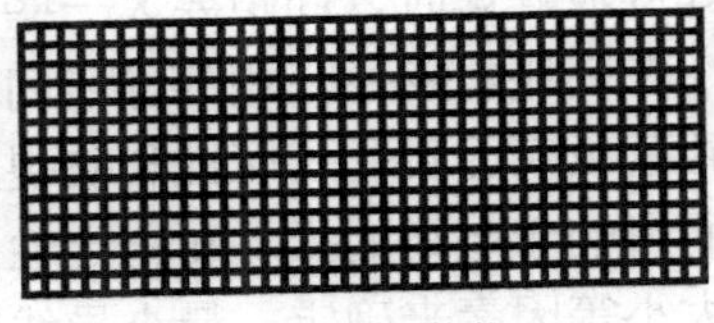

（b）网格状

图 4.1.11　大面积铜箔的处理

4.2　印制电路的设计

印制电路的设计，是根据设计人员的意图，将电路原理图转换成印制图并确定其加工技术要求的过程。设计的印制电路板既要满足电路原理图的电气连接要求，又要满足电子产品的电气性能和机械性能要求，同时还要符合印制电路板加工工艺和电子产品装配工艺的要求。

4.2.1　印制板的布局

1．整体布局

1）分析电路原理

印制电路设计是将电子产品的电路原理图，转化为电子元器件实现装配的印制板图。即是将电路原理图中元器件符号的电气连接，转化为元器件实物的有机的连接。所以，印制电路设计，必须首先分析电路原理图，深刻理解其电路原理。只有在理解电路原理的基础上，才能做到正确、合理的布局。

2）避免各级及元件间的相互干扰

电路各级及元件间的相互干扰包括：电场干扰（电容耦合干扰）；磁场干扰（电感耦合干扰）；高、低频间干扰；高、低压间干扰；热干扰等。印制电路设计应采取措施，避免或尽可能降低各级及元件间的相互干扰。通常是将数字电路、模拟电路以及电源电路分别放置，将高频电路与低频电路分开，有条件的应使各自隔离或单独做成一块电路板。此外，布局还注意强、弱信号的器件分布及信号传输方向途径的处理。

另外，对热敏元件，应远离热源，印制电路设计应考虑有效和散热措施。

3）满足生产、使用要求

因为电路的最终实现是通过产品的生产，所以，设计应满足生产要求。生产要求包括加工、装配工艺要求，调试等要求，即设计应有利于产品的加工、装配和调试。、

产品的生产是用来满足用户使用的，因此，设计必须满足使用要求。使用要求包括使用环境要求，客户要求，以及方便使用和维修。

4）熟悉所用元器件

清楚所用器件的电气特性和物理特征，包括元器件的额定功率、电压、电流、工作频率和体积、宽度、高度、外形等。只有做到清楚所用器件的电气特性和物理特征，才能进行合理有效的布局。

5）美观原则

产品的成功，一是要注重内在质量，二是兼顾整体的美观。在保证电路功能和性能指标

的前提下，印制板布局应考虑元器件的排列美观、重心平稳、疏密有序。

对低电压、低频（1MHz 以下）电路一般采用有规则的布局，即把元器件按一定规律或一定方向排列规则，整齐的排列，如图 4.2.1（a）所示。由于受位置和方向的限制，布线距离长而且复杂，干扰也大。其优点是整齐美观，且便于机械化打孔及装配。

对高频电路通常采用就近布局（或称为不规则布局），如图 4.2.1（b）所示。就近布局，由于不受位置和方向的限制，布线距离短、简捷、干扰少，有利于减少分布参数，适合高频（30MHz 以上）电路的布局。其缺点是外观不整齐，也不便于机械化装配。

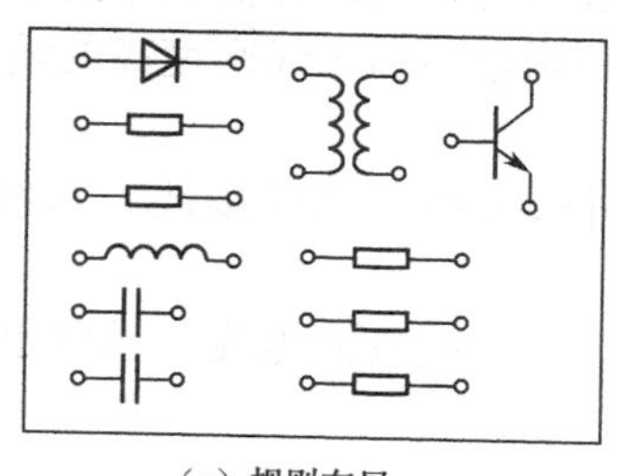

（a）规则布局

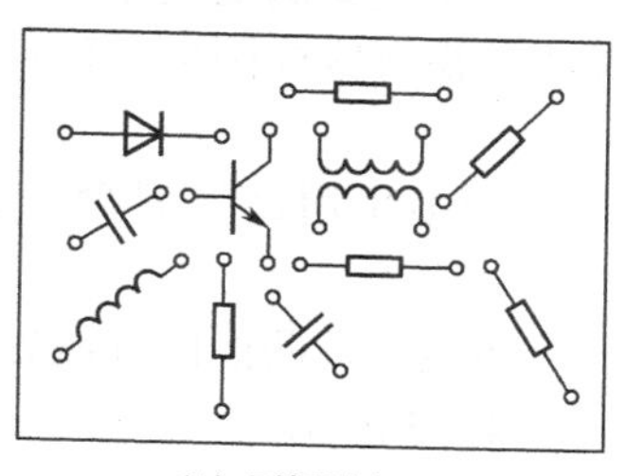

（b）不规则布局

图 4.2.1　印制板布局

此外，整体布局，还应考虑恰当的印制板的外连接和整机结构。

2．元器件布局

1）*单面布局原则*

在一般情况下，所有元器件均布置在印制板的一面，以便于加工、安装和维护。对于单面印制板，元器件只能安装在没有印制电路的一面，元器件的引脚通过安装孔焊接在印制导线的接点上。对于双面印制板，元器件也尽可能安装在板的一面。

2）*元器件的布局方向*

板面上的元器件应按照电原理图顺序成直线排列，并力求电路安装紧凑、密集，以缩短引脚，这对于高频电路更为重要。一般不采用 L 型或其他形式排列。

3）*元器件的布局顺序*

元器件的布局顺序为先布局核心器件，再布局特殊元器件，最后布局一般元器件。

4）*核心器件的布局*

元器件的布局要首先考虑核心元器件的位置，核心器件（或主要器件）是电路的核心，一般为三极管和集成电路。其输入、输出和偏置电路等外围元器件，都是围绕核心器件而设置的。所以。核心器件的放置至关重要，将影响其他元器件的布局。

5）*发热元器件与热敏元器件的布局*

发热元器件应放在有利于散热的位置，必要时可单独放置或装散热器，以降温和减少对邻近元器件的影响。热敏元件应远离热源布局，有条件可布置在设备的进风口或采取热屏蔽。

6）*大而重的元器件布局*

大而重的元器件尽可能安置在印制板上靠近固定端的位置，并降低重心，以提高机械强度和耐振、耐冲击能力，以及减小印制板的负荷和变形。

7）*调节元件和易损元件的布局*

需要调整有位置和方向要求的电位器，应布局在便于调整的地方，对于易损元件需要经常更换（如保险），应布局在便于拆装的位置。

8）一般元器件的布局

一般元器件的布局，应考虑连接距离短，尽量避免相互影响。元器件放置的方向应与相邻的印制导线交叉。电感器件要注意防止电磁干扰，线圈的轴线应垂直于板面，这样安装干扰最小。

3. 印制导线的布设

（1）印制导线的宽度要满足电流的要求且布设应尽可能短，在高频电路中更应如此。

（2）印制导线的拐弯应成圆角。直角或尖角在高频电路和布线密度高的情况下会影响电气性能。

（3）高频电路应多采用岛形焊盘，并采用大面积接地（就近接地）布线，如图 4.2.2 所示。

（4）当双面板布线时，两面的导线宜相互垂直、斜交或弯曲走线，避免相互平行，以减小寄生耦合，如图 4.2.3 所示。

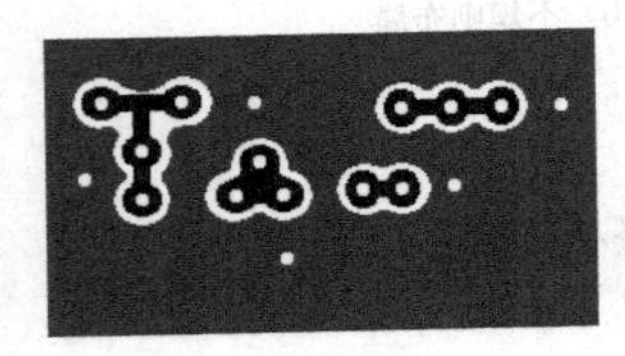

图 4.2.2　大面积接地（就近接地）布线

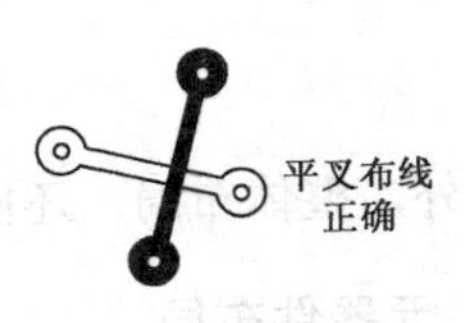

图 4.2.3　双面印制板布线

（5）电路中的输入、输出印制导线应尽可能远离，输入与输出之间用地线隔开，避免相邻平行，以免发生干扰。

（6）充分考虑可能产生的干扰，并采取相应的抑制措施。

① 一般将公共地线布置在印制板的边缘，便于印制板安装在机架上，也便于与机架（地）相连接。导线与印制板的边缘应留有一定的距离（不小于板厚度），这不仅便于安装导轨和进行机械加工，而且还提高了绝缘性能。

② 在各级电路的内部，应防止因局部电流而产生的地阻抗干扰，一点接地就是最好的办法。图 4.2.4（a）所示为电路各级间分别采取一点接地的原理示意图。在实际布线时并不能绝对做到，而是使它们尽可能安排在一个公共区域之内，如图 4.2.4（b）所示。

③ 对于高频电路必须保证高频导线、晶体管各电极的引脚、输入和输出线短而直，若线间距离较小，并避免相互平行。高频电路还应避免采用“飞线”跨接，若需要交叉的导线较多，最好采用双面印制板，两面的印制线应避免互相平行，以减小导线间的寄生耦合，最好成垂直布置或斜交。

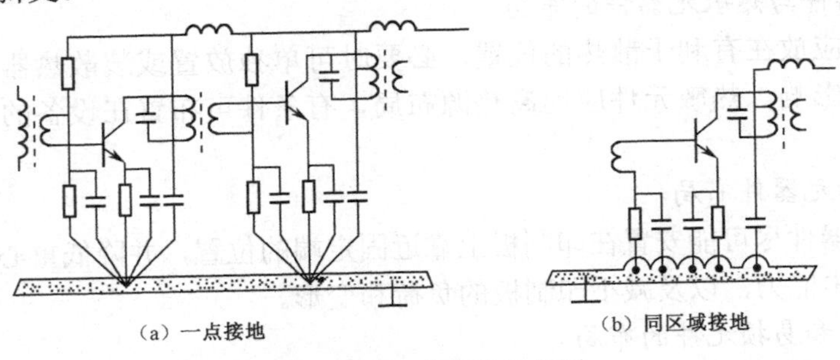

图 4.2.4　一点接地示意图

4.2.2 印制电路图的设计

1. 选定印制电路板的版面尺寸、材料和厚度

（1）形状和尺寸。印制电路板的形状和尺寸是根据对电路原理的分析、元器件规格特征和整体布局的要求来确定的。另外还与印制电路板的制造、装配有关，还应从装配工艺角度考虑，一方面应便于自动化组装，使设备的性能得到充分利用，能使用通用化、标准化的工具和夹具。另一方面是便于将印制电路板组装成不同规格的产品，安装方便，固定可靠。

印制电路板的外形应尽量简单，一般为长方形，尽量避免采用异形板。其尺寸应尽量采用标准系列的尺寸，以便简化工艺，降低加工成本。

（2）材料的选择。印制电路板的材料选择必须考虑到电气和机械特性，当然还要考虑到购买的相对价格和制造的相对成本，从而选择印制电路板的基材。

（3）厚度的确定。从结构的角度考虑印制电路板的厚度，主要是考虑板对其上装有的所有元器件重量的承受能力和使用中承受的机械负荷能力。

2. 绘制印制元件布局图

印制元件布局图通常用坐标纸绘制。借助于坐标格正确地表达元器件的坐标位置。在设计和绘制布局图时，首先选定排版方向及主要元器件的位置。排版方向是指印制电路板上电路从前级向后级电路总的走向。一般在设计印制电路板时，总是希望有统一的电源线及地线，它与晶体管最好保持一个最佳的位置，也就是说它们之间的引脚应尽量短。

当排版的方向确定以后，接下来是确定单元电路及其主要元器件，如晶体管、集成电路等的布设。其次，布设特殊元器件，确定对外连接的方式和位置。还应标明哪些元器件在板内，有哪些要加固，要散热，要屏蔽；哪些元器件在板外，需要多少板外连线，引出端的位置如何等。

（1）印制电路板外接线图。下面以一简单的放大电路为例，考虑其外接信号源、扬声器和电源，如图 4.2.5 所示。

（2）画元器件布局。按规则布局法设计其元器件布局，如图 4.2.6（a）所示为元器件布局图（为了便于看图，这里不采用坐标绘图），集成电路 LM386 为核心器件，首先布局在电路板的中间区域，然后将其他元件按规则布局法，整齐地布局在其周围。在布局图中，通常将元器件用图形表示，这样更容易表达元器件的类型和尺寸，如图 4.2.6（b）所示。图中 C5、C6 为大容量电解电容，其体积也大。所以，布局时应考虑它们的有足够的空间。

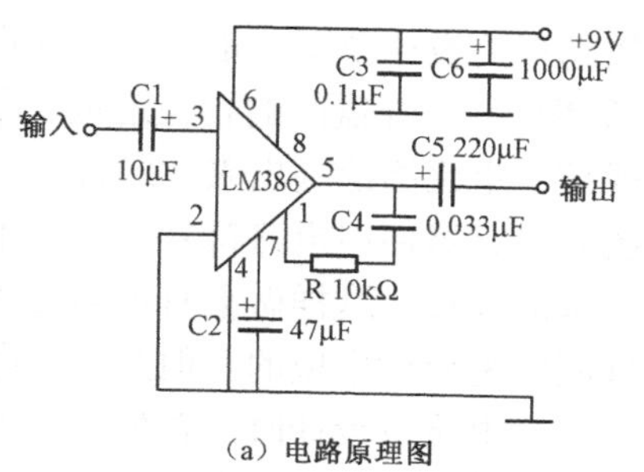

（a）电路原理图

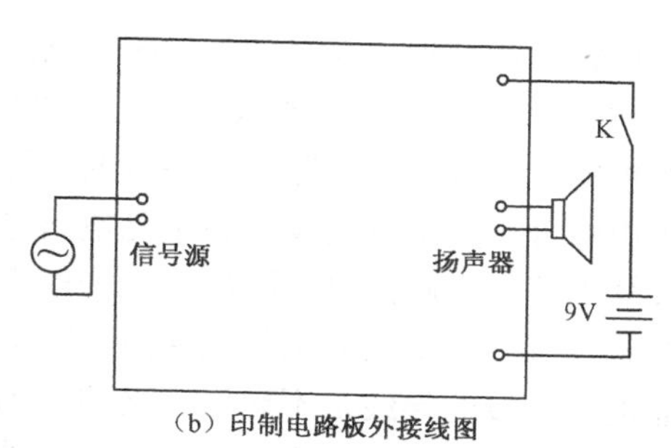

（b）印制电路板外接线图

图 4.2.5 放大电路图

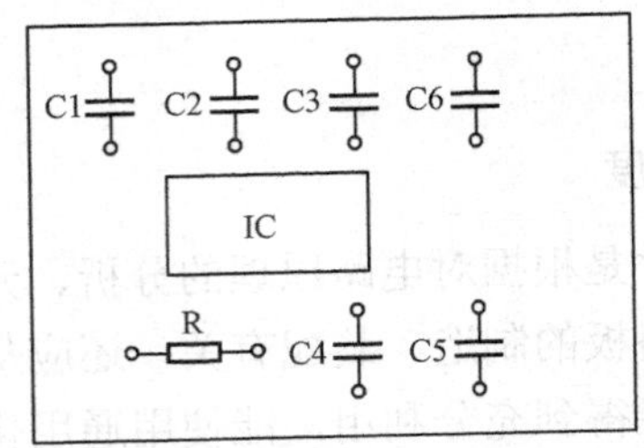

（a）用元器件符号布局

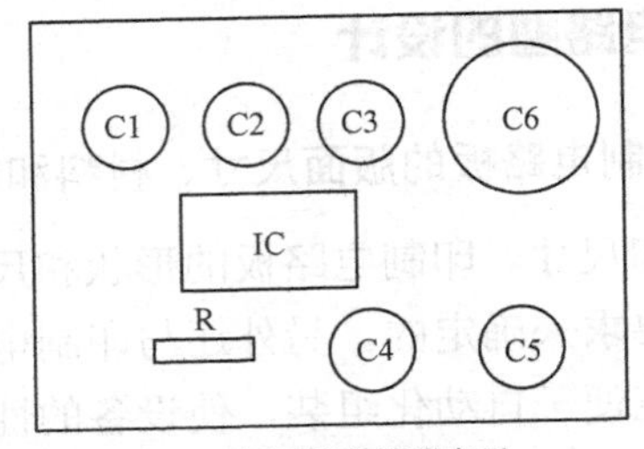

（b）用元器件图形布局

图 4.2.6　元器件布局图

布局时可参考典型元器件的尺寸。典型元器件是全部安装元器件中在几何尺寸上具有代表性的元件，它是布置元器件时的基本单元。再估计一下其他大元件尺寸相当于典型元件的倍数（即一个大元件在几何尺寸上相当于几个典型元件），这样就可以估算出整个印制电路板需要多大尺寸，或者在规定的板面尺寸，一个元件能占多少面积。

（3）定位与定向

① 定位。即确定元器件安装孔的位置。元器件的定位应考虑元器件的外形尺寸、引脚间距和装配要求等因素，图 4.2.7（a）所示为 LM386 放大电路的定位图。如果采用坐标布局，各元器件的安装孔的圆心必须设置在坐标格交点上。阻容元件、晶体管等应尽量使用标准跨距，以利元件的成型。

② 定向。即确定元器件安装的方向。特别是对于有极性（如电解电容、半导体器件等）和有方向性的元器件（如电位器），应在布局时充分考虑。元器件的定向是根据印制电路的整体布局和装配要求来确定的。如图 4.2.7（b）所示，为 LM386 放大电路的元器件安装定位图。

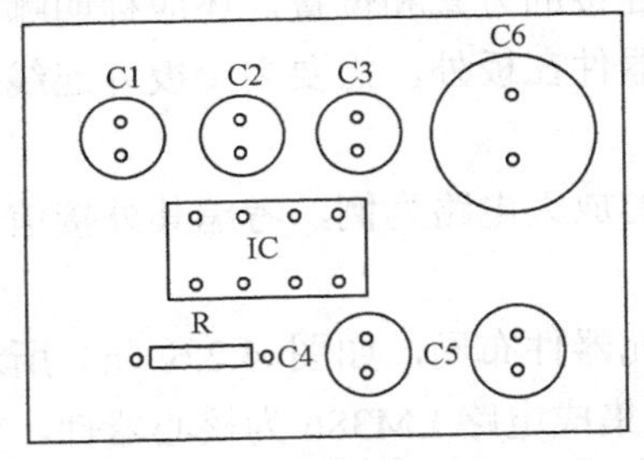

（a）元器件定位

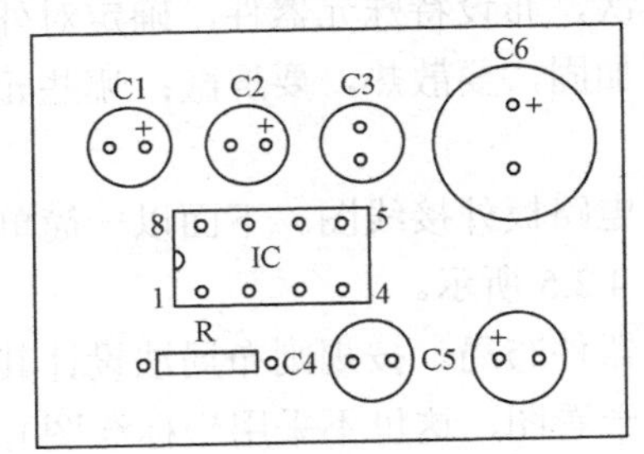

（b）元器件定向

图 4.2.7　元器件的定位与定向

3．根据电路原理绘制印制草图

印制电路草图是根据布局图，按照电路原理连接起来的设计草图。是绘制各种正式图纸（如照相底图）的主要依据。要求图中的焊盘位置、焊盘间距、焊盘间的相互连接、印制导线的走向及板的大小等均应按印制电路板的实际尺寸或按一定比例绘制出来。通常在原理图中为了便于电路分析及更好地反映各单元电路之间的关系，元器件用电路符号表示，不考虑元器件的尺寸形状、引脚的排列顺序，只为便于电路原理的理解。这样做会有很多交叉线，这些交叉线若没有节点则为非电气连接点，在电路原理图中是允许出现的。但是，在印制电路板上，非电气连接的导线是不允许交叉的。因此，在印制电路板设计时，首先要绘制单线不交叉图。为了避免印制导线不交叉，可通过重新排列元器件位置与方向来解决。在较复杂的电路中，有时完全不交叉是困难的，可用“飞线”解决。“飞线”即在印制的交叉处切断一根，从板的元件面用一根短接线连接。但这种“飞线”过多，会影响板的质量，不能算是成功之作。所以，只有在迫不得以的情况下偶尔使用。

1）绘制单线不交叉连通图

图 4.2.8（a）所示为利用元器件符号布局图勾画单线不交叉图，这样更接近原理图，便于初学者理解。图中没有非电气连接的交叉线，但印制导线可穿过元器件的两引脚之间。对于引脚间距较小时，如集成电路的引脚之间（2.45mm），建议不要布设印制导线。LM386 的 7、8 脚之间所布设的印制导线，是因 8 脚为空脚，也可以将此线移出 8 脚之外。为了便于修改，勾画印制导线时，只需要用铅笔细线标明导线走向及路径即可，不需按导线的实际宽度画出。

2）调整

调整的目的是使连接最短，布局更合理、美观。图 4.2.8（b）所示为利用元器件图形布局图经过调整后的单线不交叉图。

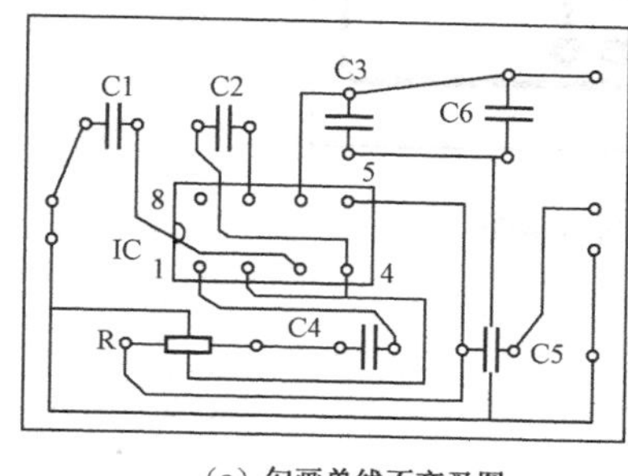

（a）勾画单线不交叉图

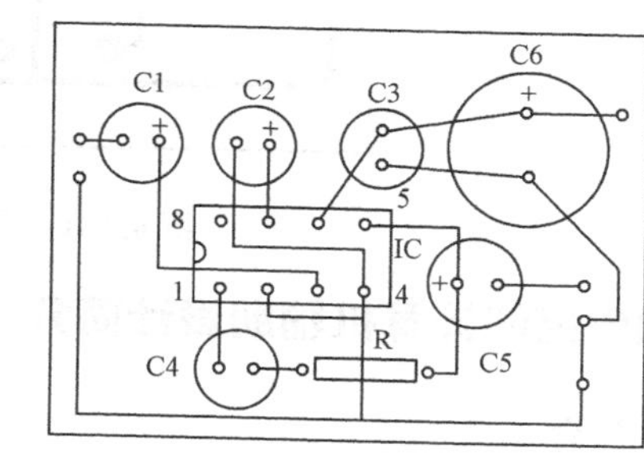

（b）调整后的单线不交叉图

图 4.2.8　单线不交叉草图

3）整理

整理是对经过调整合理的单线不交叉图，保持元器件的位置和方向不变，根据导线布设的原则来整理导线，使之更为合理、美观，如图 4.2.9 所示。

4．根据印制电路草图绘制印制电路图

印制电路图是根据印制电路草图造型加工而成的，应满足印制焊盘和导线的形状与尺寸要求。

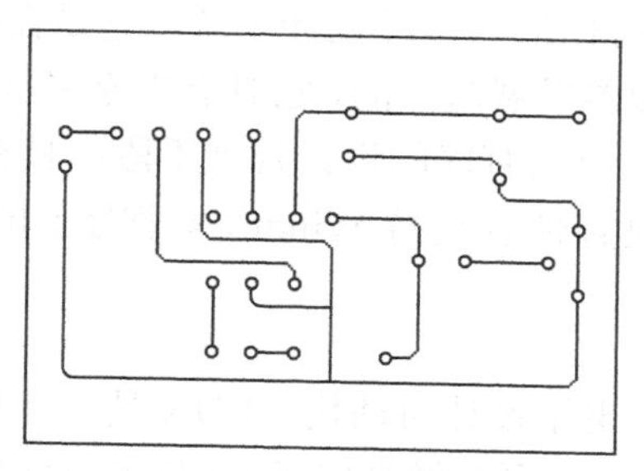

（a）正面图（元件面）

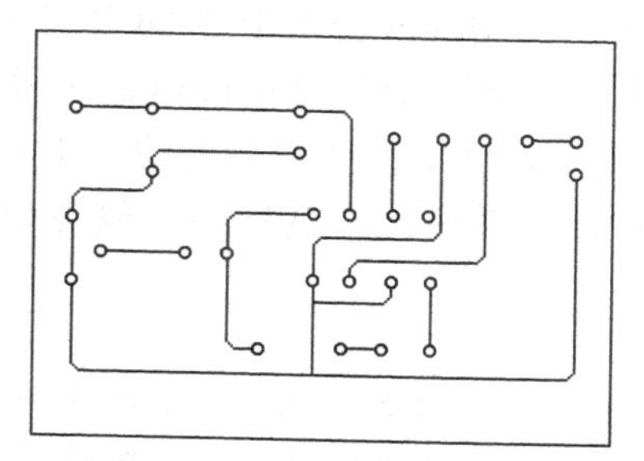

（b）背面图（印制面）

图 4.2.9　单线印制图

1）绘制背面图

为了便于元器件布局和绘制印制电路草图，一般是按照元器件安装面（简称元件面）绘

制的。但印制电路图是元器件的焊接面，即元器件安装的背面。手工绘制可通过复写的方式绘制，计算机绘图可通过翻转实现，如图 4.2.9（b）所示。

2）绘制印制电路图

绘制印制电路图，最简单的方法是在单线不交叉图上进行手工描绘加粗即可。也可利用计算机辅助电路设计软件，然后采用打印机或绘图机绘制黑白图。工厂专业制作通常是根据草图，利用胶带贴图方法制作。如图 4.2.10 所示为 LM386 的印制电路图。

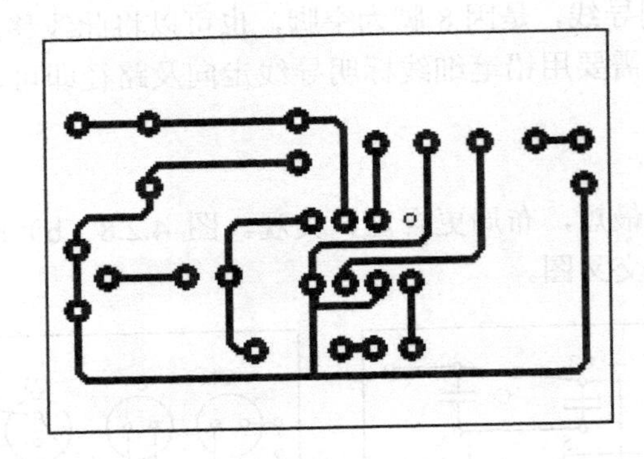

图 4.2.10　印制电路图

4.2.3　印制电路的计算机辅助设计简介

1. CAD 简介

随着大规模、超大规模集成电路的应用，使印制电路板的走线愈来愈精密和复杂。同时，各种类型的印制电路板的需求也越来越大；为增强企业竞争力，要求设计制造印制电路板的周期越短越好。在这种情况下，用传统的手工方式设计和制作印制电路板已显得越来越难以适应形势了。因此，印制电路板的计算机辅助设计（CAD，Computer Aided Design）应运而生。

印制电路板的 CAD 方法很大程度避免了传统设计的缺点，大大缩短了设计周期，改进了产品的质量。CAD 方法精简了工艺标准检查，且修改在同一图纸上反复进行，从而缩短了制造环节，提高了工作效率。

近几年来，计算机技术取得了飞速的发展。硬件的整体性能几乎成几何级数增长，电子线路 CAD 软件也取得了极大的发展，其种类也很多。

Protel 2004 是 Altium 公司于 2004 年 2 月推出的板卡级设计系统。它是在早期 TANGO 软件包的基础上，历经 DOS、Windows 的多种版本发展起来的，它具有丰富多样的编辑功能、便捷的自动化设计能力、完善有效的检测工具、灵活有序的设计管理手段；具有丰富的原理图元件库、PCB 元件库；有良好的开放性和兼容性且支持 Windows 平台上的所有外设。

2. EDA 简介

EDA（Electronics Design Automation）——电子设计自动化。EDA 是在计算机辅助设计（CAD）技术的基础上发展起来的计算机软件系统，可看做是电子 CAD 的高级阶段。与早期的 CAD 软件相比，EDA 软件的自动化程度更高、功能更完善、运行速度更快、操作界面友好，有良好的数据开放性和互换性。利用 EDA 设计工具，设计者可以预知设计结果，减少设计的盲目性，极大地提高设计的效率。

虚拟电子工作台（Electronics Workbench，简记为 EWB）是加拿大 Interactive Image

Technologies 公司于 20 世纪 80 年代末 90 年代初推出的电路分析和设计软件（也称电子线路仿真）。

EWB 仿真的手段切合实际，选用元器件和仪器与实际情形非常相近。绘制原理图所需的元器件、电路仿真需求的测试仪器均可直接从屏幕上选取。EWB 提供了示波器、万用电表、波特图示仪、函数发生器、逻辑分析仪、数字信号发生器等常用仪器，而且仪器的操作开关、按键同实际仪器极为相似。

EWB 的元器件库不仅提供了数千种电路元器件供选用，而且还提供了各种元器件的理想参数，因此仿真的结果就是该电路的理论值，这对于验证电路原理、自学电路内容、开发设计新的电路极为方便。

EWB 提供了非常丰富的电路分析功能，包括电路的瞬态分析和稳态分析、时域和频域分析、线性和非线性分析、噪声和失真分析等常规分析方法，而且还提供了离散傅立叶分析、电路零点分析和交直流灵敏度分析等多种电路高级分析方法，以帮助设计人员研究电路性能。

4.3 印制电路板的制造工艺

印制电路板是将分立电子元器件组合连接在一起的关键组件，其质量的好坏直接影响电子产品的性能。印制电路板的制造流程为：原版底图的制作→图形转移→蚀刻与加工→孔金属化（双面板）→涂覆助焊剂与阻焊剂。

4.3.1 印制电路板原版底图的制作

印制电路原版底图的制作方法很多，目前大致可分为四种类型。

1．计算机绘制黑白工艺图再照相成照相底片

随着计算机的发展和应用，选用适当的印制电路板设计软件（如 Protel 2004），利用计算机系统进行布线，可得到任意比例、质量上乘的布线图，并可通过绘图仪或打印机绘制成印制电路板黑白布线工艺图，最后利用照相技术将印制电路板布线图制成照相底片。该方法不仅可以生成一般的布线图，还能生成丝网膜图、阻焊图、模拟钻孔图等。

2．光绘图机直接制成照相底片

该方法是在第一种方法的基础上，利用光点扫描原理，将生成黑白布线图和照相翻拍底版这两个工序合二为一。其优点是：扫描图形均匀一致，边缘平直，有利于多层板特性阻抗的控制；照相底版黑白反差好，有利于感光制板；扫描出的正性底版可直接用于图形电镀工艺的图形转移。

3．人工描绘或贴制黑白工艺图照相制版

人工描绘就是在铜版纸上用油墨进行手工描图。人工描绘采用的油墨应注意其质量，注意避免出现因图形干燥引起的开裂或细线裂纹等，还应避免因图形发亮而引起的照相反光问题。该方法适用于单面和简单双面印制电路板的制图。

4．胶带贴制黑白工艺图

该方法是在透明聚酯膜上，用预制图形和胶带手工贴制印制电路板照相底图。它具有效

率高，质量好，精度高的特点。因此，贴图法在印制电路板的生产中获得了较为广泛的应用。

4.3.2 印制电路板的印制

照相底片制好后，就可将照相底片上的图形转印到覆铜箔板上，即进行图形转移。在印制电路板的生产中，制造抗蚀或电镀掩膜图形一般有感光干膜法、液体感光胶法和丝网漏印法等三种不同方法。

1. 感光干膜法

感光干膜法的工艺流程如图 4.3.1 所示。

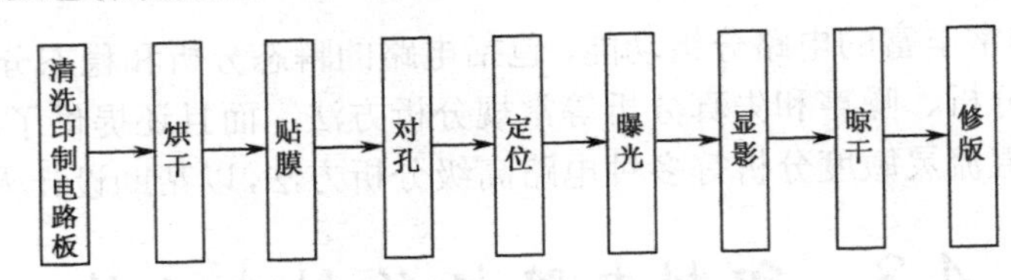

图 4.3.1 图形转移工艺流程图

（1）清洗印制板。覆铜箔表面因加工、储存、运输等环节，会形成一层氧化物，因此贴膜前应将覆铜箔板刷洗干净，以去除板面上的油污或氧化物等。否则，覆铜箔板上的污物会使已贴好的干膜脱落或边缘起翘等。

（2）贴膜。贴膜主要借助贴膜机进行。贴膜时应注意贴膜温度、贴膜压力以及贴膜速度等对贴膜质量的影响。

（3）曝光。曝光时，要严格控制曝光量，曝光过量，会造成显影困难，甚至细线条显不出来影来的现象；曝光不足，又会使线条边缘发毛，出现渗镀现象。

（4）显影。显影一般在显影机里进行。显影液采用无水碳酸钠，浓度为 1%～2%。显影时要注意时间不能太长，否则会造成过显，使边缘不整齐；显影时间也不能过短，否则会使显影不彻底，线条密集部分显不出图形。显影后未曝光部分的干膜不会聚合，可以被除去，曝光过的干膜则留下，形成抗蚀层。

2. 液体感光胶法

液体感光胶法是将抗蚀剂以液态的形式涂敷到经过清洁处理的覆铜箔板的铜表面上，干燥后形成一层有机感光层，把供图形转移用的照相底版覆盖在上面，经曝光后，使得受光部分的感光材料固化，不再溶解于溶剂之中，起着抗蚀和掩膜的作用。把未感光部分的抗蚀材料冲洗干净，使不需要的铜箔露出来，最后经蚀刻就能得到所需要的电路图形。

3. 丝网漏印法

丝网漏印是一种传统的工艺，它适用于分辨率和尺寸精度要求不高的印制电路板生产工艺中。丝网漏印的第一步是制造丝网模版，其基本方法是把感光胶均匀地涂在丝网上，经干燥后直接盖上照相底版进行曝光、显影，从而制出电路图形模版。第二步用油墨通过丝网模版将电路图形漏印在铜箔板上，从而实现图形转移，形成耐腐蚀的保护层。最后经蚀刻，去除保护层后制成印制电路板。该工艺的特点是成本低廉、操作简单、生产效率高、质量稳定，因而被广泛应用于印制板制造中。

4.3.3 印制电路板的蚀刻与加工

1. 印制板的机械加工

印制板的机械加工分为外形加工和孔加工。

（1）外形加工。外形加工主要是对印制板进行剪切和打磨。

（2）钻孔。根据钻孔工具的不同可分为手工加工和数控加工两种。

① 手工加工。手工加工采用手工钻床钻孔。钻孔时工件的定位有两种方法：一种是借助光学的视力定位法，用此法确定孔位，要求对孔的位置加以限定。孔位的限定可用将底图盖在工件上的办法解决，也可用一个已有明确焊盘位置的印制电路复制件来解决。另一种定位方法是用钻模板定位法。

② 数控加工。数控加工是采用数控钻床系统自动钻孔。加工前将 CAD 设计的印制图输入主控计算机，通过定位设置和孔径设置，然后起动，则数控钻床系统将自动完成钻孔。常用的数控钻床如图 4.3.2 所示。数控钻床的钻孔质量高，但价格昂贵，目前在自动化生产中已经得到广泛的应用。

图 4.3.2　数控钻床外形图

2. 孔金属化

双面印制板两面的导线或焊盘需要连通时，可以通过孔金属化实现。即把铜沉积在贯通导线或焊盘的孔壁上，使原来非金属的孔壁金属化。

孔金属化是利用化学镀铜技术，即用“氧化-还原”反应产生金属镀层。

孔金属化的方法很多，它与整个双面板和多层板的制作工艺相关，大体上有板面电镀法、图形电镀法、反镀漆膜法、堵孔法和漆膜法等。

3. 印制电路板的蚀刻

蚀刻方法有摇动槽法、浸蚀法和喷蚀法三种。其中摇动槽法简单、蚀刻速度快，蚀刻设备仅是一只盛有蚀刻液的槽，置于不断摇动的台面上。蚀刻时台面不断摇动，槽内蚀刻液随之摆动，既使蚀刻速度加速，又使得蚀刻更均匀。浸蚀法是将电路板浸在放有蚀刻液且能保温的大槽中进行蚀刻。喷蚀法则用泵将蚀刻液喷于印制板表面进行蚀刻，因而蚀刻速度较快。

工业上常用的蚀刻液主要有三氯化铁蚀刻液、酸性氯化铜蚀刻液、碱性氯化铜蚀刻液、硫酸-过氧化氢蚀刻液等。其中，三氯化铁价格低，毒性较小。碱性氯化腐蚀速度快，能蚀刻高精度、高密度印制板。这些蚀刻液可以去除未保护部分的铜箔，但不影响感光显影后的抗蚀剂及其保护下的铜箔，也不腐蚀绝缘基板及粘接材料。

4.3.4 印制电路质量检验

印制板的成品检验是印制板生产的最后一道工序，不同的印制板，其质检的内容不同，一般着重检验如下内容。

1. 外观检验

（1）印制板的翘曲度是否过大，过大时可采用手工进行矫正。

（2）印制板上的标注字、符号是否被腐蚀掉，或因腐蚀不够造成字迹、符号不清。

（3）导线上有无沙眼或断线，线条边缘上有无锯齿状缺口，不该连接的导线间有无短路。

（4）印制板表面是否光滑、平整，是否有凹凸点或划伤的痕迹。

（5）印制板上有无漏钻孔、错钻孔或四周铜箔被钻破的情况。

（6）导线图形的完整性如何，用照相底片覆盖在印制板上，测定一下导线宽度、外形是否符合要求。

（7）印制板的外边缘尺寸是否符合要求。

2．连通性检验

多层印制电路板需进行连通性试验。检验一般借助万用表来测量电流、电压，以判断印制电路图形是否连通。

3．可焊性检验

可焊性是用来检验往印制板上焊元器件时，焊料对印制图形的润湿能力。可焊性一般可用润湿、半润湿和不润湿来表示。

（1）润湿。焊料在导线和焊盘上能充分漫流，而形成粘附性连接。

（2）半润湿。焊料润湿焊盘表面后，因润湿不佳而造成焊料回缩，结果在基底金属上留下一层薄焊料层。在其表面一些不规则的地方，大部分焊料都形成焊料球。

（3）不润湿。焊盘表面虽然接触融焊料，但其表面丝毫未沾上焊料。

4．绝缘性能

检测同一层中不同导线之间或不同层的导线之间的绝缘电阻以确认印制板的绝缘性能。检测时应在一定的温度和湿度下按印制板标准进行。

5．镀层附着力

检验镀层附着力可采用胶带试验法。将质量好的透明胶带粘到要测试的镀层上，按压均匀后快速掀起胶带一端扯下，镀层无脱落为合格。

此外，还有铜箔抗剥强度、镀层成分及金属化孔抗拉强度等指标，根据印制板的要求选择检测内容。

4.4　印制电路板的手工制作

在产品研制和实验阶段或在调试和设计中，需要很快得到印制板，如果采用正常的步骤，制作周期长，不经济，这时要以使用简易的方法手工自制印制板。

手工制板可分为涂漆法、贴图法、刀刻法、感光法及热转印法等。

4.4.1　涂漆法

用涂漆法自制印制电路板的工艺流程如图 4.4.1 所示。

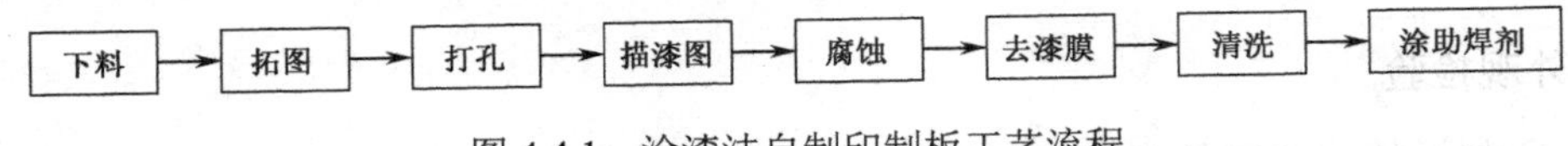

图 4.4.1　涂漆法自制印制板工艺流程

（1）下料。按板面的实际设计尺寸剪裁覆铜板，并打磨印制板四周，使其光滑平整。

（2）拓图。用复写纸将已设计好的印制板图拓在覆铜板的铜箔面上。

（3）打孔。拓图后，即可在印制板上焊盘位置打出样冲眼，按样冲眼的定位，用小型台式钻床打出焊盘上的通孔。打孔过程中，注意钻床应取高转速，进刀不宜太快，以免将铜箔挤出毛刺，钻头弄断。

（4）描图。按照拓好的图形，用漆描好焊盘及导线。在描图之前可以用稀料调配好漆料，使描图的漆料稀稠适宜，以免漆料太浓描不上或是漆料太稀四处流淌，画焊盘的漆应比画线条用的稍稠一些。描图时，应该先描焊盘，可以用比焊盘外径稍细的硬导线或细木棍蘸漆点画，注意与钻好的孔要同心，大小尽量均匀；然后用鸭嘴笔与直尺描绘导线，注意直尺不要将未干的图形蹭坏，可将直尺两端垫高架起描图。待印制板上的油漆不粘手后，应检查图形质量并用小刀、直尺等工具对所描线条和焊盘进行修整，使描图更加平整、美观。

（5）腐蚀。印制电路板的腐蚀液一般使用三氯化铁溶液，可以从化工商店购买三氯化铁粉剂自己配制（一份三氯化铁、两份水的质量比例）。将覆铜板全部浸入腐蚀液，把没有被漆膜覆盖的铜箔腐蚀掉。

为了加快腐蚀反应速度，可以用软毛排笔轻轻刷扫板面，但不要用力过猛，避免把漆膜刮掉。在冬季，也可以对腐蚀溶液适当加温，但温度也不宜过高，以防将漆膜泡掉。待完全腐蚀以后，取出板子用水清洗。

【注意】由于三氯化铁具有较强的腐蚀性，在使用过程中要避免溅到皮肤、衣服甚至地板上。盛装腐蚀液的容器一般使用塑料、搪瓷等材料的容器，夹取印制电路板的夹子应使用竹夹子，不宜使用金属夹。

（6）去漆膜。用热水浸泡后，可将板面的漆膜剥掉，未擦净处可用香蕉水清洗，或用水砂纸进行打磨掉。

（7）清洗。漆膜去除干净以后，可用水砂纸或去污粉擦拭铜箔面，去掉铜箔面的氧化膜，使线条及焊盘铜光亮本色。注意应按同一方向固定擦拭，这样可以使铜箔反光方向一致，看起来更加美观。擦拭后用清水洗净，晾干。

（8）涂助焊剂。把配制好的松香酒精溶液（2 份松香 3 份酒精）立即涂在洗净晾干的印制电路板上，涂松香水时应按同一方向。涂肋焊剂的目的是保证导电性能、保护铜箔、防止氧化、提高可焊性。

4.4.2 贴图法

贴图法制作印制电路板的工艺流程与描图法基本相同，不同之处在于：描图法自制电路板的过程中，图形靠描漆或其他抗蚀涂料描绘而成，贴图法是用具有抗腐蚀能力的、厚度只有几微米的薄膜，按设计要求贴在覆铜板上完成贴图任务的。

用于制作印制电路板的贴图图形是具有抗腐蚀能力的薄膜图形，图形种类有几十种，都是日常电路板上的图形，有各种焊盘、接插件、集成电路引脚和条种符号等。这些图形贴在一块透明的塑料软片上，使用时可用刀尖把图形从软片上挑下来，转贴到覆铜板上。焊盘和图形贴好后，再用各种宽度的胶带连接焊盘，构成印制导线。整个图形贴好以后即可进行腐蚀。

4.4.3 刀刻法

刀刻法是把设计好的印制板图用复写纸写到印制板的铜箔面上，然后用小刀刻去不需要的铜箔即可。

这种方法一般用于制作极少量、电路比较简单、线条较少的印制板。该方法在进行布局排版设计时，要求导线尽量简单，一般把焊盘与导线合为一体，形成多块矩形。由于平行的矩形图形具有较大的分布电容，所以刀刻制板不适合高频电路。

4.4.4 感光法

感光法制作印制电路板的步骤如下。

（1）用打印机把制作好的电路图形打印到胶片上，如果打印双面板，设置顶层打印时需要镜像。

（2）把胶片覆盖在具有感光膜的覆铜板上，放进曝光箱里进行曝光，时间一般为 1 分钟。双面板两面要分别进行曝光。

（3）曝光完毕，拿出覆铜板放进显影液里显影，半分钟后感光层被腐蚀掉，并有墨绿色雾状漂浮。显影完毕可看到，线路部分圆滑饱满，清晰可见，非线路部分呈现黄色铜箔。

（4）把覆铜板放到清水里，清洗干净后擦干。

（5）放进三氯化铁溶液里将非线路部分的铜箔腐蚀掉，然后进行打孔或沉铜。

4.4.5 热转印法

热转印法制作印制电路板的步骤如下：

（1）用 Protel 或者其他的制图软件，甚至可以用 Windows 的“画图”工具制作好印制电路板图。

（2）用激光打印机把电路图打印在热转印纸上。

（3）用细砂纸擦干净覆铜板，磨平四周，将打印好的热转印纸覆盖在覆铜板上，送入照片过塑机（温度调到 180～220℃）来回压几次，使熔化的墨粉完全吸附在覆铜板上。

（4）覆铜板冷却后揭去热转印纸，腐蚀后，即可形成做工精细的印制电路板。

本章小结

（1）焊盘也叫连接盘，是指印制导线在焊接孔周围的金属部分，供元件引脚跨接线焊接用。

（2）一般情况下，印制导线应尽可能宽一些，这有利于承受电流和制造时方便。印制导线的形状可分为：平直均匀形、斜线均匀形、曲线均匀形以及曲线非均匀形四类。

（3）印制电路设计是将电子产品的电路原理图，转化为电子元器件实现装配的印制板图。即是将电路原理图中元器件符号的电气连接，转化为元器件实物的有机的连接。布局主要有规则排列和不规则排列两大类。

（4）在印制电路板上，非电气连接的导线是不允许交叉的。

（5）绘制单线不交叉连通图时，只需要用铅笔细线标明导线走向及路径即可，不需按导线的实际宽度画出。

（6）印制电路质量检验一般着重如下内容：外观检验、连通性检验、可焊性检验、绝缘性能和镀层附着力等。

(7) 根据所采用图形转移的方法不同，手工制板可用漆图法、贴图法、雕刻法、感光法及热转印法等多种方式实现。目前由于感光法和热转印法制板质量高、无毛刺而被广泛采用。

习题 4

1. 名词解释：PCB，CAD，EDA，EWB。
2. 印制电路板的元器件如何布局？
3. 试说明在印制板上布设导线的一般方法。在布线时，应注意哪些问题？
4. 简述手工制板漆图法的过程。

实训项目：印制电路板的手工制作

【实训目的】

1. 熟悉印刷电路板手工制作常用的方法与步骤。
2. 掌握热转印法制作印刷电路板的步骤。

【实训内容与步骤】

1. 打印 PCB 图

利用计算机对电路原理图进行设计，并制作 PCB 图，检查无误后利用激光打印机打印 PCB 原图。

2. 覆铜板的下料与处理

根据 PCB 规划设计时的尺寸对覆铜板进行下料。并除去四周边缘毛刺和表面的氧化物，然后用清水洗净后，晾干或擦干。

3. PCB 图的转印

利用热转印法将 PCB 图转印到敷铜板上。

4. 配制三氯化铁溶液

按 1∶2 的比例调配好三氯化铁溶液（大约 3～4 升）。

5. PCB 板的腐蚀

将 PCB 板放入三氯化铁溶液中，可轻轻摇晃或用排笔擦拭，但不能使液体溅出和碰伤图形保护层。待敷铜板上的裸露铜箔被完全腐蚀掉后，取出被腐蚀的电路板，用清水反复清洗后擦干。

6. PCB 板的打孔

（1）将带有定位锥的专用钻头装在微型电钻（或钻床）上。

（2）对准电路板上的焊盘中心进行钻孔。定位锥可以磨掉钻孔附近的墨粉，形成一个非常干净的焊盘。

（3）配制酒精松香助焊剂，对焊盘涂覆助焊剂进行保护。

第 5 章

电子产品装连技术

电子产品的装连技术是将电子元器件、零件和部件按照设计要求安装成整机。是多种电子技术的综合。它是电子产品生产过程中及其重要的环节，一个设计精良的产品可能因为装连不当而无法实现预定的技术指标。掌握电子产品的装连技术对从事电子产品的设计、制造、使用和维修工作的技术人员是不可缺少的。

5.1 紧固件连接技术

5.1.1 螺装技术

螺装技术就是用螺钉、螺栓、螺母等紧固件，把各种零、部件或元器件连接起来的连接方式。属于可拆卸的连接方式，在电子产品的装配中被广泛采用。螺纹连接的优点是连接可靠，装拆方便，可方便地表示出零部件的相对位置。但是应力比较集中，在震动或冲击严重的情况下，螺钉容易松动。

1．螺钉

1）螺钉的结构

图 5.1.1 所示是电子装配常用的螺钉结构图，这些螺钉在结构上有一字槽与十字槽两种，由于十字槽具有对中性好、安装时螺丝刀不易滑出的优点，使用日益广泛。

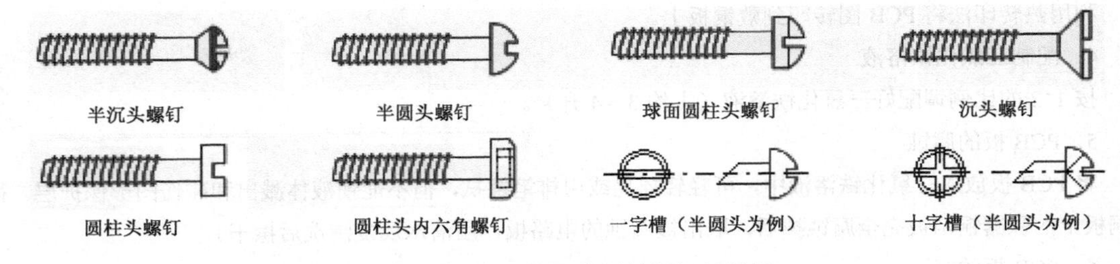

图 5.1.1 电子装配常用的螺钉结构图

当需要连接面平整时，要选用沉头螺钉。选择的沉头大小合适时，可以使螺钉与平面保持等高，并且使连接件较准确定位。

薄铁板与塑料件之间的连接采用自攻螺钉，自攻螺钉的端头要尖锐一些，它的特点是不需要在连接件上攻螺纹。

2）螺钉的选择

用在一般仪器上的连接螺钉，可以选用镀锌螺钉，用在仪器面板上的连接螺钉，为增加美观和防止生锈，可以选择镀铬或镀镍的螺钉。紧固螺钉由于埋在元件内，所以只需选择经过防锈处理的螺钉即可。对要求导电性能比较高的连接和紧固，可以选用黄铜螺钉或镀银螺钉。

3）螺钉防松的方法

常用的防止螺钉松动的方法有三种：一是加装垫圈；二是使用双螺母；三是使用防松漆，可以根据具体安装的对象选用。

2. 螺母

螺母具有内螺纹，配合螺钉或螺栓紧固零部件。常用螺母的种类如图 5.1.2 所示，其名称主要是根据螺母的外形命名，规格用 M3、M4、M5、…标识，即 M3 螺母应与 M3 螺钉或螺栓配合使用。

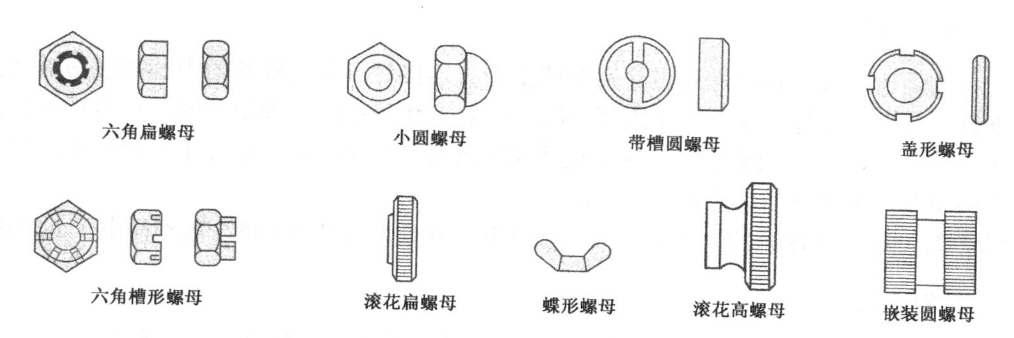

图 5.1.2 常用螺母的种类

六角螺母配合六角螺栓应用最普遍。六角槽形螺母用在震动、变载荷等易松动处，配以开口销，防止松动。六角扁螺母在防松装置中用做副螺母，用以承受剪力或用于位置要求紧凑的连接处。蝶形螺母通常用于需经常拆开和受力不大处。小圆螺母多为细牙螺纹，常用于直径较大的连接，一般配用圆螺母止动垫圈，以防止连接松动。六角厚螺母用于常拆卸的连接。

3. 螺栓

螺栓是通过与螺母配合进行紧固的零部件，典型的结构如图 5.1.3 所示。

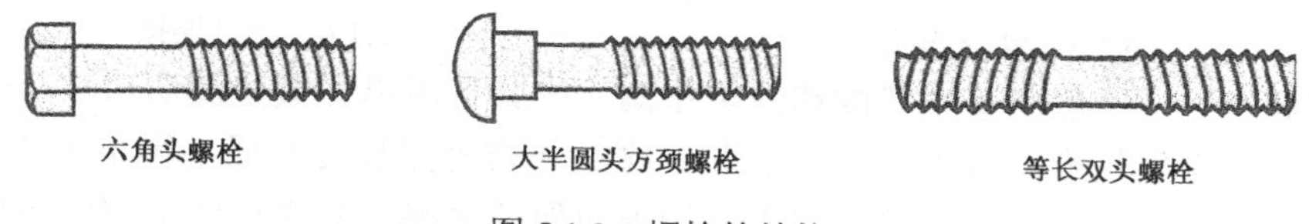

图 5.1.3 螺栓的结构

六角螺栓用于重要的，装配精度高的以及受较大冲击、震动或变载荷的地方。双头螺栓（柱）多用于被连接件太厚不便使用螺栓连接或因拆卸频繁，不宜使用螺钉连接的地方。

4. 垫圈

垫圈的种类如图 5.1.4 所示。

圆平垫圈衬垫在紧固件下用以增加支撑面，遮盖较大的孔眼以防止损伤零件表面。圆平垫圈和小圆垫圈多用于金属零件上，大圆垫圈多用于需要零件上。

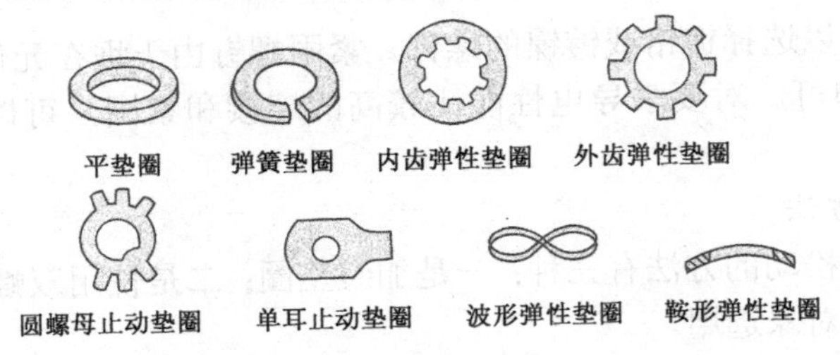

图 5.1.4　垫圈的种类

内齿弹性垫圈用于头部尺寸较小的螺钉头下，可以阻止紧固件松动。外齿弹性垫圈多用于螺栓头和螺母下，可以阻止紧固件松动。圆螺母止动垫圈与圆螺母配合使用，主要用于滚动轴承的固定。单耳止动垫圈允许螺母拧紧在任意位置加以锁定，用于紧固件靠机件边缘处。

5. 螺栓连接

所谓的螺栓连接就是用螺栓贯穿两个或多个被连接件，保证螺栓的中心轴线与被连接件端面垂直，在螺纹端拧上螺母，紧固螺母时，一般应垫平垫圈和弹簧垫圈，拧紧程度以弹簧垫圈切口被压平为准，如图 5.1.5 所示，达到机械连接的目的。螺栓连接中被接件不需要内螺纹，结构简单，装拆方便，应用十分广泛。

螺栓紧固后，有效螺纹长度一般不得小于 3 扣，螺纹尾端外露长度一般不得小于 1.5 扣。

6. 螺钉连接

螺钉连接是将螺钉从没有螺纹孔的一端插入，直接拧入被连接件的螺纹孔中，如图 5.1.6 所示，达到机械连接的目的。螺钉连接一般都需要使用两个以上成组的螺钉，紧固时一定要做到交叉对称，分步拧紧。螺钉连接的被连接件之一需制出螺纹孔，一般用于无法放置螺母的场合。

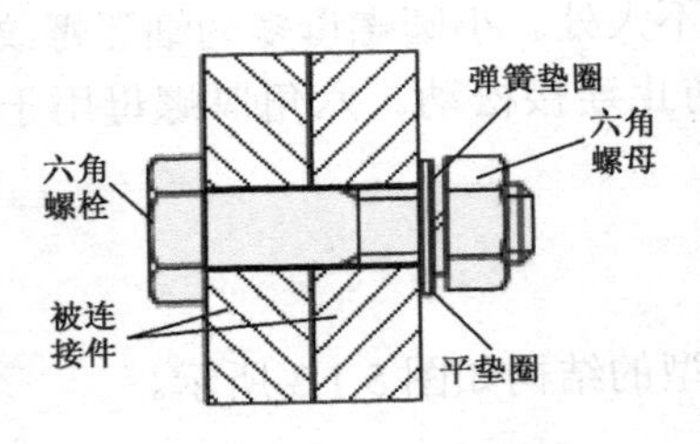

图 5.1.5　螺栓连接

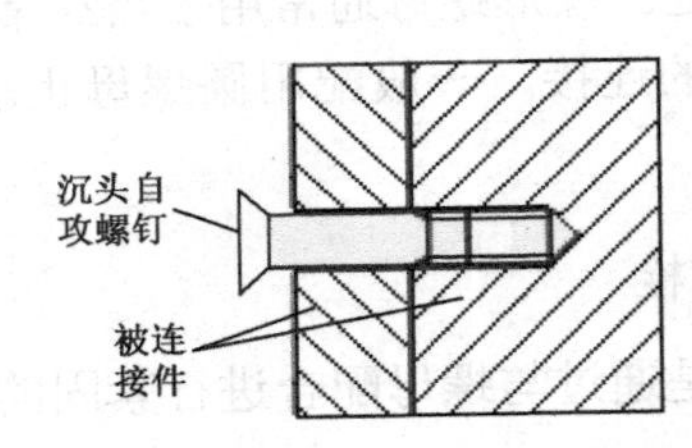

图 5.1.6　螺钉连接

在紧固螺钉时，一般应垫平垫圈和弹簧垫圈，拧紧程度以弹簧垫圈切口被压平为准。螺钉紧固后，有效螺纹长度一般不得小于 3 扣，螺纹尾端外露长度一般不得小于 1.5 扣。若是沉头螺钉，紧固后螺钉头部应与被紧固零件的表面保持平整，允许稍低于零件表面，但不得低于 0.2mm。

7. 双头螺栓连接

双头螺栓连接是将螺栓插入被连接体，两端用螺母固定，达到机械连接的目的。这种连接主要用于厚板零件或需经常拆卸、螺纹孔易损坏的连接场合。

8. 紧定螺钉连接

紧定螺钉连接是将紧定螺钉通过第一个零件的螺纹孔后，顶紧已调整好位置的另一个零件，以固定两个零件的相对位置，达到机械连接防松的目的，如图 5.1.7 所示。这种连接主要用于各种旋钮和轴柄的固定。

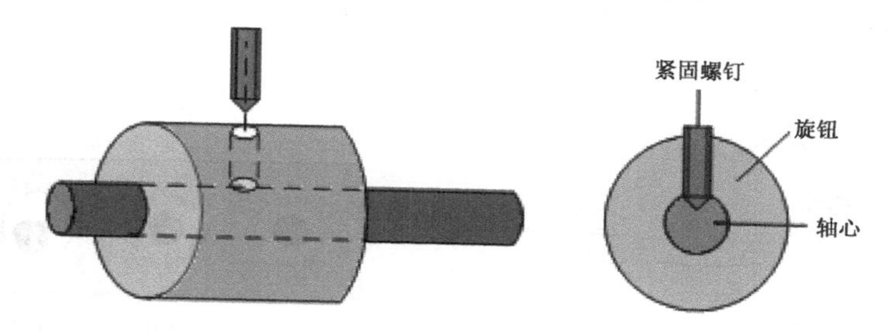

图 5.1.7　紧定螺钉连接

5.1.2　铆装技术

铆装就是用铆钉等紧固件，把各种零部件或元器件连接起来的连接方式。目前，在小部分零部件及产品中仍然在使用。

电子装配中所用铆钉主要有空心铆钉、实心铆钉和螺母铆钉几类，常用铆钉的种类如图 5.1.8 所示。

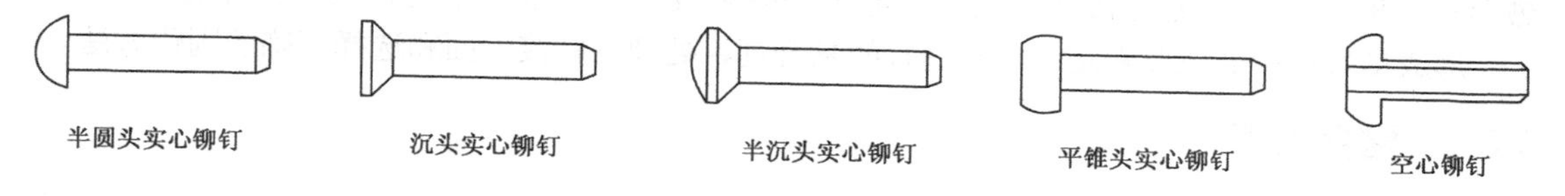

图 5.1.8　常用铆钉的种类

实心铆钉主要由铜或铝合金制成，主要用于连接不需拆卸的两种材料。空心铆钉一般由黄铜或紫铜制成，是电子制作中使用较多的一种电气连接铆钉，空心铆钉的铆装步骤如下。

步骤一：根据被连接件的情况选择合适长度和直径的空心铆钉。

步骤二：将空心铆钉穿过铆接板材的铆钉孔，直径大于 10mm 的钢铆钉需要加热到 1000～1100℃。

步骤三：使用压紧冲将铆接板材压紧，使空心铆钉帽紧贴铆接板材，如图 5.1.9 所示。

步骤四：用左手将涨孔冲放在空心铆钉的尾端，涨孔冲的光滑锥面部分伸入空心铆钉，注意保持空心铆钉和涨孔冲的中心轴线重合，与铆接板材垂直，如图 5.1.10 所示，右手使用榔头捶打涨孔冲。

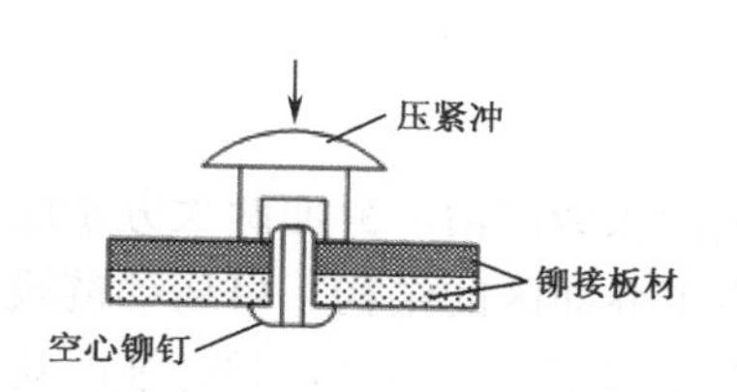

图 5.1.9　用压紧冲将铆接板材压紧

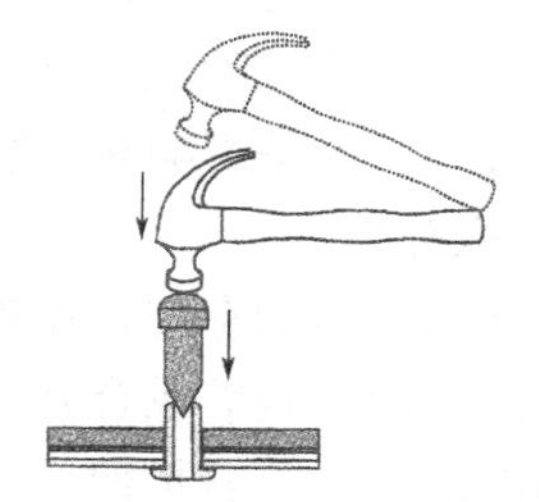

图 5.1.10　借助涨孔冲涨管

步骤五：右手使用榔头捶打涨完的铆钉，如图 5.1.11 所示，空心铆钉的尾管在挤压下成型。

空心铆钉的尾管经扩张和捶打变形，变成圆环状铆钉头，紧紧扣住被铆板材，如图 5.1.12 所示，若击打力度、角度不正确，铆钉头呈梅花状或是歪斜、凹陷、缺口和明显的开裂，都会影响铆装的质量。

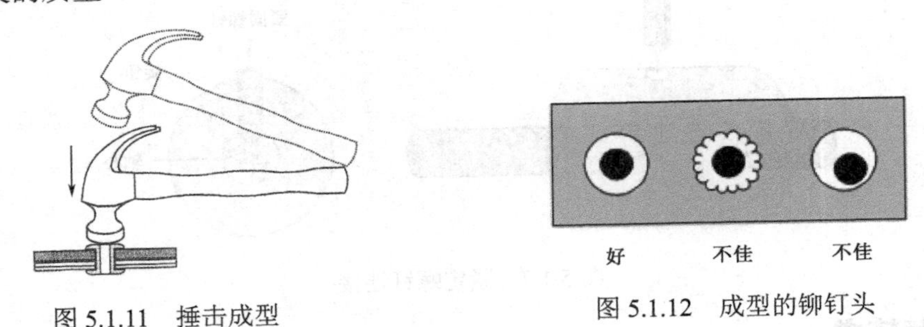

图 5.1.11　捶击成型

图 5.1.12　成型的铆钉头

5.2　粘接技术

粘接也称胶接，是近几年来发展起来的一种新的连接工艺。特别是对异型材料的连接，例如金属、陶瓷、玻璃等之间的连接是焊接和铆接所不能达到的。在一些不能承受机械力和热影响的地方，粘接更有独到之处。在电子产品和设备维修过程中也常常用到粘接。

形成良好粘接的三要素是：选择适宜的黏合剂、处理好粘接表面和选择正确的固化方法。

5.2.1　黏合机理

由于物体之间存在分子、原子间作用力，种类不同的两种材料紧密靠在一起时，可以产生黏合（或称黏附）作用，这种黏合作用可分为本征黏合和机械黏合两种。本征黏合表现为黏合剂与被粘工件表面之间分子的吸引力；机械黏合则表现为黏合剂渗入被粘工件表面孔隙内，黏合剂固化后被机械地镶嵌在孔隙中，从而实现被粘工件的连接。作为对黏合作用的理解，也可以认为机械黏合是扩大了本征黏合接触面的黏合作用，这种作用类似于锡焊的作用，具有浸润、扩散、结合三个过程。为了实现黏合剂与工件表面的充分接触，必须要求黏合面清洁。因此，粘接的质量与黏合面的表面处理紧密相关。

1）润湿吸附

作为黏合剂，首先应该具备的条件是容易流动，这样才能充分浸润被粘物质的表面，有利于充分黏合。吸附理论认为，黏结力的形成首先是高分子溶液中黏合剂分子的布朗运动，使黏合剂的大分子链迁移到被粘物质的表面，即表面润湿过程，然后发生纤维对黏合剂大分子的吸附作用。这一阶段，强调黏合剂的润湿能力，其大小取决于纤维与黏合剂之间接触界面的表面张力，这是影响黏合剂的重要因素。

2）扩散作用

由于润湿作用的存在，使被粘纤维在溶液中产生溶胀或混溶，界面两大分子能相互渗透扩散。扩散程度影响着黏合强度，因为扩散程度决定了界面区的结构、可运动链段的多少和界面自由能的大小。若扩散不良，界面分子易在外力作用下产生滑动，黏合强度就很低。

3）化学键合

如果黏合剂和被粘物质之间存在化学键，即使没有很好的扩散，也能产生很强的黏合力，这就是化学键合理论。

4）机械结合作用

机械结合作用是指黏合剂渗入被黏合材料的孔隙内部或其表面之间，固化后，被黏合材料就被固化的黏合剂通过锚钩或包覆作用结合起来而产生黏合强度。

5.2.2 粘接工艺

粘接工艺，是利用黏合剂把被粘物连接成整体的操作工艺。粘接是连续的面积连接，可以减少应力集中，保证被粘物的强度，提高结构件的疲劳寿命。粘接特别适用于不同材质、不同厚度，尤其是超薄材料和复杂结构件的连接。

1. 黏合剂的选择

黏合剂的选择主要决定于胶粘剂的物理性质，同时还决定于零件的大小和形状，被粘接件的数目及零件的尺寸等。

2. 粘合表面的处理

一般处理方法：对一般要求不高或较干净的表面，用酒精、丙酮等溶剂清洗去除油污，待清洗剂挥发后即行粘接。

化学处理：有些金属在粘接前应进行酸洗，如铝合金必须进行氧化处理，使表面形成牢固的氧化层再施行粘接。

机械处理：有些接头为增大接触面积需用机械方式形成粗糙表面，然后再施行粘接。

3. 接头的设计

虽然不少黏合剂都可以达到或超过粘接材料本身的强度，但接头毕竟是一个薄弱点，设计接头时应考虑到一定的裕度。图 5.2.1 所示是几个接头设计的例子。

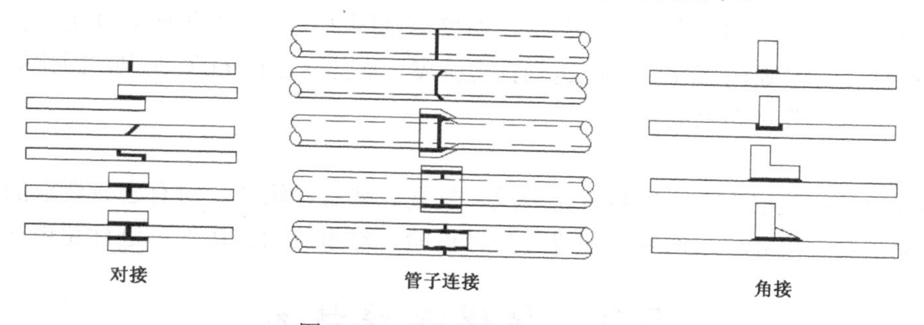

图 5.2.1　几种粘接接头的设计

4. 粘接工艺过程

粘接的一般工艺过程是：施工前的准备→基材表面处理→配胶→涂胶与晾置→对合→加压→静置固化（或加热固化）→清理检查。

1）施工前的准备

（1）选择黏合剂。根据粘接工件的材料不同，选择合适的黏合剂。

（2）分析零件断裂部位粘接后是否具有足够的强度，必要时采取加强措施，如采用粘接加强件，采取粘接与金属扣合法并用等。

（3）对基材表面粗化处理。可以用机械加工、手工加工或喷砂达到表面粗化。期望达到的表面粗糙度视基体材料及选用的胶种而定。

2）基材表面处理

（1）表面净化处理。目的是除去表面污物及油脂。常用丙酮、汽油、四氯化碳作净化剂。

（2）表面活化处理。目的是获得新鲜的活性表面，以提高粘接强度，对塑料、橡胶类材料进行表面活化处理尤其必要。黏合剂有双组分、多组分成品胶，加填料或稀释剂的胶，均需按规定的配方、比例、环境条件（如温度），在清洁的器皿中调配均匀。

常用填料多为粉状，应筛选和干燥。对双组分胶，应先把填料填入黏料（甲组分）中拌匀，再与固化剂调配均匀。对单组分胶加入填料后也应搅拌均匀。

3）涂胶与晾置

基材表面处理完毕后，一般即开始涂胶，涂胶时基材温度应不低于室温，对液态胶用刷胶法最为普遍。刷胶时要顺着一个方向，不要往返刷胶，速度要缓慢，以免起气泡。涂层要均匀，中间可略厚些，平均厚度约 0.2mm，不得有缺胶处。无溶剂胶涂一遍即可。有溶剂胶一般应涂 2～3 遍，前一遍涂完后，应短时间晾置，待溶剂基本挥发后再涂下一遍。

按黏合剂说明书规定，涂胶完毕后应晾置一定时间再对合。

粘接不能直接看见的表面（如内部间隙充填）时，要采用注胶法。根据实际情况，开注胶孔和出气孔。用一般润滑脂枪装胶压注。

4）对合与加压

涂胶晾置后，将两基体面对合并基本找准位置。适当施压使两接合面来回错动几次，以排出空气并使胶层均匀，同时测量胶层的厚度，使多余的黏合剂从边缘挤出，最后精确找正定位。

对合定位后，视零件形状施加适当且均匀的正压力，以加速表面浸润，促进胶对基材表面的填充、渗透和扩散界面，从而提高粘接质量。

5）固化

固化是黏合剂由液体转变为固体并达到与基材形成一定结合强度的全过程。固化的条件主要是温度、压力和时间。在一定压力下，温度高则固化快，但固化速度过快，会使胶层硬脆。一般有机胶常温固化 24h 以上可达到预定强度，加热至 50～60℃保温，固化效果比常温好，保温时间见用胶说明书的规定。

6）检查

对外露的黏补胶层表面，观察有无裂纹、气孔、缺胶和错位。对有密封要求的零件应进行密封试验，对有尺寸要求的零件应进行尺寸检验。对重要的粘接件可进行超声探伤。

5.3 导线连接技术

5.3.1 导线连接的特点

在电子产品中，导线连接技术的主要特点是应用广、连接方式多、操作简便、便于拆卸和重复利用等。

1）应用广

几乎所有的电子产品都离不开导线，导线在电子产品中担负着内部电路元器件之间，内部电路与外部之间的各种连接。例如电源线、输入和输出信号线、印制电路板避免交叉的跳线、各单元电路之间的连接排线、内部电路与控制和显示电路的连接线等，早期的电子产品甚至完全是由许多导线将元器件连接而成的。

2）连接方式多

导线连接方式很多，主要有绕接、压接、焊接，还可通过排线、接插件、螺装等方式进行连接。

3）操作简便

导线连接在所有的连接方式中，有时是最简便的。比如，绕接只要将需要连接的导线有效地缠绕在一起，即可获得良好的电气和机械连接。而且绕接、压接、螺装等导线连接往往不受场所限制。

4）便于拆卸

导线连接比其他的连接方式，更便于拆卸。如导线的接插件连接，可随时连接与拆卸。

5）便于重复利用

粘接、印制板连接等连接，往往是不能重复利用的。因为通常粘接特别是强力粘接是不可拆卸的，拆卸将破坏粘接工件，无法使用；印制板连接的印制电路一旦腐蚀成型，也是无法更改的。而导线可重复多次使用。

5.3.2 导线连接工艺

1. 导线的焊接

导线的焊接在电子产品中占有重要位置，导线焊点的失效率高于元件在印制电路板上的焊点，所以要对导线的焊接工艺给予特别的重视。

1）导线的焊前处理

导线的焊接前要除去需要焊接部分的绝缘层，除去绝缘层可以用普通工具或专用工具。在工厂的大规模生产中使用专用机械给导线剥除绝缘层，在一般情况下，可用剥线钳或简易剥线器给导线除去绝缘层，如图 5.3.1 所示。简易剥线器可用 0.5～1mm 厚度的铜片经弯曲后固定在电烙铁上制成，使用它的最大好处是不会损伤导线。

也可使用普通偏口钳、剪刀等工具剥除导线的绝缘层，但要注意不应伤及单股线导线的表层，对多股线和屏蔽线不能出现断线，否则将影响接头质量。

对多股导线剥除绝缘层的技巧是将线芯拧成螺旋状，采用边拽边拧的方式，如图 5.3.2 所示。

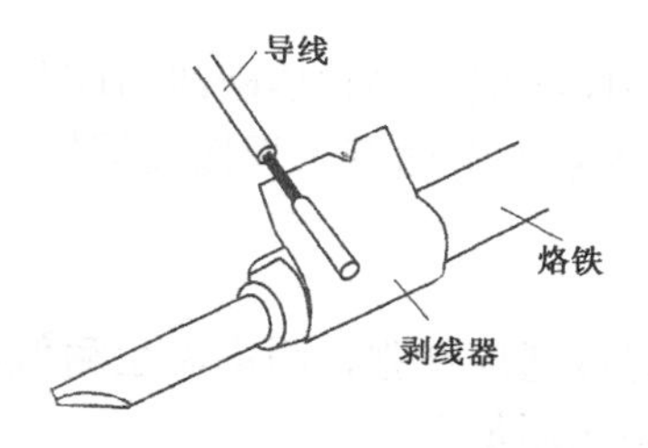

图 5.3.1　简易剥线器的制作

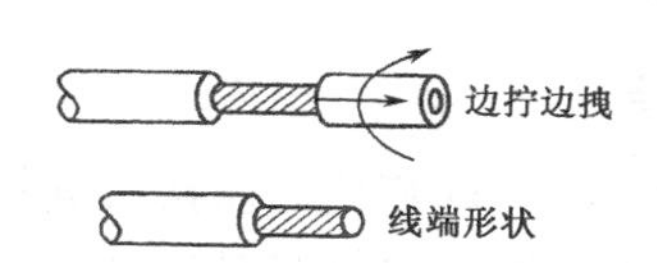

图 5.3.2　多股导线的剥线技巧

对于电磁线可使用剪刀、小刀、锯片等工具，轻轻地将绝缘漆刮除，注意不能损伤线芯。

2）上锡

对导线进行焊接，上锡（或挂锡）是关键的步骤。尤其是对多股导线的焊接，如果没有这步工序，焊接的质量很难保证。要求上锡应均匀，不能伤及绝缘层，对多股导线，不能出现没有拧紧和导线外露现象。

3）焊接

导线的焊接通常有导线与接线端子之间的焊接、导线与导线之间的焊接和导线与印制板之间的焊接。

（1）导线与接线端子之间的焊接有三种基本形式：绕焊、勾焊和搭焊，如图 5.3.3 所示。

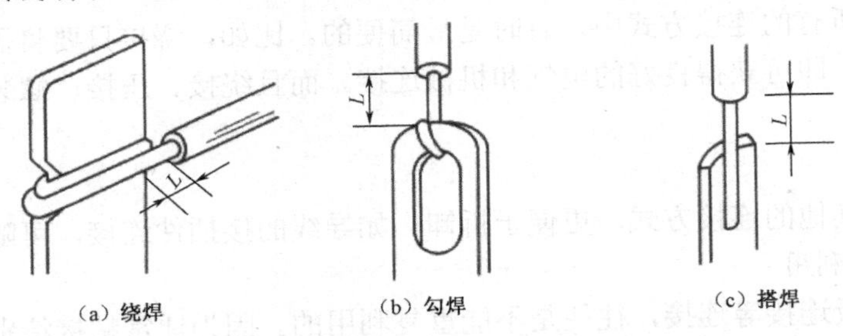

图 5.3.3　导线与接线端子之间的焊接形式

绕焊是把已经上锡的导线头在接线端子上缠绕一圈，用钳子拉紧缠牢后再进行焊接。注意导线一定要紧贴端子表面，要求绝缘层不能接触端子，一般间距 L=1～3mm 为宜。

勾焊是将导线头弯成钩形，勾在接线端子的孔内，用钳子夹紧后施焊。

搭焊是把已经上锡的导线头搭在接线端子上进行焊接，这种焊接方法最简便，但强度和可靠性不及绕焊和勾焊，其中绕焊方式最好。

（2）导线与导线之间的焊接。

导线之间的焊接以绕焊为主，如图 5.3.4 所示。对于粗细不同的两根导线绕焊，是将细导线缠绕在粗导线上再进行焊接。而对于相同粗细的两根导线，可以相互缠绕后再施焊。也可以直接搭焊，但其强度没有绕接好。

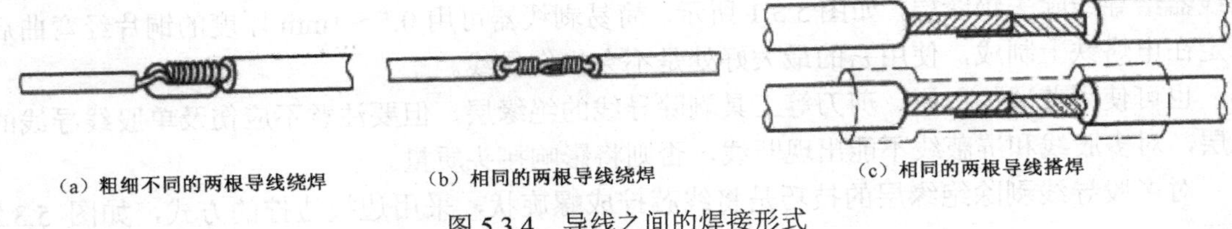

（a）粗细不同的两根导线绕焊
（b）相同的两根导线绕焊
（c）相同的两根导线搭焊

图 5.3.4　导线之间的焊接形式

（3）导线与印制板之间的焊接。

导线与印制板之间的焊接形式主要有安装导线与印制板焊接和屏蔽线与印制板焊接，如图 5.3.5 所示。导线在印制板上焊接，应将导线从被焊点的背面穿入焊接孔焊接。

2．压接

与其他连接方法相比，压接有其特殊的优点：温度适应性强，耐高温也耐低温，连接机械强度高，无腐蚀，电气接触良好，在导线的连接中应用最多。

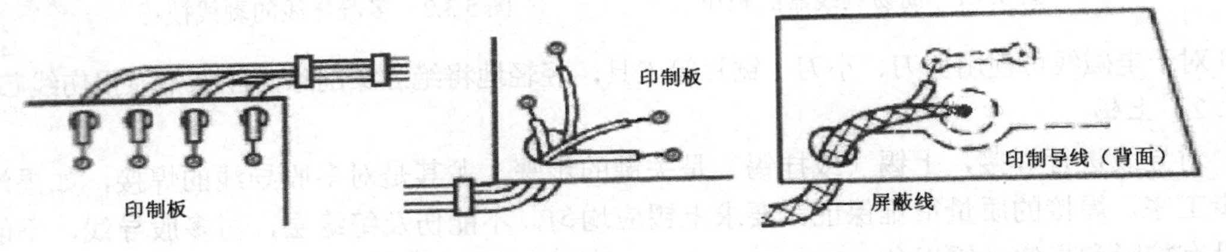

图 5.3.5　导线与印制板之间的焊接形式

1）压接机理

压接通常是将导线压到接线端子中，在外力的作用下使端子变形挤压导线，形成紧密接触，如图 5.3.6 所示。压接的连接机理如下。

（1）在压力的作用下，端子发生塑性变形，紧紧挤压导线。

（2）导线受到挤压后间隙减小或消失，并产生变形。

（3）在压力去除后端子的变形基本保持，导线之间紧密接触，破坏了导线表面的氧化膜，产生一定程度的金属相互扩散，从而形成良好的电气连接。

2）压接端子及操作

压接端子主要有图 5.3.7 所示的几种类型，压接的操作过程如图 5.3.8 所示。通常的手工压接是采用压接钳来进行压接，在批量生产中常用半自动或全自动压接机完成。在产品的研制、维修工作中也可用普通的钳子进行压接。

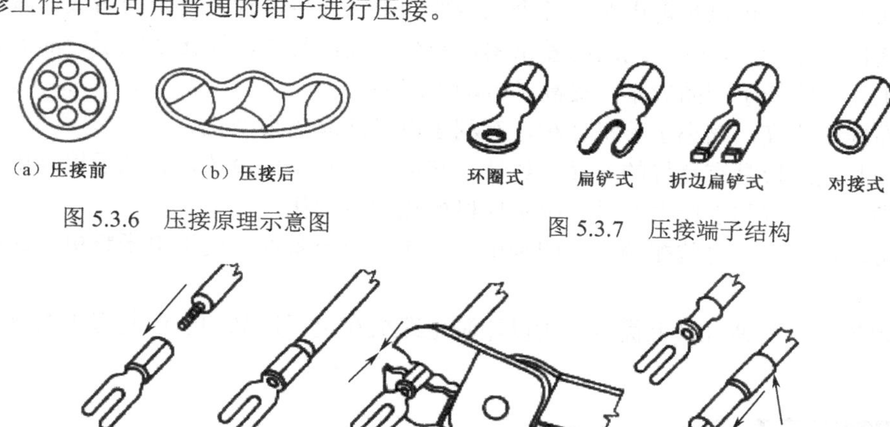

图 5.3.6　压接原理示意图

图 5.3.7　压接端子结构

图 5.3.8　压接的操作过程

3. 绕接

绕接是直接将导线缠绕在接线柱上，形成电气和机械连接的一种技术。是利用金属的塑性，将一金属缠绕在另一金属表面上或互相缠绕形成的连接。

1）绕接机理

对两个金属表面施加足够的压力，使之产生塑性变形，让两金属表面原子层产生强力结合，达到牢固连接的目的。

2）绕接结构

绕接靠专用的绕接器将导线紧密缠绕在接线柱上，靠导线与接线柱的棱角形成紧密连接，如图 5.3.9 所示。

3）绕接的特点

绕接的特点主要是可靠性高，无虚、假焊，接触电阻小，无污染，无腐蚀，无热损伤，成本低，工作寿命长。最大的限制就是导线必须是单芯线，接线柱必须是带有棱角的特殊形状。绕接的匝数应不少于 5 圈，匝线应紧密排列。

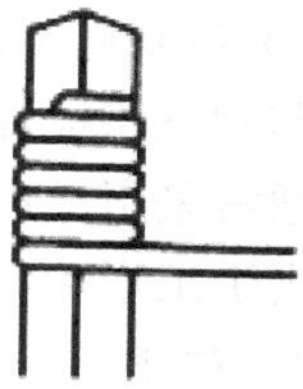

图 5.3.9　绕接结构图

5.4 印制连接技术

印制导线连接法是元器件间通过印制板的焊接盘把元器件焊接（固定）在印制板上，利用印制导线进行连接。目前，电子产品的大部分元器件都是采用这种连接方式进行连接。但对体积过大、质量过重以及有特殊要求的元器件，则不能采用这种方式。因为，印制板的支撑力有限、面积有限。为了减少受震动、冲击的影响，保证连接质量，对较大的元器件，有必要考虑固定措施。

5.4.1 印制连接的特点

印制电路板具有以下特点。

（1）印制电路板可以实现电路中各个元器件的电气连接，代替复杂的布线，减少了传统方式下的连接工作量，降低了线路的差错率，减少了连接时间，简化了电子产品的装配、焊接、调试工作，降低了产品成本，提高了劳动生产率。

（2）布线密度高，缩小了整机体积，有利于电子产品的小型化。

（3）印制电路板具有良好的产品一致性，它可采用标准化设计，有利于提高电子产品的质量和可靠性，也有利于在生产过程中实现机械化和自动化。

（4）可以使整块经过装配调试的印制电路板作为一个备件，便于电子整机产品的互换与维修。

由于印制电路板具有以上优点，所以印制电路板在电子产品的生产制造中得到了广泛的应用。

5.4.2 印制连接工艺

1．印制电路板互连

电子元器件和机电部件都有电接点，为了实现它们的电气连通，必须用导体将两个接点连接起来，在电子产品组装中，把两个分立接点之间的电气连通称为互连。

印制电路板互连通常将元器件放在印制板的一面（通常称为元件面）；印制板的另一面用于布置印制导线（通常称为焊接面）。对于双面板，两面都有印制导线，而仅在其一面安装元件。通过焊接将元器件和印制导线连接起来。

印制电路板不但完成了互连，而且还为电路元器件和机电部件提供了必要的机械支撑。

2．印制电路板的焊接

印制电路板的焊接在整个电子产品制造中处于核心的地位，掌握印制板的焊接是至关重要的。可以按照下列方法进行操作。

1）印制电路板焊接的方法

印制电路板焊接的方法有很多，主要有浸焊、波峰焊、再流焊和手工焊接。工厂大批量生产通常采用浸焊、波峰焊、再流焊，且由于浸焊的工艺性差而逐渐被淘汰。在一般情况下仍采用手工焊接，因为手工焊接简便易行，成本低，工艺性好。

2）对印制板和元器件进行检查

焊接前应对印制板和元器件进行检查，内容主要包括：印制板上的铜箔、孔位及孔径是否符合图纸要求，有无断线、缺孔等，表面处理是否合格，有无污染。元器件的品种、规格及外封装是否与图纸吻合，元器件的引脚有无氧化和锈蚀。

3）对电路板焊接的注意事项

焊接印制板，除了要遵循锡焊要领外，还需特别注意：一般应选内热式 20～35W 或调温式，烙铁的温度不超过 300℃为宜。烙铁头形状的选择也很重要，应根据印制板焊盘的大小采用凿形或锥形烙铁头，目前印制板的发展趋势是小型密集化，因此常用小型圆锥烙铁头为宜。给元件引脚加热时应尽量使烙铁头同时接触印制板上的铜箔，对较大的焊盘（直径大于 5mm）进行焊接时可移动烙铁头绕焊盘转动，以免长时间对某点焊盘加热导致局部过热，如图 5.4.1 所示。

对双层电路板上的金属化孔进行焊接时，不仅要让焊料润湿焊盘，而且要让孔内也要润湿填充，如图 5.4.2 所示，因此对金属化孔的加热时间应稍长。

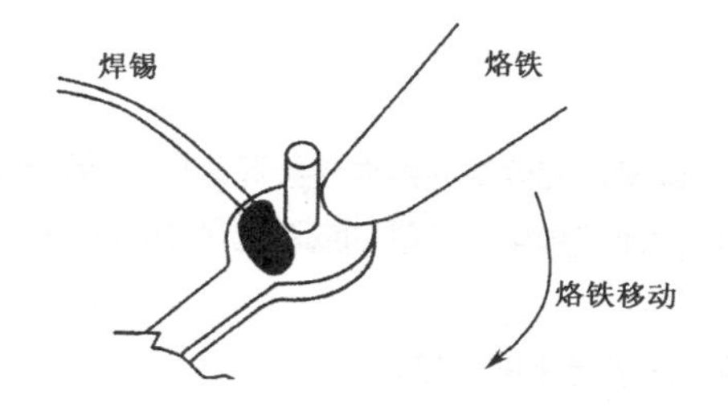

图 5.4.1　对大焊盘的焊接

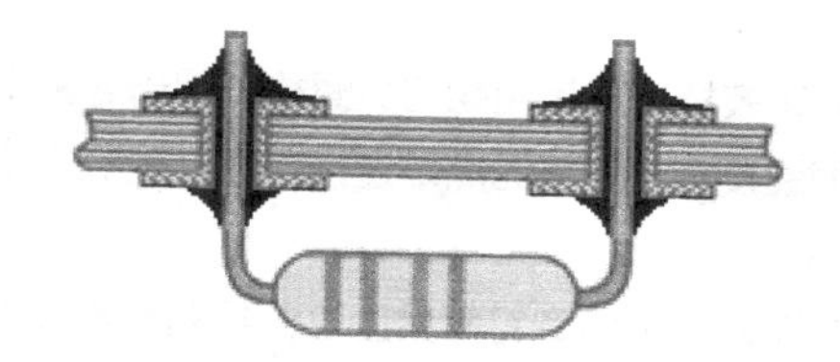

图 5.4.2　对金属化孔的焊接

焊接完毕后，要剪去元件在焊盘上的多余引脚，检查印制板上所有元器件的引脚焊点是否良好，及时进行焊接修补。对有工艺要求的要用清洗液清洗印制板，使用松香焊剂的印制板一般不用清洗。

3. 印制电路板的对外连接

印制电路板对外的连接有多种形式，可根据整机结构要求而确定。一般采用以下两种方法。

1）用导线互连

将需要对外连接点，先用印制导线引到印制电路板的一端，导线从被焊点的背面穿入焊接孔，参看图 5.3.5。

2）印制电路板接插式互连

（1）簧片式插头与插座。在印制电路板的一端制成插头，以便插入有接触簧片的插座中去，如图 5.4.3 所示。

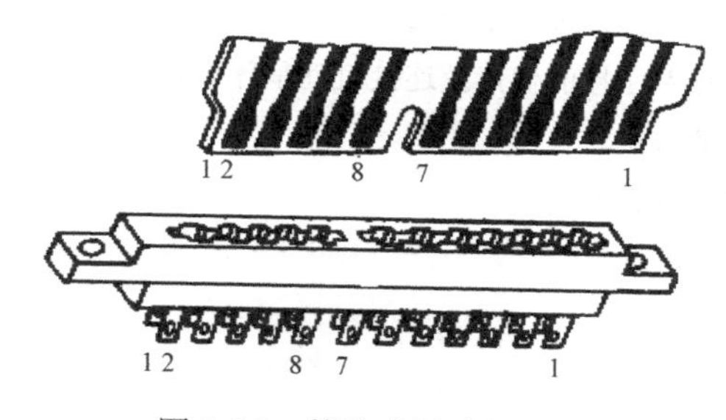

图 5.4.3　簧片式插头与插座

（2）针孔式插头与插座。在针孔式插头的两边设有固定孔，与印制电路板固定在插头上有90°弯针，其一端与印制电路板接点焊接，另一端可插入插座内，如图5.4.4所示。

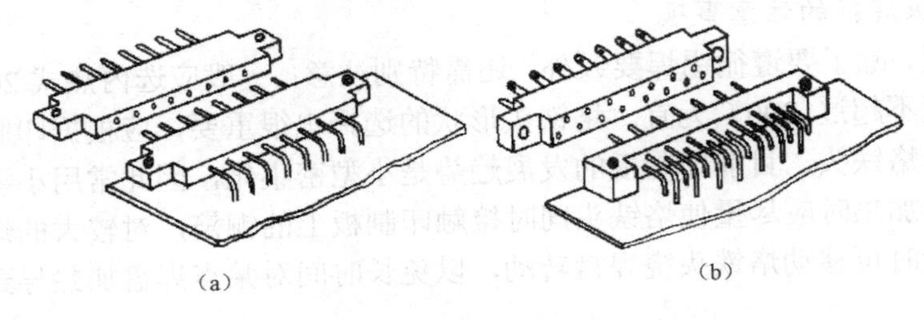

图5.4.4 针孔式插头与插座

本章小结

(1) 螺装技术就是用螺钉、螺栓、螺母等紧固件，把各种零、部件或元器件连接起来的连接方式。属于可拆卸的连接方式，其优点是连接可靠，装拆方便。但是应力比较集中，在震动或冲击严重的情况下，螺钉容易松动。

(2) 铆装就是用铆钉等紧固件，把各种零部件或元器件连接起来的连接方式。

(3) 黏合机理：由于物体之间存在分子、原子间作用力，种类不同的两种材料紧密靠在一起时，可以产生黏合（或称黏附）作用。

粘接的一般工艺过程是：施工前的准备→基材表面处理→配胶→涂胶与晾置→对合→加压→静置固化（或加热固化）→清理检查。

(4) 导线的连接通常通过焊接、压接、绕接等方式进行连接。

(5) 印制电路板连接是指在一块敷铜箔的绝缘板上打孔安装元器件，元件引脚焊接在敷铜面上，利用敷铜面制成的铜箔导线完成电路连接的一种电路结构形式。

习题5

1. 介绍一下空心铆钉的铆装步骤？
2. 形成良好粘接的三要素是什么？
3. 什么是粘接机理？粘接一般工艺过程是什么？
4. 导线可采用什么方法连接？压接的优点及连接机理是什么？
5. 说明绕接的特点及绕接的方法。
6. 印制电路板连接的特点是什么？

第6章

焊接技术

焊接是金属连接的一种方法。利用加热、加压或其他手段，在两种金属的接触面，依靠原子或分子的相互扩散作用，形成一种新的牢固的结合，使这两种金属永久地连接在一起。这个过程就称之为焊接。

6.1 焊接基础知识

6.1.1 焊接的分类及特点

1．焊接的分类

焊接通常分为熔焊、钎焊和接触焊三类。

1）熔焊

熔焊是靠加热被焊件（母材或基材），使之熔化产生合金而焊接在一起的焊接技术，如气焊、电弧焊等。

2）钎焊

用加热熔化成液态的金属（焊料），把固体金属（母材）连接在一起的方法，称为钎焊。作为焊料的金属材料，其熔炉点要低于被焊接金属材料。按照焊料的熔点不同，钎焊又分为硬焊（焊料熔点高于450℃）和软焊（焊料熔点低于450℃）。

3）接触焊

接触焊是对焊件施加一定作用力（加热或不加热）获得可靠的连接的焊接技术。如点焊、碰焊等。

在电子产品装配过程中的焊接主要采用钎焊类中的软焊。一般采用锡铅焊料进行焊接，简称锡焊。

2．锡焊的特点

（1）焊料的熔点低，适用范围广。锡焊的熔化温度在180～320℃之间，对金、银、铜、铁等金属材料都具有良好的可焊性。

（2）易于形成焊点，焊接方法简便。锡焊焊点是靠融熔的液态焊料的浸润作用而形成的，因而对加热量和焊料都不必有精确的要求，就能形成焊点。如手工利用电烙铁焊接，使用方便，焊点大小允许有一定的自由度，可以一次形成焊点。若用机器焊接，可成批形成焊点。

（3）成本低廉、操作方便。锡焊比其他焊接方法成本低，焊料也便宜，焊接工具简单，操作方便，并且整修焊点、折换元器件以及重新焊都很方便。

（4）容易实现焊接自动化。由于焊料的熔点低，有利于浸焊、波峰焊和再流焊的实现。便于与生产流水线配置，实现焊接自动化。

6.1.2 焊接机理

锡焊必须将焊料、焊件同时加热到最佳焊接温度，然后不同金属表面相互浸润、扩散，最后形成多组织的结合层。了解锡焊这一基本原理，有助于理解焊接工艺的各种要求，并能尽快掌握手工焊接方法。

1. 润湿作用

润湿是焊接中的重要阶段，没有润湿，焊接就无法进行。

任何液体和固体接触时，都会产生程度不同的润湿现象。在焊接时，溶融焊料会像任何液体那样，黏附在被焊金属表面，并能在金属表面充分漫流，这种现象就称为润湿。越容易黏附，漫流面积越大，润湿就越好。反之润湿不好，或根本不润湿。润湿程度主要决定于焊件表面的清洁程度及焊料表面张力。在焊料的表面张力小，焊件表面无油污，并涂有助焊剂这种条件下，焊料的润湿性能最好。润湿性能好坏一般用润湿角α表示，α即是指焊料外圆在焊件表面交接点处的切线与焊接面的夹角，如图 1.3.1 所示。当$\alpha > 90^\circ$焊料不润湿焊件；$\alpha < 90^\circ$时，α角越小润湿性能越好。润湿作用同毛细作用紧密相连，光洁的金属表面，放大后有着许多微小的凹凸间隙，熔化成液态的焊料借助于毛细引力沿着间隙向焊件表面扩散，形成对焊件的润湿。

2. 扩散作用

浸润是熔融焊料在被焊面上的扩散，在与润湿现象同时产生的还有熔融焊料与固体金属间的扩散现象（如同水洒在海绵上而不是洒在玻璃板上），即在金属与焊料的界面形成一层金属化合物，在正常条件下，金属原子在晶格中都以其平衡位置为中心进行着不停的热运动，这种运动随着温度升高，其频率和能量也逐步增加。当达到一定的温度时，某些原子就因具有足够的能量克服周围原子对它的束缚，脱离原来的位置，转移到其他晶格，这个现象就叫扩散。

扩散作用是一个复杂的物理—化学过程。例如用锡铅焊料焊接铜件，焊接过程中有表面扩散，也有晶界扩散和晶内扩散。Sn-Pb 焊料中 Pb 原子只参与表面扩散，不向内部扩散；而Sn、Cu 原子相互扩散，这是不同金属性质决定的选择扩散。正是由于这种扩散作用，形成了焊料和焊件之间的牢固结合。

3. 结合层的凝固与结晶

焊接后，由于焊料和焊件金属彼此扩散，所以两者交界面形成多种组织的结合层。在冷却时，界面层首先以适当的合金状态开始凝固，形成金属结晶。而后，结晶向未凝固的焊料方向生长，最后形成焊点。

现以印制板上的焊点为例，说明焊点的结构。如图 6.1.1 所示。

焊点结构可分为四个部分：

焊件（母材）：指被焊的金属。就是元器件引脚的材料（包括引脚表面的镀层）及印制板的铜箔。

结合层：如前所述，是焊件与焊料之间形成的金属化合物层。形成结合层是锡焊的关键，如果没有形成结合层，仅仅是焊料堆积在焊件上，则成为虚焊。

焊料层：通常是锡铅焊料。

表面层：表面层产生于不同的工艺条件，它可能是焊剂层、氧化层或涂覆层。如果焊剂没有被全部蒸发掉，则残留的焊剂会涂于焊点表面和四周成为覆盖层。若为松香焊锡，则无腐蚀性。通常焊点表面有一层致密的氧化亚锡具有良好的抗腐蚀性，对焊点具有保护作用。但是，如果焊点表面留有腐蚀性焊剂残留物，则必须清洗。

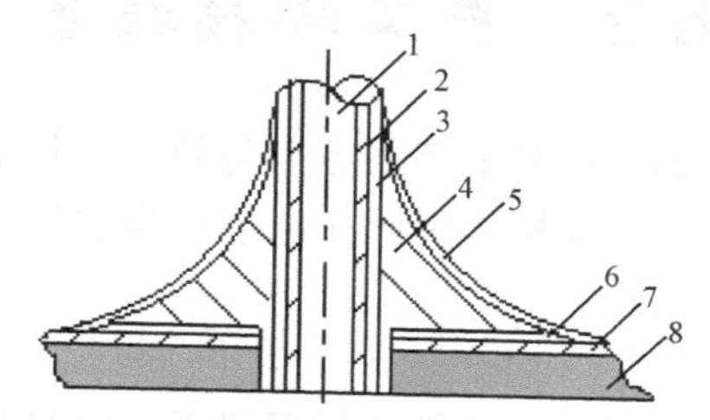

1—母材；2—镀层；3、6—结合层；4—焊料层；5—表面层；7—铜箔；8—基板

图 6.1.1　焊点剖面示意图

4．锡焊的必要条件

由锡焊机理很容易理解锡焊的必要条件。

1）被焊接金属材料应具有充分的可焊性

可焊性是被焊接的金属材料与焊料在适当的温度和助焊剂的作用下，形成良好结合的能力。大家知道，铜是导电性能良好和易于焊接的金属材料。因此，常用的导线，元器件引脚以及各种接点、焊盘等，大都采用铜材制作。其他一些金属，如金、银、铁、镍等，也都具有一定的可焊性。但它们不是成本高就是导电性能差，所以不如铜使用得那么广泛。对于那些可焊性差的金属材料，通常采用镀上可焊性较好的金属材料，如光锡、锡铅合金、金、镍等，以获得较好的可焊性。有时也可采用较强的有机酸助焊剂，获得良好的结合。但焊后必须彻底清洗。

2）被焊金属材料表面必须清洁

熔融焊料能在金属表面温柔流动是靠毛细管力实现的，但这必须具备一个重要条件，即焊件表面必须是清洁的，因为只有在清洁条件下，焊料与母材原子间的距离最小，能够吸引扩散。而不允许金属表面有任何污染妨碍润湿。所以，保持表面清洁是熔融焊料的良好浸润的首要条件。

3）焊接要有适当的温度

热能是进行焊接的必要条件。首先是焊料和被焊金属材料升温到焊接温度，熔化的焊料才能在其金属表面扩散浸润并形成金属化合物。

4）焊接应有适当的时间

焊接时间是指在焊接的全过程中，进行物理和化学变化所需要的时间。它包括被焊金属材料达到焊接温度的时间、焊锡熔化的时间、焊剂发挥作用及生成金属化合物的时间等几部分。焊接的时间过长会损坏焊接部位和元器件，焊接时间过短则达不到焊接要求。

5）焊剂使用得当

助焊剂是一种略带酸性的可溶物质，它在加热熔化时所起的还原作用，可溶解被焊金属表面的氧化污垢，使焊接表面清洁，帮助熔化的焊锡流动，进一步防止在焊接加热过程中氧化物的再生成，从而使焊料与被焊接的金属表面得到浸润扩散，使得焊点牢固可靠。焊剂的性能一定要适合被焊金属材料的可焊性能。活性强的焊剂使用后必需清洗。

6）焊料的成分和性能要符合焊接要求

焊料的成分和性能应与被焊金属材料的可焊接性、焊接的温度和时间、焊点的机械强度相适应，应达到易焊和焊牢的目的。此外，还要注意焊料中的不纯杂质对焊接的不良影响。

6.2 手工焊接技术

手工焊接是焊接技术的基础，也是电子产品组装的一项基本操作技能。在目前，还没有哪一种焊接方法可以完全代替手工焊接，因此在电子产品装配中这种方法仍占有重要地位。

6.2.1 焊接工具

电铬铁是手工焊接的基本工具。电铬铁有使用灵活、容易掌握、操作方便、适应性强、焊点质量易于控制，所需设备投资费用少等优点。手工焊接技术不仅应用广泛，而且也在不断发展，电铬铁的种类也在不断地增多。

1. 电烙铁的构造

电烙铁是利用电流通过电热丝加热烙铁头的原理制成的，电烙铁的发热量与耗电瓦数成比例。电烙铁的种类虽然很多，但基本结构是一样的，都是由发热部分、储热部分和操作手柄等组成。

（1）烙铁芯：烙铁芯是电烙铁中的发热元件，它是将镍铬以热电阻丝缠在云母、陶瓷等耐热、绝缘材料上构成的。

（2）烙铁头：作为能量存储和传递的烙铁头，一般用紫铜制成。

（3）手柄：一般用木料或胶木制成。

2. 电烙铁的种类

随着焊接的需要和发展，电烙铁的种类不断增多，除常用的内热式电烙铁及外热式电烙铁外，还有恒温电烙铁、微型电烙铁、超声波电烙铁等多种类型。

1）内热式电烙铁

内热式电烙铁的结构如图 6.2.1 所示。烙铁芯置于烙铁头里面，直接对烙铁头加热，所以称为内热式。其特点是热效率高、温升快、体积小、重量轻、耗电低，但烙铁头是固定的，温度不能控制，使用不同的烙铁头受到限制，常用的规格有 20W、30W、50W 等，主要用于印制板的焊接。

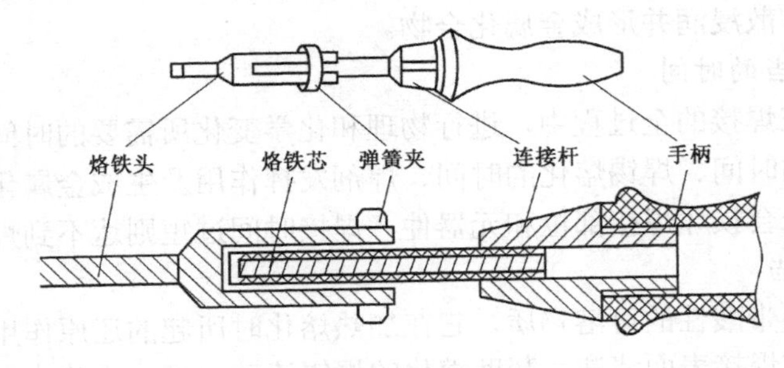

图 6.2.1　内热式电烙铁结构

2）外热式电烙铁

外热式电烙铁是应用广泛的普通型电烙铁，其外形如图6.2.2所示。

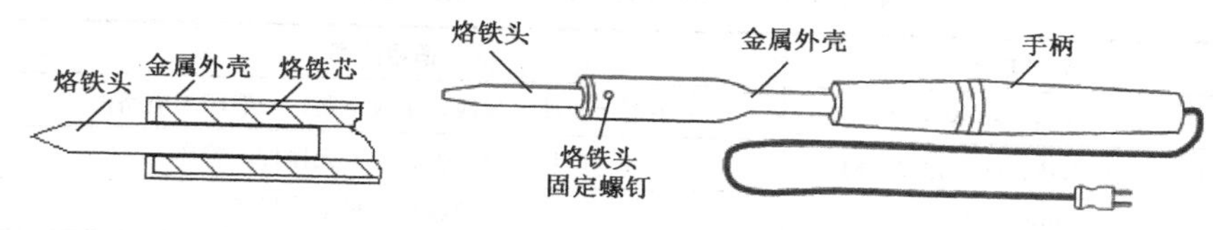

图6.2.2 外热式电烙铁结构

烙铁头置于电热丝内部，故称外热式电烙铁。其特点是构造简单，价格便宜，但热效率低，温升慢，体积较大，而且烙铁的温度不能有效地控制，只能靠烙铁头的大小稍作调节。外热式电烙铁主要用于导线、接地线和接线板的焊接。

3）恒温电烙铁

这是一种烙铁头温度可以控制的电烙铁，根据控制方式不同，又可分为电控烙铁和磁控烙铁两种。

如图6.2.3所示为磁控电烙铁的结构图，它是利用软磁体的居里效应，即温度升高超过居里点时其磁性减小。当电烙铁接通电源后，磁性开关接通，于是加热器被接通电源，开始加热。当烙铁头达到预定温度时，软磁铁失去磁性，在弹簧的作用下，使开关触点断开，加热器断电，于是烙铁头的温度下降。当降低到低于居里点温度时，软磁金属又恢复磁性，开关触点又重新被吸回来，加热器又开始加热，如此往复，以使烙铁头的温度保持在一定范围内，选择不同的软磁物质可以得到不同的温度。

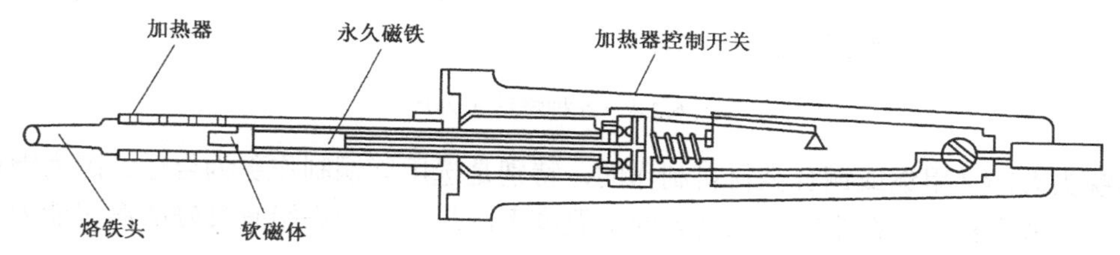

图6.2.3 磁控电烙铁的结构

恒温电烙铁是断续加热的，可以比普通电烙铁节电1/2左右，由于烙铁头始终保持在适于焊接的温度范围内，焊接不易氧化，可减少虚焊，提高焊接质量。由于温度变化范围很小，电烙铁不会产生过热现象，从而延长了使用寿命，同时也能防止被焊接的元器件因温度过高而损坏。

电控烙铁是通过电子电路来控制和调节温度的。这种方法控制温度精确度高，温度调节方便，但结构复杂，价格较高。

3. 电烙铁的选用

选用电烙铁的主要依据是电子产品的电路结构形式，被焊接元器件的热敏感性，使用焊料的特性以及操作者使用是否方便等。

1）电烙铁功率的选择

电烙铁上标出的功率，实际上是单位时间内消耗的电源能量，而并非电烙铁的实际功率。对于加热方式不同，相同瓦数的电烙铁的实际功率有较大的差别。因此，选择电烙铁的实际功率，要从多方面考虑，一般是根据焊接工件的大小，材料的热容量、形状、焊接方法和是否连续工作等因素来考虑，表 6.2.1 列出了不同功率的电烙铁的适用范围。

表 6.2.1　各种功率电烙铁的适用范围

烙铁功率	适用范围
20 W 内热、30 W 外热	小型元器件、导线、集成电路、一般印制电路板
35～50 W 内热、50～75 W 外热	焊片、电位器、大型元器件、管座
100W 以上	电源接线柱、机架地线等

2）烙铁头的选用

为了适应不同焊接物面的需要，通常把烙铁头制成各种不同的形状，同时也要有一定的体积，以保持一定的温度。一般说来，瓦数大的烙铁，烙铁头的体积也大。烙铁头的形状、体积及长度，都对烙铁的温度性能有一定的影响，图 6.2.4 所示为常用的几种烙铁头外形。

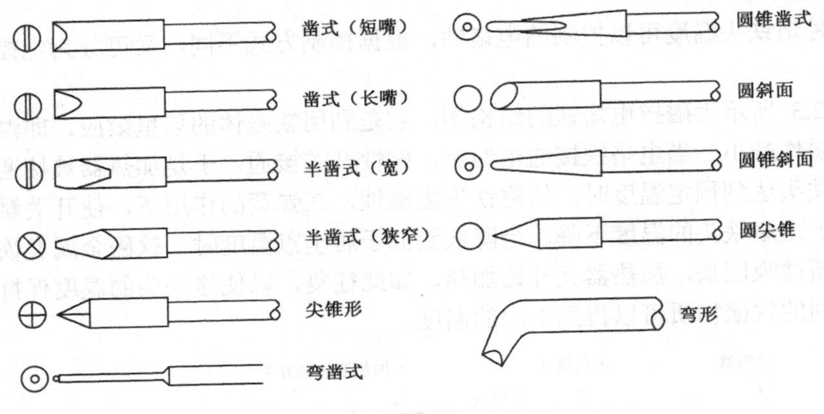

图 6.2.4　各种烙铁头外形

烙铁头大都是用铜或铜合金材料制作的，特别是选用紫铜制作更为合适。因为铜材料热传导率高，密度较大，在烙铁头长度方向上温度下降最小，和锡铅有良好的润湿能力，并且容易加工。

选用时，烙铁头的形状要适应被焊物面的要求和产品的装配密度，烙铁头的温度恢复时间要与被焊物面的热要求相适应，如角度大的凿式烙铁头，由于热量比较集中，温度下降慢，适合焊接对温度比较敏感的元器件；锥形烙的头适合焊接精密电子器件的小型焊接点。内热式电烙铁常用圆斜面烙铁头，适合焊接印制电路板及一般焊接点。在焊接装配密度较大的产品时，为了避免烫伤周围的元器件及导线，便于接近深处的焊接点，可用长烙铁头。

6.2.2　手工焊接方法

手工焊接是利用电烙铁实现金属之间牢固连接的一项工艺技术。这项工艺看起来很简单，但要保证高质量的焊接却是相当不容易，因为手工焊接的质量受诸多因素的影响及控制，必须大量实践，不断积累经验，才能真正掌握这门工艺技术。

1. 焊接方法

1）操作方法

焊接操作方法，一般是右手持电烙铁，左手拿焊锡丝进行焊接，图 6.2.5 所示为焊接的示意图。而对于左撇子，左手持电烙铁可能会方便些。

2）电烙铁的握法

在焊接时，电烙铁的握持方法，并无统一规定，应以不易疲劳，便于用力和操作方便为原则，一般有正握法、反握法和笔握法三种，如图6.2.6所示。

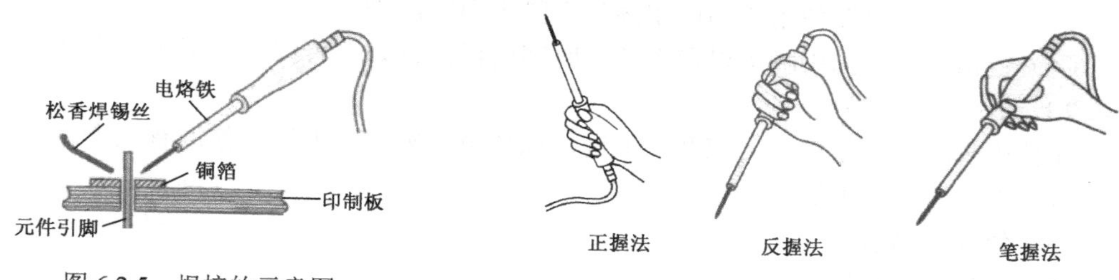

图6.2.5　焊接的示意图

图6.2.6　手握电烙铁的方法

正握法适用于弯烙铁头操作或直烙铁头在大型机架上焊接，反握法对被焊件压力较大，适用于较大功率电烙铁（一般大于75W）的场合，笔握法就像拿笔写字一样，适用于小功率烙铁焊接印制电路板。

3）焊接的基本步骤

手工焊接通常采用五步操作法：准备、加热、送焊料、撤焊料、撤电烙铁。五步操作法如图6.2.7所示。

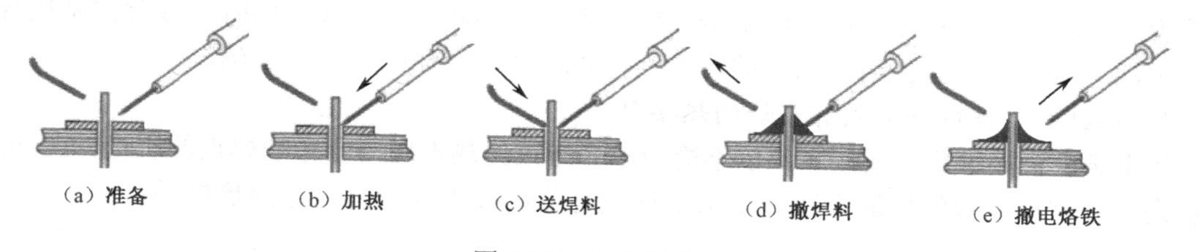

图6.2.7　五步操作法

（1）准备：烙铁头和焊锡丝同时指向连接点。准备应包括焊接前必须做好焊接的准备工作，焊接部位的清洁处理，预备焊接元器件引脚的成形及插装，焊接工具及焊接材料的准备。

（2）加热：就是用烙铁头加热焊接部位，使连接点的温度加热到焊接需要的温度。在加热中，热量供给的速度和最佳焊接温度的确定是保证焊接质量的关键。通常焊接温度控制在260℃左右。但考虑电烙铁在使用过程中的散热，可把温度适当提高一些，控制在300℃左右。

（3）送焊料：当烙铁加热到一定的温度后，即可在烙铁头和连接点的结合部，加上适量的焊料，焊料量的多少，应使引脚的外形保持可见和保证能够覆盖连接点。

（4）撤焊料：熔化适量焊锡后，撤离焊锡丝。

（5）撤电烙铁：在焊料充分漫流整体焊接部位时，移开烙铁。

在实际焊接过程中，对热容量小的焊件，常常简化为三步操作，即第一步为准备工序，烙铁头和焊锡丝同时指向连接点，烙铁头上应熔化少量焊锡。第二步为加热焊接部位和熔化焊锡，操作时，焊锡和烙铁头同时到达，焊接时间适当。第三步为烙铁头和焊锡丝同时离开焊接点。

2. 焊接要领

1）对焊件要先进行表面处理

助焊剂可以破坏金属表面的氧化层，但它对锈迹、油污等并不能起作用，而这些附着物会严重影响后期焊接的质量。因此，必须对其表面进行清洁。

（1）较轻的污垢可以用酒精或丙酮擦洗。

（2）严重的腐蚀性污点只有用小刀刮或用砂纸打磨等方法去除。

（3）镀金引脚可以使用绘图橡皮擦除引脚表面的污物。

（4）镀铅锡合金的引脚可以在较长的时间内保持良好的可焊性，可不用清洁。

2）元件引脚上锡

元件引脚经清洁处理后，应及时上锡，以免再次氧化。上锡的作用有三个。

（1）保护引脚不被氧化。

（2）使焊接迅速。

（3）提高焊接质量。

3）助焊剂的使用

适量的助焊剂是必不可缺的，但不是越多越好。过量的助焊剂延长了加热时间（助焊剂的熔化和挥发需要并带走热量），降低工作效率，若加热时间不足，因为助焊剂挥发不完全，会导致焊点内部“夹渣”，表面不洁。而且过量的助焊剂容易流到触点处，造成触点接触不良。

4）保持烙铁头焊接面的清洁

因为在焊接过程中烙铁头长期处于高温状态，又接触助焊剂等受热分解的物质，其铜表面很容易氧化变黑，不能吸锡，热阻增大传热不良，不能正常焊接。同时，分解的杂质导致焊点不洁。可用棉纱擦去烙铁头上的污物，再将烙铁头放在助焊剂里清洁。

5）烙铁头与被焊件必须有良好的热接触

如果烙铁头接触角度或接触部位不恰当，会导致传热不均匀会影响焊点的质量。图 6.2.8 所示为几种常见有效的接触方法。要求烙铁头与各焊接工件均有良好的热接触。

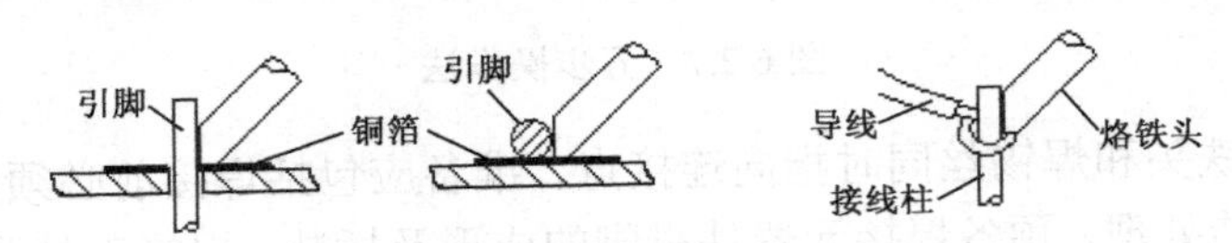

图 6.2.8　烙铁头的接触法

6）保持烙铁头上有一定的焊锡桥

锡“桥”即是在烙铁头上保留一定量的焊锡，作为烙铁与被焊件之间传热的“桥梁”，焊锡桥增大烙铁头与被焊件的接触面积，提高传热效率。

7）控制焊锡量

焊点需要足够的焊锡量以保证焊点的机械强度，但焊锡量过多会造成包焊、假焊，也造成浪费。应控制焊锡量适中，同时让所有焊点大小一致，均匀美观。

8）控制焊接温度

加热的作用是熔化焊锡和加热焊接对象，使锡、铅原子获得足够的能量渗透到被焊金属表面的晶格中而形成合金。焊接温度过低，对焊料原子渗透不利，无法形成合金，极易形成虚焊；焊接温度过高，会使焊料处于非共晶状态，加速焊剂分解和挥发，使焊料品质下降，严重时还会导致 PCB 的焊盘脱落或被焊接的元器件损坏。

9）控制焊接时间

焊接时间是指在焊接全过程中，进行物理和化学变化所需要的时间。它包括被焊金属达到焊接温度的时间、焊锡的熔化时间、助焊剂发挥作用及生成金属合金的时间几个部分。当焊接温度确定后，就应根据被焊件的形状、性质、特点等来确定合适的焊接时间。焊接时间过短，焊锡流动不充分，将造成焊点不均匀，焊点夹渣。时间过长，因热积累导致焊接温度升高，焊锡氧化，焊点泛白失去金属光泽，容易损坏元器件或焊接部位。对于电子元器件的焊接，除了特殊焊点以外，一般焊接时间为 3～5 s。

10）保持元器件引脚端正

对于通孔焊接，要求焊点形成一个大小适中的圆锥体，必须保持元器件引脚要端正。

11）保持焊接过程中平稳、不抖动

在焊点固化成型前，焊料处于熔融状态，受震动极易造成漫流；在焊点固化成型时受震动，将造成焊点结构不良、表面不平滑。

12）烙铁头的撤离法

烙铁头的主要作用是加热，待焊料熔化后，应迅速撤离焊接点，过早或过晚撤离均易造成焊点的质量问题。烙铁头的另一个作用是可控制焊料量及带走多余的焊料，这与烙铁头撤离的方向有关，如图 6.2.9 所示。

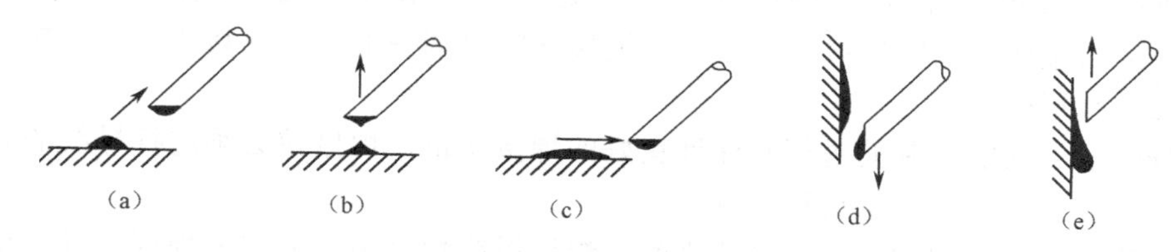

图 6.2.9　烙铁头撤离方向与焊料量的关系

如图 6.2.9（a）所示，烙铁头从斜上方的约 45° 角的方向离开焊点，可使焊点圆滑，带走少量焊料。若烙铁头垂直向上撤离，容易造成焊点拉尖，如图 6.2.9（b）所示。当烙铁头沿水平方向撤离，可带走大量焊料如图 6.2.9（c）所示。当烙铁头沿焊点向下撤离，将带走大部分焊料，如图 6.2.9（d）所示。如果烙铁头沿焊点向上撤离，仅带走少量焊料，如图 6.2.9（e）所示。掌握烙铁头撤离方向，就能有效控制焊料量。一般采取烙铁头从斜上方 45° 角的方向撤离为佳。

3. 常见结构的焊接方法

1）印制电路板的焊接

印制电路板的焊接形式很多，可分通孔焊接和贴片元器件的焊接，还可分为普通元件和集成电路焊接等。

（1）通孔焊接。是一种最常见的焊接，其结构见图 6.2.10 所示。其中图 6.2.10（a）所示为单面板的焊接结构，要求被焊件的引脚要垂直于印制板，焊料应布满整个焊盘，与铜箔有良好的接触，并形成饱满的圆锥体，同时要求焊料不能包住引脚端头，一般应使端头露出 1mm 左右。图 6.2.10（b）所示为双层电路板上金属化孔进行焊接时，不仅要让焊料润湿焊盘，而且要让孔内润湿填充。

（2）贴片元器件的焊接。贴片元器件的手工焊接，电烙铁最好选用恒温或电子控温烙铁。还可采用热风枪或红外线枪进行焊接。贴片最简单的手工方法是用镊子借助放大镜，仔细地将贴片元器件放到设定的位置。但由于贴片元器件的尺寸很小，不易夹持，同时容易造成对元器件的损伤。所以，在实际生产中多采用带有负压吸嘴的手工贴片装置。焊接时，用镊子固定贴片元器件，电烙铁吃锡后焊接贴片元器件的一端（对涂焊膏的焊盘，烙铁头只需带小许锡桥），待焊点固化后再焊接另一端，如图 6.2.11 所示。焊接的时间尽可能短，一般控制在 2～3s 内。

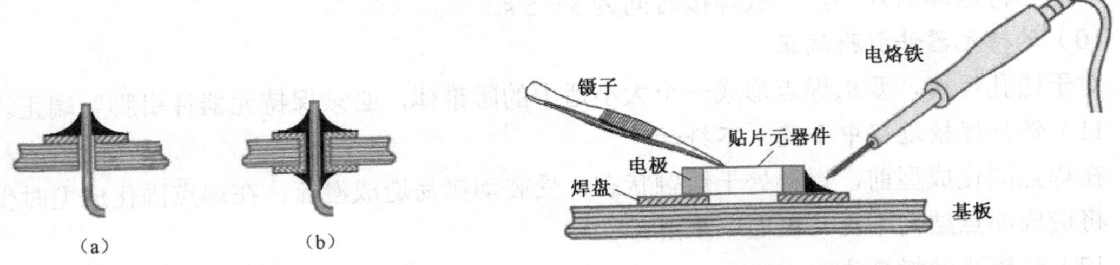

图 6.2.10　通孔焊接　　　图 6.2.11　贴片元器件的手工焊接

（3）集成电路的焊接。对镀金引脚的处理不能用刀刮，应采用酒精擦洗或用橡皮擦干净。烙铁头应选用细小的或修整窄一些，保证焊接引脚时不会碰到相邻引脚。电烙铁最好选用恒温 230℃或功率 20W 的烙铁，同时要求接地良好。对 CMOS 集成电路在焊接时应保持将各引脚短路。通常集成电路的焊接顺序应为：地端→输出端→电源端→其他→输入端。

2）导线的焊接

为了导线的焊接能顺利的进行和保证良好的焊接质量，焊接前必须进行导线的处理，导线的处理包括剪裁、剥头、捻头和上锡。

（1）导线与导线之间的焊接。导线之间的焊接以绕焊为主，先将需焊接的导线绕接在一起，再均匀上锡，然后，趁热套上合适的绝缘套管。

（2）导线与接线端子之间的焊接。导线与接线端子之间的焊接有三种基本形式：绕焊、勾焊和搭焊，参看第 5 章。

3）铸塑元件的焊接

电子产品中的各种开关和接插件等，都是采用热铸塑的方式制成的，它们最大的弱点就是不能耐高温。铸塑元件的焊接不当，极易造成铸塑元件变形、降低性能甚至损坏。对铸塑元件的焊接，首先，要处理好接点，并要求一次上锡成功，不能反复上锡。第二，应采用细小的烙铁头，焊接时不要触及塑料件和其他焊接点。第三，助焊剂使用量不能过多，防止助焊剂浸入电接触点。第四，焊接时不要对接线端子施加压力。第五，焊接时间在能保证润湿的情况下越短越好，焊锡量在能保证焊接质量的情况下也宜少不宜多。

4．焊点要求及质量检查

1）对焊点的要求

（1）要求有可靠的电连接和足够的机械强度，焊点应有足够的连接面积和稳定的结合层，不应出现缺焊、虚焊。

（2）良好的焊点应是焊料用量恰到好处，外表有金属光泽、平滑，没有裂纹、针孔、夹渣、拉尖、桥接等现象。

2）常见焊点及质量分析

如表 6.2.2 所示为常见焊点及质量分析。

表 6.2.2　常见焊点及质量分析

焊点外形	外观特点	原因分析	结果
	以引脚为中心，匀称、成裙形拉开，外观光洁、平滑。a=（1～1.2）b，c≈1mm	焊料适当、温度合适，焊点自然成圆锥状	外形美观、导电良好，连接可靠
	焊料过多，焊料面呈凸形	焊锡丝撤离过迟	浪费焊料，可能包藏缺陷
	焊料过少	焊锡丝撤离过早	机械强度不足
	焊料未流满焊盘	烙铁撤离过早； 焊料流动性不好； 助焊剂不足或质量差	强度不够
	拉尖	烙铁撤离角度不当； 助焊剂过少； 加热时间过长	外观不佳，易造成桥接
	松动	焊料未凝固前受震动，焊点下沉，表面不光滑	暂时导通，长时间导通不良
	虚焊、假焊	引脚氧化层未处理好，焊点下沉，焊料与引脚没有吸附力	导通不良或不导通
	气泡	引脚与焊盘孔的间隙过大；引脚浸润不良	暂时导通，长时间导通不良
	焊点发白，表面无金属光泽	焊接温度过大或时间过长	焊盘容易脱落，强度低
	冷焊，表面呈豆腐渣状颗粒	焊接温度过低或受震动	强度低，导电不良
	相邻导线连接	电气短路	焊锡过多，烙铁撤离方向或角度不当

5. 焊接的注意事项

（1）焊接前首先对电烙铁进行安全检查，检查电源线是否有破损，锁紧螺钉是否锁紧，电烙铁头是否松动。用万用表检查电源线有无开路、短路和漏电。

（2）焊接时，不能反复地缠绕烙铁的电源线，以免接线端扭断，造成短路或断路。

（3）清除电烙铁上多余的焊锡时，可用棉纱、棉布等进行擦拭，不准用力摔动电烙铁，防止焊锡和烙铁头飞出造成事故，或引起电源短路。也不能用电烙铁去敲击烙铁架等，以免烙铁头损伤、烙铁芯损坏和产生噪声。

（4）注意保持烙铁头有一定量焊锡桥，增大焊接的传热效率，同时保护烙铁头不被氧化。

（5）控制焊接时间和温度，以焊料流畅、焊点光滑为宜，长时间不使用电烙铁应断电停止加热或降压加热，以防干烧，造成氧化。

（6）焊接时要保持平稳，不能抖动，以免影响焊接质量造成虚焊、假焊。

（7）CMOS 电路焊接时，要求电烙铁应良好接地。

（8）当烙铁尚未冷却时，不能随意放置，以免造成烫伤。

（9）对新烙铁头、已经氧化和缺损的烙铁头要进行处理，因烙铁头表面有氧化层，不能吸附焊锡。一般用锉刀锉掉氧化层，注意此时不能带电操作。经表面处理后应迅速通电，并及时上松香和焊锡，防止烙铁头再次发生氧化。

6.3 自动焊接技术

随着电子技术的发展，电子产品向多功能、小型化、高可靠性方向发展。电路越来越复杂，产品组装密度也越来越高，手工焊接虽能满足高可靠性的要求，但很难同时满足焊接高效率的要求。因此，高效的自动焊接技术就应运而生。

6.3.1 浸焊

浸焊（Dip Soldering）是将插好元器件的印制电路板浸入熔融状态的锡锅中，一次完成印制电路板上所有焊点的焊接。它比手工焊接生产效率高、操作简单，适于批量生产。浸焊包括手工浸焊和机器自动焊接两种形式。

1．手工浸焊

手工浸焊是由操作工人手持夹具将已插好元器件，涂好助焊剂的印制电路板浸入锡锅中焊接。操作过程如下。

（1）准备。焊前准备主要包括元器件上锡、成型，印制板进行去油污处理、去氧化膜、涂阻焊剂、锡锅加热等。

锡锅熔化焊锡的温度在 230～250℃为宜，但有些元器件和印制板较大，可将焊锡的温度提高到 260℃左右。为了及时去除焊锡层表面的氧化层，可随时加入松香助焊剂。

（2）装件。插装元器件。

（3）涂敷助焊剂。将插装好元器件的印制电路板浸渍松香助焊剂。

（4）浸锡。用夹具夹住印制电路板的边缘，以与锡锅内的焊锡液成 10°～20°的倾角进入锡锅，之后与锡液保持平行浸入锡锅内，浸入的深度以印制板厚度的 50%～70%为宜，浸锡的时间约 3～5s，浸焊后仍按原浸入的角度缓慢取出如图 6.3.1 所示。

（5）冷却。刚焊接完成的印制电路板上有大量余热未散，如不及时冷却，可能会损坏印制板上的元器件。可采用风冷或其他方法降温。

（6）检查焊接质量。焊接后可能会出现连焊，虚焊、假焊等，可用手工焊接补焊。如果大部分未焊好，应检查原因，重复浸焊。但印制电路板只能浸焊两次，否则，会造成印制电路板变形，铜箔脱落，元器件性能变差。

2. 自动浸焊

1）工艺流程

自动浸焊的工艺流程为：准备→涂敷焊剂→预热→浸焊→冷却→检查。

2）自动浸焊设备

（1）普通浸焊机。普通浸焊机在浸焊时，将震动头安装在印制电路板的专用夹具上，当印制电路板浸入锡锅停留 2～3s 后，开启震动头震动 2～3s，这样既可震动掉多余的焊锡，也可使焊锡渗入焊点内部。

（2）超声波焊接机。超声波焊接机是通过向锡锅内辐射超声波来增强浸锡效果，使焊接更可靠，适用于一般浸锡较困难的元器件。一般由超声波发生器、换能器、水箱、焊料槽、加温设备等几部分组成。

3. 浸焊的特点

浸焊比手工焊接效率高，设备也比较简单。但由于锡槽内的焊锡表面是静止的，表面上的氧化物极易粘在被焊物的焊接处，容易造成虚焊、漏焊；又由于温度高，容易烫坏元器件，并导致印制电路板变形。所以，在现代的电子产品中已被波峰焊取代。

6.3.2 波峰焊

1. 波峰焊接的基本原理

波峰焊（Wave Soldering）是利用焊锡槽内的机械式或电磁式离心泵，将熔融焊料压向喷嘴，形成一股向上平稳喷涌的焊料波峰并源源不断地从喷嘴中溢出，如图 6.3.2 所示。装有元器件的印制电路板以平面直线匀速运动的方式通过焊料波峰，在焊接面上形成润湿焊点而完成焊接，如图 6.3.2 所示。

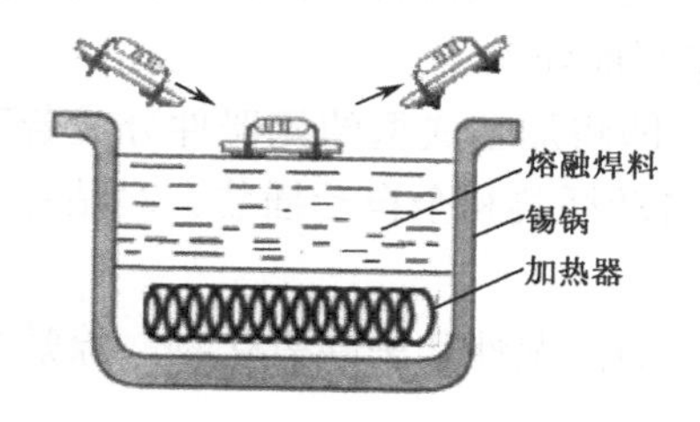

图 6.3.1　浸焊焊接原理图

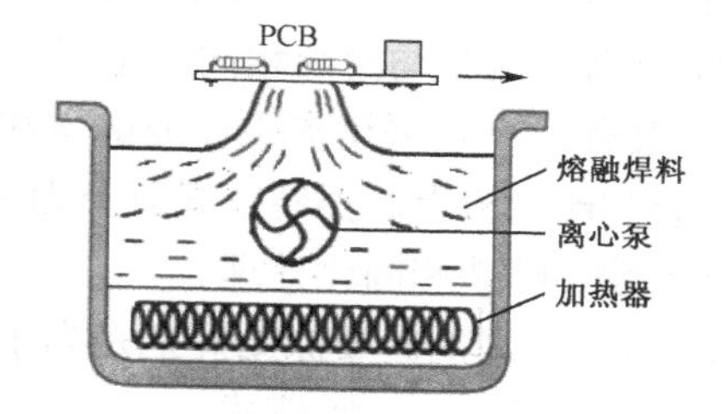

图 6.3.2　波峰焊接结构图

2. 波峰焊机

波峰焊机是在浸焊机的基础上发展起来的自动焊接设备，两者最主要的区别在于设备的焊锡槽。波峰焊机通常由波峰发生器、印制电路板传输系统、助焊剂喷涂装置、印制电路板预热、冷却装置与控制系统等基本部分组成，其结构如图 6.3.3 所示。

（1）波峰发生器。波峰发生器是波峰焊机的核心，是衡量一台波峰焊机性能优劣的主要依据，而波峰动力学又是波峰发生器技术水平的标志。

（2）传输系统。传输系统是一条安放在滚轴上的金属传送带，它支撑着印制电路板移动通过波峰焊区域。

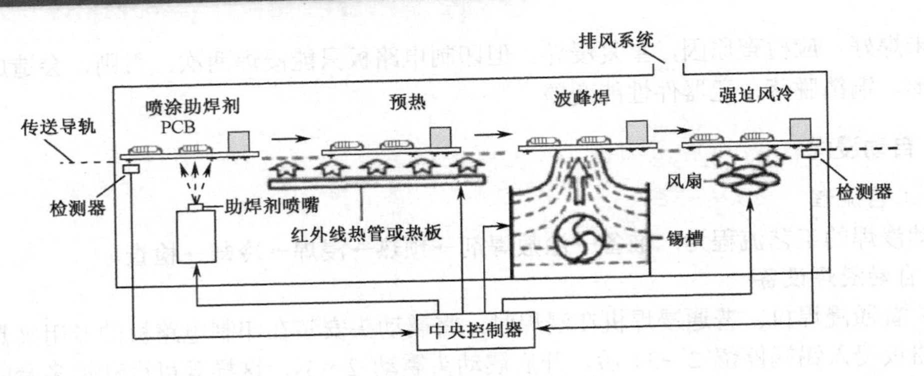

图 6.3.3 波峰焊机结构图

(3) 助焊剂喷涂装置。助焊剂喷涂装置的作用是在波峰焊接之前将焊剂施加至印制电路板组件底部。助焊剂喷嘴既可以实现连续喷涂，也可以被设置成检测到有电路板通过时才进行喷涂的经济模式。

(4) 预热装置。预热装置由热管组成，波峰焊机采用预热系统以升高印刷电路板组件和焊剂的温度，这样做有助于在印刷电路板进入焊料波峰时降低热冲击，同时也有助于活化焊剂。预热处理能使印刷电路板材料和元器件上的热应力作用降低至最小的程度。

(5) 焊料波峰。涂覆助焊剂的印刷电路板组件离开了预热阶段，通过传输带穿过焊料波峰。焊料波峰是由来自于容器内熔化了的焊料上下往复运动而形成的，波形的长度、高度和特定的流体动态特性（例如紊流或层流），可以通过挡板的强迫限定来实施控制。印刷电路板通过焊料波峰，就可以形成焊接点。

(6) 控制系统。随着当代控制技术，微电子技术和计算机技术的迅猛发展，波峰焊控制技术也不例外，波峰焊采用计算机控制实现对系统进行最优的实时自动控制和无瑕疵焊接。

3. 波峰焊工艺

(1) 波峰焊工艺流程：准备→装件→喷涂助焊剂→预热→波峰焊→冷却→铲头→清洗。

① 准备。准备与浸焊相同，主要包括元器件和印制板处理。

② 装件。一般采用流水作业的方法插装元器件，即将加工成型的元器件分成若干个工位，插装到印制板上。插装形式可分为手工插装、半自动插装和全自动插装。对贴片元器件是进行点胶、贴装和固化处理。

③ 喷涂助焊剂。喷涂助焊剂是为了提高被焊表面的润湿性和去除氧化物。涂敷形式一般有喷雾式、发泡式、喷流式。

④ 预热。预热的目的是使印制板上的助焊剂加热到活化点，焊剂中的溶剂蒸发。同时预热还能减少印制板焊接时的热冲击，防止板面变形。预热的形式主要有热辐射式和热风式两种。要求基板表面温度 130～150℃，预热时间为 1～3 min。

⑤ 波峰焊。波峰焊是连续地成组焊接，目的是使元器件和电路板之间建立可靠的电气机械连接。主要采用喷射式波峰焊机和双波峰焊接设备。要求焊料温度为 240～250℃，要求及时清理焊料中不纯物，基板与焊料槽浸渍角 6°～11°。

⑥ 冷却。印制电路板焊接后，板面上有大量余热未散，温度仍然很高，此时焊点处于半凝固状态，稍微受到冲击和震动都会影响焊点质量。另外，高温时间太长，也会影响元器件的质量甚至过热损坏。因此，焊接后必需进行冷却处理，一般采用风扇冷却。

⑦ 铲头。对长引脚的元器件，需要进行铲除过长引脚的工序，使电路板上焊点的引脚符合要求，并整齐一致。

⑧ 清洗。波峰焊接完成之后，对板面残留的焊剂等污物，要及时清洗，否则在焊点检查时，不易发现渣孔、虚焊、气泡等缺陷，另外，残留的助焊剂还会造成对电路板的腐蚀。清洗的方法主要有液相清洗法和汽相清洗法两种。要求清洗材料只对焊剂的残留物有较强的溶解能力和去污能力，而对焊点无腐蚀作用。

（2）波峰焊工艺中常见的问题及分析如下。

① 润湿不良。润湿不良的表现是焊料无法全面地包覆被焊物表面，而让被焊物表面的金属裸露。它严重地降低了焊点的“耐久性”和“延伸性”，同时也降低了焊点的“导电性”及“导热性”。其原因有：印刷电路板和元器件被外界污染物（油、漆、脂等）污染，PCB 及元件严重氧化；助焊剂可焊性差等。可采用强化清洗工序，避免 PCB 及元器件长期存放；选择合格助焊剂等方法解决。

② 焊料球。焊料球大多数发生在 PCB 表面，因为焊料本身内聚力的因素，使这些焊料颗粒的外观呈球状。其原因有：PCB 预热温度不够，导致线路板的表面助焊剂未干，助焊剂配方中含水量过高及工厂环境湿度过高等。

③ 冷焊。冷焊是指焊接表面不平滑，如破碎玻璃的表面，一般当冷焊严重时，焊点表面甚至会有微裂或断裂的情况发生。冷焊产生的原因有：输送轨道皮带震动，机械轴承或电动机转动不平衡，抽风设备或电扇风力太强。

④ 焊点不完整。焊点不完整通常称为“吹气孔”、“针孔”、“锡落”、“空洞”等，产生焊点不完整的主要原因有：焊孔焊料不足，焊点周围没有全部被焊料包覆；焊料锅的工艺参数不合理，温度过低；传送带速度过快等。

⑤ 包焊料。包焊料是指焊点周围被过多的焊料包覆而不能断定其是否为标准焊点。其原因有：PCB 浸入钎料的深度不正确；预热或焊料锅温度不足；助焊剂活性与密度的选择不当；钎料的成分不正确或被污染。

⑥ 冰柱（拉尖）。冰柱是指焊点顶部如冰柱状，其产生原因有：PCB 板焊接设计不合理，焊接时会局部吸热造成热传导不均匀；热沉大的元件吸热；PCB 或元件本身的可焊性不良；助焊剂的活性不够，不足以润湿；PCB 板通过焊料波峰面太深；焊料波流动不稳定；焊料锅的焊料面有焊料渣或浮物；元件的通孔太大；PCB 板面焊接区域太大时造成表面熔融焊料凝固慢，流动性太大等。

⑦ 桥接。桥接是指将相邻的两个焊点连接在一块，其产生原因有：PCB 板焊接面没有考虑焊料流动的排放，线路设计太近；元器件引脚不规则，彼此太近；元器件引脚有锡或铜的金属杂物残留；元器件引脚可焊性不良；助焊剂活性不够；焊料锅受到污染；预热温度不够，焊料波表面冒出污渣；PCB 板通过焊料波峰面太深等。

6.3.3 再流焊

1. 再流焊接原理

再流焊（Reflow Soldering）亦称回流焊，再流焊是伴随微型化电子产品的出现而发展起来的焊接技术，主要应用于各类表面组装元器件的焊接。这种焊接技术的焊料是焊锡膏。是预先在 PCB 焊盘上施放适量和适当形式的焊料，然后贴放表面组装元器件，经固化（在采用焊膏时）后，再利用外部热源使焊料再次流动达到焊接目的的一种成组或逐点焊接工艺。虽然再流焊技术不适用于通孔插装元器件的焊接，但是，随着PCB组装密度的提高和SMT的推广应用，再流焊技术已成为电路组装焊接技术的主流。

2．再流焊的特点

再流焊与波峰焊技术相比，再流焊具有以下技术特点：

（1）元件不直接浸渍在熔融的焊料中，所以元件受到的热冲击小。

（2）仅在需要部位施放焊料，能控制焊料施放量，能避免桥接等缺陷的产生。所以焊接质量好，节省焊料，焊点的一致性好，可靠性高。

（3）如果施放焊料的位置正确而贴放元器件的位置有一定偏离，在再流焊过程中，由于熔融焊料表面张力的作用，能够自动校正偏差，把元器件拉回到近似准确的位置。

（4）可以采用局部加热的热源，因此能在同一基板上采用不同的焊接方法进行焊接。

（5）工艺简单，返修的工作量很小，效率高。

（6）焊料中一般不会混入不纯物。使用焊膏时，能正确地保持焊料的组成。

3．再流焊设备的主要结构和工作方式

再流焊设备主要由加热源、PCB传输装置、空气循环装置、冷却装置、排风装置、温度控制装置以及计算机控制系统等基本部分组成。

再流焊的核心环节是焊料熔融、再流和润湿。其工作过程主要分为预热、再流、冷却。

（1）预热区。焊接对象从室温逐步加热至150℃左右的区域，缩小与再流焊过程的温差，焊锡膏中的溶剂被挥发。

（2）保温区。温度维持在150～160℃，焊锡膏中的活性剂开始作用，去除焊接对象表面的氧化层。

（3）再流区。温度逐步上升，超过焊锡膏熔点温度30%～40%（一般Sn-Pb焊锡的熔点为183℃，比熔点高约47～50℃），峰值温度达到220～230℃的时间短于10s，焊锡膏完全熔化并润湿元器件焊端与焊盘。这个范围一般被称为工艺窗口。

（4）冷却区。焊接对象迅速降温，形成焊点，完成焊接。

4．再流焊工艺

再流焊工艺流程：涂敷焊剂→贴装表面组装元器件→烘干→预热→再流焊→清洗。

表6.3.1列出了SMT中采用的再流焊工艺技术。

表6.3.1　SMT中采用的再流焊工艺技术

工艺	目的	方法	主要技术要求
涂敷焊剂	将焊膏（或焊剂）涂敷到印制电路板上规定位置	注射滴涂 印刷涂敷	精度，涂敷量（厚度）
贴装	用焊膏（或粘接剂）将表面组装元器件粘接在PCB上	自动贴装机贴装	元器件与PCB接合强度，定位精度
烘干	焊膏烘干、粘接剂固化	加热、光照、超声	时间、强度
预热	焊剂中的溶剂蒸发缓解热冲击	预热器	温度、时间
再流焊	焊料再流焊，元器件和电路板之间建立可靠的电气机械连接	红外、气相、热风、激光、热板焊机	焊料温度240～250℃，焊料不纯物控制
清洗	SMA清洗	清洗设备	清洗剂种类，清洗工艺和设备，超声波频率等

6.3.4 免洗焊接技术

在上述焊接工艺中使用的焊剂一般在焊后有残渣留在电路组件上，对电路组件的性能造成一定的影响。所以，焊后需要清洗。而传统使用的有效清洗剂含有氯氟烃（CFC）。由于CFC对大气臭氧层有破坏作用，为此，人们极力研究新型清洗剂来取代CFC。然而最彻底的办法是使用焊后在电路组件上不留或少留残渣的焊剂，以便焊后免洗。

免洗技术不是不清洗，它是利用新的方法来达到以往需要清洗才能达到质量要求的工艺技术。免清洗工艺是相对原先采用的传统清洗工艺而言的，是建立在保证原有品质要求的基础上简化工艺流程的一种先进技术。

免洗焊接包括两种技术：一种是采用焊后免洗剂；另一种是在惰性气体中或在反应气氛中进行焊接。

1. 焊后免洗剂

焊后免洗剂一般以合成树脂为基础，只含有极少量的固体成分，不挥发物含量只有1/5～1/20，卤素含量低于0.01%～0.03%。它完全不含卤化物活化剂，而含有耐热合成聚合物，该聚合物在焊接温度下与羧基酸反应只留下极少量的无腐蚀性的分解剩余物。

2. 免洗焊接工艺技术

焊剂的作用是去除焊接前在SMA组件焊接部位的氧化物，以及保护焊接部位的焊料和引脚不至于受热而重新氧化，并形成焊料的优良润湿条件，提高可焊性。如果焊接在惰性气体中进行，就可消除焊接部位在焊接过程中重新氧化的环境，从而减少或取消焊剂的使用。

（1）惰性气氛焊接技术。惰性气氛焊接设备一般采用隧道式结构，适用于波峰焊接和连续式红外再流焊接。在这种结构中，采用氮气连续通道，降低通道中氧气含量，从而提高了焊料润湿性能和焊接部位的可焊性。

（2）反应气氛焊接技术。反应气氛焊接是将反应气氛通入焊接设备中，从而完全取消焊剂的使用，这是一种仍在继续研究开发的免洗焊接工艺。

免洗焊接工艺不但适用于通孔插装组件、混合组装组件和全表面组装组件的焊接，而且也适用于多引脚细间距器件组装的SMA。

3. 免洗焊接工艺的优点

（1）在焊接中，由于少用或不使用焊剂，从而消除了由于截留焊剂气体引起的焊接缺陷，并消除了喷嘴的堵塞，提高了焊接质量。

（2）取消了清洗工艺和相应设备，大大降低了生产成本。

所以，免洗焊接技术是一项非常有价值的实用技术，它的推广应用在技术上、经济效益上和对人类生存环境的保护方面都具有非常重要的现实意义。

6.4 无铅焊接技术

6.4.1 无铅焊料

无铅化已成为电子制造锡焊技术不可逆转的潮流。

1．铅的危害

铅及其化合物是对人体有害的，是多亲和性的重金属毒物，它主要损伤神经系统、造血系统和消化系统。如果人吃进铅，有10%不能排出，如果是从空气吸入人体，有 30%不能排出。对儿童的身体发育、神经行为、语言能力的发展产生负面影响，是引发多种重症疾病的因素。并且，铅对水、土壤和空气都能产生污染。

由于在电子产品制造中采用铅锡合金作为印制电路板和电子元器件引脚的表面镀层和焊接材料，电子产品增长所带来的铅污染也在增长。欧洲工业组织（WEEE）要求 2006 年 7 月 1 日全球电子产品实行无铅（即推出 ROHS 标准之一），无铅的规定要求产品的每一部分不论大小都不能超过 0.1%含量的铅。

2．无铅焊料

1）对无铅焊料的要求

目前，国际上对无铅焊料的成份并没有统一的标准要求。通常有下列几个方面要求。

（1）无毒性。对无铅焊料应该无毒或毒性极低。

（2）性能好。导电率、导热率、润湿性、机械强度和抗老化性等性能，至少应该相当于当前使用的锡铅焊料。

（3）兼容性好。与现有的焊接设备和工艺兼容，尽可能在不需要更换设备和改变工艺的条件下对无铅焊料进行焊接。例如焊接温度应与铅焊料的熔点 183℃相近，否则将超过电子元器件的耐热温度（240℃）。

（4）成本低。所选用的材料价格便宜且来源丰富。

2）无铅焊料的种类及性能

无铅焊料通常是以锡（Sn）为主体，添加银（Ag）、锌（Zn）、铜（Cu）、锑（Sb）、铋（Bi）、铟（In）等金属，通过合金化来改善焊料的性能，提高可焊性。

（1）Sn-Ag 系焊料。这种焊料是在锡里添加银，其机械性能、拉伸强度、蠕变特性、耐热特性及抗老化性比锡铅共晶焊料优越，延展性稍差。主要缺点是熔点温度偏高，润湿性差，成本高。

（2）Sn-Zn 系焊料。这种焊料是在锡里添加锌，其机械性能、拉伸强度、蠕变特性比锡铅共晶焊料好。主要缺点是锌极易氧化，润湿性和稳定性差，且具有腐蚀性。

（3）Sn-Bi 系焊料。这种焊料是在 Sn-Ag 系焊料的基础上，添加适量的铋组成。优点是熔点低，与锡铅共晶焊料的熔点相近；蠕变特性好，拉伸强度大；缺点是延展性差，质地硬且脆，可加工性差，不能拉成焊料线材。

（4）在 Sn-Zn 系焊料的基础上，添加多量的铋，可制成低温焊料。

6.4.2 无铅焊接工艺

为了避免铅中毒和铅污染，各国均提出不允许生产和进口含铅电子产品。我国规定自 2006 年 7 月 1 日起投放市场的国家重点监管目录内的电子信息产品不能含有铅、镉、汞、六价铬、聚合溴化联苯或聚合溴化联苯乙醚等。

事实上，电子产品无铅焊接需要解决焊料和焊接两个基本问题，所涉及的是一个范围极其广大的技术领域，焊接材料、助焊剂、焊接设备、焊接工艺及电子元器件都将随之改变。

1. 无铅焊接主要工艺技术

（1）无铅焊接元器件。因为多数无铅焊料的熔点都比较高，焊接过程的温度比采用锡铅焊料高，这就要求元器件以及各种结构性材料（比如印制板）能够耐受更高的焊接温度。

（2）无铅焊接助焊剂。锡铅焊料的助焊剂不能帮助无铅焊料提高润湿性，无铅焊接助焊剂特性应与无铅焊料的预热温度和焊接温度相匹配，而且满足环境保住的要求。

（3）无铅焊接设备。要适应无铅焊接的高温，原锡铅焊料的再流焊设备要改变温区设置，预热区必须加长或更换新的加热元件；波峰焊设备的焊料槽、焊料喷嘴和传输导轨的爪钩材料要能够承受高温。

2. 无铅焊接与有铅焊接的工艺区别

（1）无铅工艺“吃铜现象”会更历害。由于铅焊料中 SN 含量增大，所以加剧了焊料与镀层（铜镍、锌）等的反应（扩散现象）。温度越高，反应越激烈。

（2）无铅焊接，更容易出现以下两种不良现象：裂缝、哑光。

裂缝是焊接冷却过快等原因造成的；哑光是冷却过慢等原因造成的焊点无金属光泽。

（3）无铅焊料表面张力比有铅要大。

（4）无铅工艺要求 PCB 板可焊性要比有铅工艺要好，单面板与通孔板的共同问题是可焊性低，熔点高，润湿性差，表面张力大，焊接时容易发生桥接、拉尖。

（5）无铅焊接更容易产生锡珠现象。控制此现象采用的措施：采用活性大的助焊剂；提升预加热温度，加长预加热时间；设置适当炉温。

6.5 拆焊

拆焊又称解焊。在安装、调试和维修中常需更换一些元器件，需要将已焊接的焊点拆除，这个过程就是拆焊。更换元器件的前提当然是要把原先的元器件拆焊下来，如果拆焊的方法不当，则会破坏印制电路板，使并没失效的元器件损坏。

6.5.1 拆焊的要求

1. 拆焊的原则

拆焊的步骤一般与焊接的步骤相反。拆焊前，一定要弄清楚原焊接点的特点，不要轻易动手。

（1）拆焊时要尽量避免所拆卸的元器件因过热和机械损伤而失效。

（2）拆焊印制电路板上的元器件时要避免印制焊盘和印制导线因过热和机械损伤而剥离或断裂。

（3）拆焊过程中要避免电烙铁及其他工具，烫伤或机械损伤周围其他元器件、导线等。

（4）在拆焊过程中，应该尽量避免拆除其他元器件或变动其他元器件的位置。若确实需要，则要做好复原工作。

（5）对已判断为损坏的元器件，可先行将引脚剪断，再进行拆除，这样可减小其他元器件损伤的可能性。

2. 拆焊的操作要求

（1）严格控制加热的温度与时间。一般元器件及导线绝缘层的耐热性较差，受热容易损坏。拆焊时，一定要严格控制加热的时间与温度。拆焊工作都是在加热情况下进行的，而且拆焊所用的时间要比焊接时间长。这就要求操作者熟练掌握拆焊技术，才不致损坏元器件。在某些情况下，采用间隔加热法进行拆焊，要比长时间连续加热的损坏率小些。

（2）拆焊时不要用力过猛。塑料密封器件、陶瓷器件、玻璃器件等在加温情况下，强度都有所降低，拆焊时用力过猛会造成元器件损伤或引脚脱离。

（3）拆焊时不能用电烙铁去撬焊接点或晃动元器件引脚，这样容易造成焊盘的剥离和引脚的损伤。

（4）拆焊首选是用吸锡工具或吸锡材料吸去焊料，即使吸锡不多、不干净，也可以减少拆焊的时间，减小元器件及印制电路板损坏的可能性。如果在没有吸锡工具的情况下，则可以将印制电路板或能够移动的部件倒过来，用电烙铁加热拆焊点，利用重力原理，让焊锡自动流向烙铁头，也能达到部分去锡的目的。

6.5.2 拆焊的方法

通常，电阻、电容、晶体管等引脚不多，且每个引脚可相对活动的元器件可用烙铁直接解焊。把印制板竖起来夹住，一边用烙铁加热待拆元件的焊点，一边用镊子或尖嘴钳夹住元器件引脚轻轻拉出。

当拆焊多引脚元器件或集成电路时，一般有以下几种方法。

1）剪断拆焊法

对已判明为损坏或引脚较长不影响安装的元器件，先用斜口钳或剪刀贴着焊点根部剪断导线或元器件的引脚，再用电烙铁加热焊点，接着用镊子将引脚头取出。

2）集中拆焊法

集中拆焊法是用电烙铁同时交替加热几个焊接点，待焊锡熔化后一次拔出元器件。此法要求操作时加热迅速，注意力集中，动作快，引脚不能过多。

对于引脚排列整齐的元器件（如集成电路）。可自制与元器件引脚焊接点尺寸相当的加热板套在电烙铁上，对所有焊点一起加热，待焊锡熔化后一次拔出元器件，如图 6.5.1 所示。

对表面贴装元器件，采用热风焊枪或红外线焊枪可同时对所有焊点进行加热，待焊点熔化后取出元器件。用此方法拆焊的优点是拆焊速度快，操作方便，不易损伤元器件和印制电路板上的铜箔。

3）采用吸锡器或吸锡烙铁拆焊法

这种方法是利用吸锡器的内置空腔的负压作用，将加热后熔融的焊锡吸进空腔，使引脚与焊盘分离。此法操作简便，拆焊迅速。

4）采用医用空针头拆焊法

将医用针头用锉刀锉平，作为拆焊的工具。拆焊时，选择合适的空心针头（孔径稍大于引脚直径)，一边用电烙铁熔化焊点，一边把针头套在被焊元器件的引脚上，直至焊点熔化后，将针头迅速插入印制电路板的孔内，使元器件的引脚与印制电路板的焊盘分开。为了使针头不被焊锡凝固时裹住，拆焊时针头应适当左右旋转。

5）采用吸锡材料拆焊法

吸锡材料拆焊法是利用吸锡材料（如屏蔽线纺织层、细铜网、多股导线等）容易吸锡的特点，将吸锡材料加松香助焊剂，用烙铁加热吸走熔融的焊锡而使引脚与焊盘分离的方法，如图 6.5.2 所示。

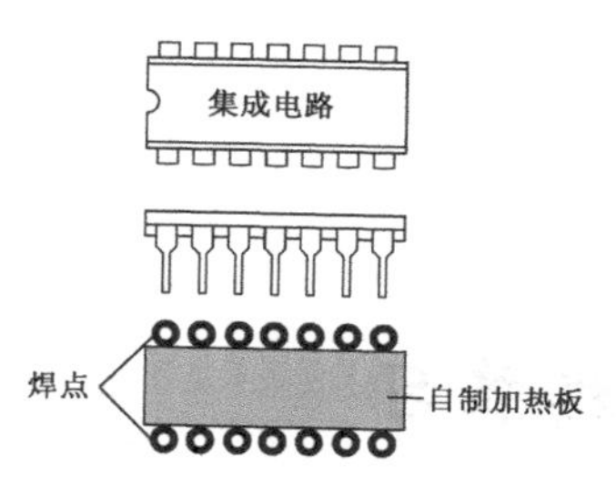

图 6.5.1　自制加热板集中拆焊

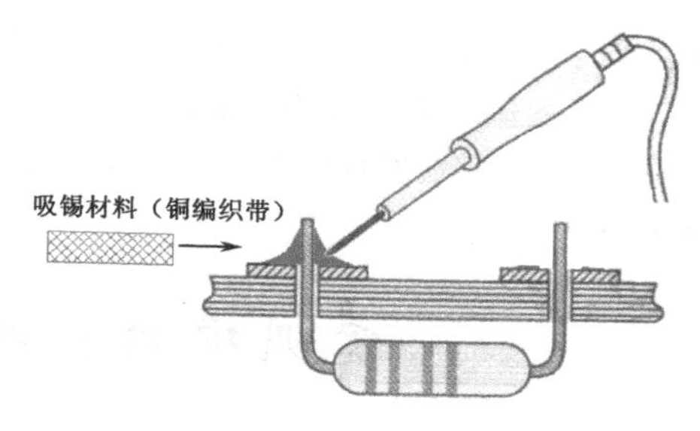

图 6.5.2　吸锡材料拆焊

6）间断加热拆焊法

在拆焊耐热性差的元器件时，为了避免因过热而损坏元器件，不能长时间连续加热该元器件，应该采用间隔加热法进行拆焊。

（1）间断加热拆焊某一焊点。先除去焊点上的焊锡，露出轮廓，接着挑开引脚，最后再用电烙铁加热残余焊料并取下元器件。

（2）间断加热拆焊元器件各焊点。拆焊这类元器件时，逐点间断加热。

本章小结

（1）焊接分为熔焊、钎焊和接触焊三类。

（2）焊接方法分为：手工焊接和机器焊接。机器焊接又有浸焊、再流焊、波峰焊。

（3）锡焊机理：锡焊必需将焊料、焊件同时加热到最佳焊接温度，使不同金属表面相互浸润、扩散形成多组织的结合层。

（4）手工焊接是利用电铬铁进行的手工焊接。其特点是灵活、容易掌握、操作方便、适应性强、焊点质量易于控制，所需设备投资费用少等。

（5）浸焊是将插好元器件的印制电路板浸入熔融状态的锡锅中，一次完成印制电路板上所有焊点的焊接。它比手工焊接生产效率高、操作简单，适于批量生产。

（6）波峰焊是利用波峰焊机产生焊料波峰，使装有元器件的印制电路板通过焊料波峰面而完成焊接的一种焊接工艺技术。

（7）再流焊是预先在 PCB 焊接部位（焊盘）施放适量和适当形式的焊料，然后贴放表面组装元器件，经固化后，再利用外部热源使焊料再次流动达到焊接目的的一种成组或逐点焊接工艺。

（8）铅及其化合物是对人体有害，为了避免铅中毒和铅污染，人们提出减少甚至取消焊料中的铅含量，用其他合金来替代焊料中的铅，并保持与锡铅焊料有相近或更好的焊接性能。

（9）免洗焊接即是采用适当的焊接材料和焊接工艺进行焊接，焊后不需要清洗。

（10）拆焊要避免损坏被拆元器件、原焊接点和周围元器件及材料。拆焊方法有剪断拆焊法、集中拆焊法、吸锡拆焊法、空针头拆焊法和间断加热拆焊法等。

习题 6

1．锡焊的必要条件有哪些？

2. 使用电烙铁应注意什么？拆焊时应注意什么？

3. 手工焊接的基本方法和操作要领是什么？

4. 简述波峰焊、再流焊的工作原理和工艺流程是什么。

5. 拆焊有哪些方法？

实训项目：手工焊接练习

【实训目的】

1. 加深理解焊接机理。

2. 了解电烙铁结构，掌握电烙铁的使用。

3. 熟悉手工焊接方法，掌握手工焊接要领。

【实训内容与步骤】

1. 电烙铁通电前安全检查。

（1）检查电源线是否松动、破损，烙铁头是否松动。

（2）用万用表电阻挡检查电烙铁外壳是否漏电。

（3）用万用表电阻挡检查电烙铁的电阻（正常为1kΩ左右），过大可能接触不良，过小可能短路。

2. 修烙铁头。

3. 清洁印制板并保持干净。

4. 大头针上锡。

5. 用万用表检测元器件。

6. 清洁元器件引脚、上锡。

7. 用成型器或手工将元器件引脚进行成型。

8. 插装元器件。

9. 按照五步操作法焊接。

10. 烙铁的接触法比较练习：让电烙铁从不同角度焊接，不带锡桥焊接，带适量锡桥焊接，带大量锡桥焊接并进行比较。

11. 烙铁头的撤离法比较练习。

烙铁分别按0°、45°、90°方向撤离练习，并比较焊接结果。

12. 控制焊接时间比较训练。

焊接时间分别按1s、3～5s、30s焊接练习，并比较焊接结果。

13. 不同条件下焊接比较训练。

（1）烙铁头清洁与不清洁条件下对比焊接练习。

（2）元件引脚除去氧化层和未除氧化层条件下对比焊接练习。

（3）元件引脚上锡与不上锡条件下对比焊接练习。

（4）导线捻头与未捻头条件下对比焊接练习。

（5）元件引脚倾斜不同角度（10°、30°、60°、90°）条件下对比焊接练习。

（6）在抖动的条件下焊接练习。

【实训注意事项】

1. 不要用手弄脏印制板面，以免影响焊接质量，可戴白纱手套进行操作。

2. 剪切导线要有一定余量，剥导线头不能伤及线芯。

3. 清洁元器件引脚时，若引脚没有氧化，就不要用砂纸擦。

4. 采用正确的焊接姿式、焊接步骤、焊接方法。

5. 清除电烙铁上多余的焊锡时，可用棉纱、棉布等进行擦试，但不可用力摔动或敲打电烙铁，以免焊锡和电烙铁头飞出引起事故。

6. 上锡时应用镊子夹住元器件引脚帮助散热，以免烫伤元器件。

7. 上锡应均匀，锡量不能过多，以免插不进安装通孔。

8. 插装元器件时应注意元器件的极性，不能装错。

9. 焊接时要保持印制板、元器件平稳，不能抖动。

10. 掌握好焊锡量、控制焊接时间，不能过热，有必要可进行间断的两次或三次焊接。

第7章

电子产品装配工艺

电子产品装配是按照设计要求，将各种元器件、零部件、整件装配到规定的位置上，组成具有一定功能的电子产品的过程。电子产品装配包括机械装配和电气装配两大部分，它是生产过程中一个极其重要的环节。

7.1 装配工艺技术基础

电子产品的使用性能及质量好坏直接影响着人们的生活与工作。因此，生产出高性能、高质量的电子产品已经成为厂家追求的目标之一。电子产品装配的目的，就是以较合理的结构、最简化的工艺实现整机的技术指标，快速有效地制造稳定可靠的产品。可见，电子产品的装配工作不仅是一项重要的工作，也是一项创造性的工作。要制造出世界上著名的产品，从某种意义上来讲，要靠掌握现代装配技术的工人和技术人员。

7.1.1 组装特点及技术要求

1. 组装特点

电子产品属于技术密集型产品，组装电子产品的主要特点如下。

（1）组装工作是由多种基本技术构成的。如元器件的筛选与引脚成型技术、线材加工处理技术、焊接技术、安装技术、质量检验技术等。

（2）装配操作质量，在很多情况下，都难以进行定量分析，如焊接质量的好坏，通常以目测判断，刻度盘、旋钮等的装配质量多以手感鉴定等。因此，掌握正确的安装操作方法是十分必要的，切勿养成随心所欲的操作习惯。

（3）进行装配工作的人员必须进行训练和挑选，不可随便上岗。不然的话，由于知识缺乏和技术水平不高，就可能生产出次品，一旦混进次品，就不可能百分百地被检查出来，产品质量就没有保证。

2. 组装技术要求

（1）元器件的标志方向应按照图纸规定的要求，安装后能看清元件上的标志。若装配图上没有指明方向，则应使标记向外易于辨认，并按照从左到右、从下到上的顺序读出。

（2）安装元件的极性不得装错，安装前应套上相应的套管。

（3）安装高度应符合规定要求，同一规格的元器件应尽量安装在同一高度上。

（4）安装顺序一般为先低后高、先轻后重、先易后难、先一般元器件后特殊元器件。

（5）元器件在印制电路板上的分布应尽量均匀，疏密一致，排列整齐美观，不允许斜排、立体交叉和重叠排列。元器件外壳和引脚不得相碰，要保证有 1mm 左右的安全间隙。

（6）元器件的引脚直径与印刷焊盘孔径应有 0.2～0.4mm 的合理间隙。

（7）MOS 集成电路的安装应在等电位工作台上进行，以免静电损坏器件。

（8）发热元件（如 2W 以上的电阻）要与印制电路板面保持一定的距离，不允许贴面安装。

（9）较大元器件的安装（重量超过 28g）应采取固定（绑扎、粘、支架固定等）措施。

7.1.2 组装方法

组装在生产过程中要占去大量的时间，因为对于给定的生产条件，必须研究几种可能的方案，并选取其中最佳的方案。目前，电子产品的组装方法，从组装原理上可以分为以下三种。

1. 功能法

功能法是将电子产品的一部分放在一个完整的结构部件内。该部件能完成变换或形成信号的局部任务（某种功能），这种方法能得到在功能上和结构上都属完整的部件，从而便于生产、检修和维护。不同的功能部件（接收机、发射机、存储器、译码器、显示器）有不同的结构外形、体积、安装尺寸和连接尺寸，很难做出统一的规定，这种方法将降低整个产品的组装密度。此法使用于以分立元件为主的产品组装。

2. 组件法

组件法是制造一些在外形尺寸和安装尺寸上都统一的部件，这时部件的功能完整性退居到次要地位。这种方法是针对为统一电气安装工作及提高安装密度而建立起来的。根据实际需要又可分为平面组件法和分层组件法。此法大多用于组装以集成器件为主的产品。规范化带来的副作用是允许功能和结构有某些余量（因为元件的尺寸减小了）。

3. 功能组件法

功能组件法是兼顾功能法和组件法的特点，制造出既功能完整又较规范的结构尺寸和组件。微型电路的发展，导致组装密度进一步增大，以及可能有更大的结构余量和功能余量。因此，对微型电路进行结构设计时，要同时遵从功能原理和组件原理。

7.2 装配准备工艺

准备工作包括正确选择导线和元器件的品种规格，合理设计布线，采用可靠的连接技术。准备工艺是保证电子产品质量和性能的重要环节，本章主要介绍导线的加工，元件引脚、导线的浸锡和元件引脚的成型三项常见的准备工艺。

7.2.1 导线的加工工艺

在整机装配准备之前，必须对所用的线材进行加工。加工内容包括：剪切、绝缘导线和屏蔽导线端头的加工。

1. 绝缘导线的加工工艺

绝缘导线的加工可分为剪裁、剥头、捻头（多股导线）、浸锡、清洁、印标记等工序。

1）剪裁

根据“先长后短”的原则，先剪长导线，后剪短导线，这样可以减少线材的浪费。剪裁绝缘导线时，要求先拉直再剪裁，其剪切刀口要整齐，不损伤导线。剪裁的导线长度允许有5%～10%的正误差，不允许出现负误差。

剪线所用的工具和设备常用的有斜口钳、钢丝钳、钢锯、剪刀、半自动剪线机和自动剪线机等。

2）剥头

剪裁完毕后，将导线端头的绝缘层剥离。剥头长度应符合工艺文件的要求，剥头时不应损坏芯线，使用剥线钳时，注意芯线粗细与剥线口的匹配。剥线长度应根据芯线的截面积、接线端子的形状及连线方式来确定。

剥头的方法有刃截法和热截法。

（1）刃截法。

① 电工刀或剪刀剥头。先在规定长度的剥头处切割一个圆形线口，然后切深，注意不要割透绝缘层而损伤导线，接着在切口处多次弯曲导线，靠弯曲时的张力撕开残余的绝缘层，最后轻轻地拉下绝缘层。

② 剥线钳剥头。剥线钳适用于ϕ0.5mm～ϕ2mm的橡胶、塑料为绝缘层的导线、绞合线和屏蔽线。剥线时，将规定剥头长度的导线插入刃口内，压紧剥线钳，刃口深入绝缘层内，随后夹爪抓住导线，拉出剥下的绝缘层，如图7.2.1所示。

注意

【注意】一定要使刃口与被剥的导线相适应，否则会出现损伤芯线或拉不断绝缘层的现象。遇到绝缘层受压易损坏的导线时，要使用夹爪宽且光滑的剥线钳。

（2）热截法。

① 热剥器剥线。常用的热控剥线器如图7.2.2所示。使用时，通电预热10min后，待热阻丝呈暗红色后，将需要剥头的导线按所需长度放在两个电极之间。边加热边旋转导线，待四周绝缘层均切断后，用手边旋转边向外拉导线，即可剥出无损伤的端头。加工时，注意通风和正确选择剥线器端头合适的温度。

② 利用电路铁剥线。可在电烙铁头上缠绕一金属片，加热时利用金属片作为刀刃切割导线绝缘层，然后用手或夹钳将线头的绝缘层拨出。其特点是简单易行又不伤及芯线。有时也可直接用电烙铁头实施，只是切口不均匀。

3）捻头

对多股芯线的导线在剪切剥头等加工过程中易于松散，尤其是带有纤维绝缘层的多股芯线，在去掉纤维层时更易松散，这就必须增加捻线工序。进行捻头可以防止芯线松散，便于安装。捻头时要顺着原来的合股方向旋转来捻，螺旋角度一般为30°～45°，如图7.2.3所示。捻线时用力要均匀，不宜过猛，否则易将较细的芯线捻断。

捻头的方法有手工捻头和机器捻头。使用捻线机比手工捻头效率高、质量好。

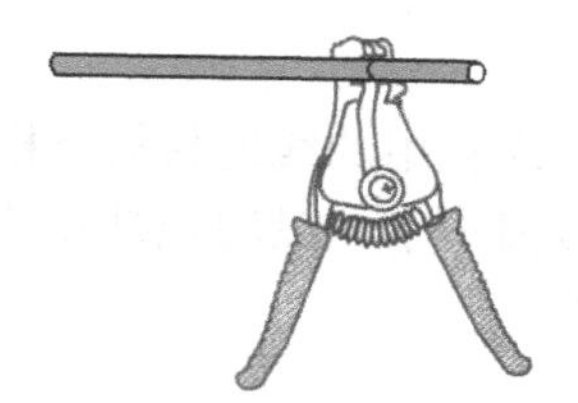

图 7.2.1　剥线钳剥头

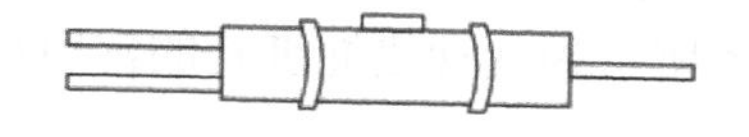
图 7.2.2　热控剥线器

图 7.2.3　导线捻头

4）上锡

为了提高导线的可焊性，防止虚焊、假焊，避免已剥好的线头氧化，要对导线进行浸锡或搪锡处理。绝缘导线经过剥头和捻头后，应在较短的时间内对剥头部分进行上锡。上锡包括浸锡和搪锡，即把导线剥头部分插入锡锅中浸锡或用电烙铁搪锡。

这里先介绍电烙铁搪锡的方法，浸锡工艺将在下节介绍。电烙铁上锡的方法是将电烙铁加热至可以将焊料熔化时，在电烙铁上蘸满焊料，将导线端头放在一块松香上，烙铁压在导线端头，左手慢慢地一边旋转导线一边向后拉出导线。上锡时注意：

（1）上锡的表面应光滑明亮，无拉尖和毛刺，焊料层厚薄均匀，无残渣和焊剂黏附。

（2）烙铁头不要烫伤导线的绝缘层。

5）清洁

上锡后的导线端头有时会残留焊料、焊剂的残渣或其他杂质而影响焊接，应及时清洗。清洗液可选用酒精，既能清洁脏物，又能迅速冷却刚完成上锡工艺的导线，保护导线绝缘层。清洁时不允许采用机械方法刮擦，以免伤到芯线。

6）打印标记

复杂的电子装置使用的绝缘导线通常有很多根，需要在导线两端印上字符标记或色环标记等，以便于区分。

2. 线扎的加工工艺

电子产品的电气连接主要依靠各种规格的导线来实现。在一些复杂的电子产品中，连接导线多且复杂。为了简化装配结构，减小占用空间，便于检查、测试和维修等，常常在产品装配时，将相同走向的导线绑扎成一定形状的导线束（又称线扎或线把）。采用这种方式，可以将布线与产品装配分开，便于专业生产，减少错误，从而提高整机装配的安装质量，保证电路工作的稳定性。

1）线扎的分类

根据线扎的软硬程度，线扎可分软线扎和硬线扎两种。

（1）软线扎。软线扎一般用于产品中各功能部件之间的连接，由多股导线、屏蔽线、套管及接线连接器等组成，一般无须捆扎，只要按导线功能进行分组，将功能相同的线用套管套在一起即可。

（2）硬线扎。硬线扎多用于固定产品零部件之间的连线，特别在机柜设备中使用较多。它是按产品需要将多根导线捆扎成固定形状的线束，这种线扎必须有实样图。

2）常用的几种绑扎线扎的方法

常用的线扎方法有线绳绑扎、黏合剂结扎、线扎搭扣绑扎、塑料线槽布线、塑料胶带绑扎、活动线扎的加工等。

（1）线绳绑扎。

线绳绑扎是一种比较稳固的方法，比较经济，但是工作量较大。绑扎用的线绳材料有棉线、亚麻尼龙线、尼龙丝等。这些线绳可以放在温度不高的石蜡中浸渍一下，以增强绑扎的涩性，使线扣不易松脱。如图 7.2.4 所示为几种线绳绑扎的常用结构。

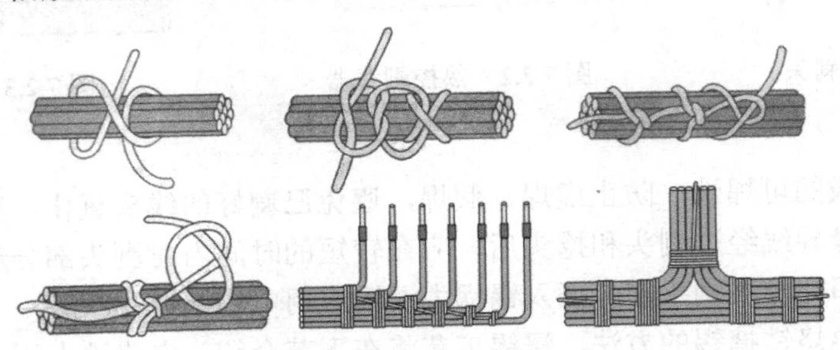

图 7.2.4　几种线绳绑扎的常用结构

（2）黏合剂结扎。

几根至几十根塑料绝缘导线一般都采用黏合剂结扎的方法黏合成线束。在黏合时，把待黏合的导线拉直、并列、紧靠在玻璃上，然后用毛笔蘸黏合剂涂敷在这些塑料导线上，待黏合剂凝固后便可以获得一束平行的塑料导线。

（3）线扎搭扣绑扎。

用线扎搭扣绑扎十分方便，线把也很美观，更换导线方便，常用于大中型电子产品中，但搭扣只能使用一次。用线扎搭扣扎线时，可以采用专用工具拉紧，但更多的是手工拉紧。线扎搭扣不可拉得太紧，以防止破坏搭扣或损伤导线。常见的线扎搭扣如图 7.2.5 所示。

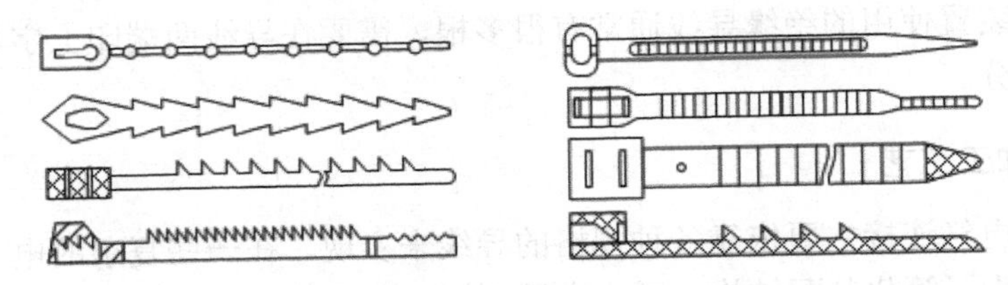

图 7.2.5　常用的线扎搭扣

（4）塑料线槽布线。

对机柜、机箱、控制台等大型电子装置，一般采用塑料线槽布线的方法，成本相对较高，但布线比较省事，更换也比较方便。线槽固定在机壳内部，线槽两端和两边均有出线孔，将准备好的导线以一字排在槽内，不必绑扎。导线排完后，盖上线槽盖即可。

（5）塑料胶带绑扎。

塑料胶带绑扎简便可行，制作效率比线绳高，效果比线扎搭扣好，成本比塑料线槽布线低，在洗衣机等家电中已广泛使用。

（6）活动线扎的加工。

插头这一类接插件，因需要拔出插件，其线扎也需要经常活动，所以这种线扎应先把线扎拧成 15° 左右的角度，当线扎弯曲时，可使各导线受力均匀，如图 7.2.6 所示。

3．屏蔽导线的加工工艺

屏蔽导线（或同轴电缆）的结构要比普通导线复杂，此类导线的导体分为内导体和外导体，故对其进行线端加工处理相对要复杂一些。在对此类导线进行端头处理时，应注意去除的屏蔽层不宜太多，否则会影响屏蔽效果，屏蔽导线的结构如图 7.2.7 所示。

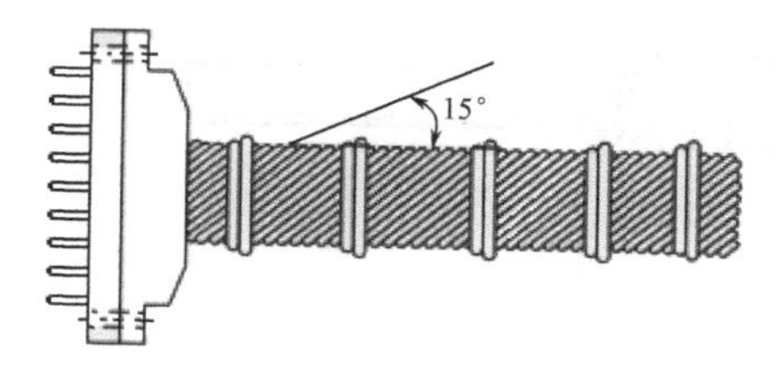

图 7.2.6　活动线扎的加工

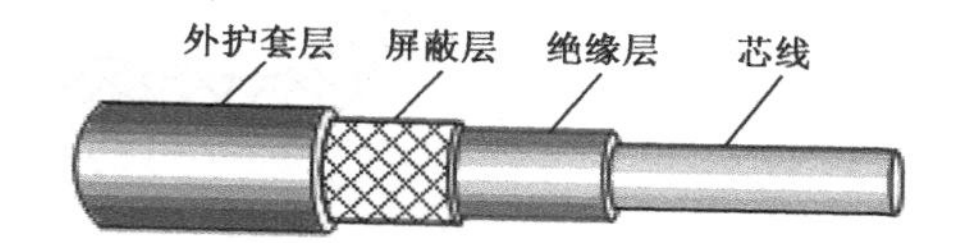

图 7.2.7　屏蔽导线的结构

屏蔽导线的加工一般包括：不接地线端的加工、直接接地端的加工、导线端头的绑扎处理及插头插座安装等。

1）屏蔽导线不接地时的加工工艺

（1）将屏蔽导线尽量铺平拉直，再根据使用的需要裁剪成所需的尺寸，剪裁的长度同样允许有 5%～10%的正误差，不允许出现负误差，如图 7.2.8 所示。

（2）使用热控剥皮器在需要的部位烫一圈，深度直达铜线编织层，再顺着断裂圈到端口，撕下外套的绝缘护套层，如图 7.2.9 所示。

（3）对于较细、较软的铜编织线，左手拿住屏蔽线的外绝缘层，用右手指向左推编织线，使编织线推挤隆起，如图 7.2.10 所示。

图 7.2.8　加工前的屏蔽导线

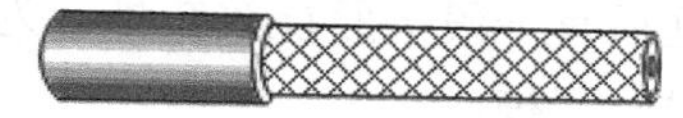

图 7.2.9　去掉一段绝缘层

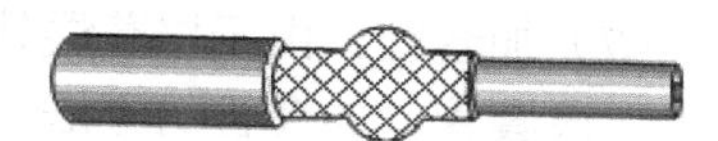

图 7.2.10　将编织网线推挤隆起

（4）使用剪刀将推挤隆起的编织网线剪掉一部分，如图 7.2.11 所示。

（5）将剩余的裸露编织网线翻转，如图 7.2.12 所示。

（6）再使用热控剥线器去掉一段内绝缘层，如图 7.2.13 所示。

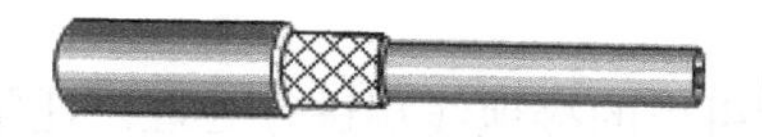

图 7.2.11　剪去多余的编织网线

图 7.2.12　将编织网线翻转

图 7.2.13　去掉一段内绝缘层

（7）将裸露的芯线浸锡处理，如图 7.2.14 所示。

（8）最后在编织网线部分套上热收缩管，如图 7.2.15 所示。

图 7.2.14　芯线浸锡

图 7.2.15　套上热收缩管

2）屏蔽导线直接接地时的加工工艺

（1）将屏蔽导线尽量铺平拉直，再根据使用的需要裁剪成所需的尺寸，剪裁的长度同样允许有 5%～10%的正误差，不允许出现负误差。

（2）使用热控剥皮器在需要的部位烫一圈，深度直达铜线编织层，再顺着断裂圈到端口，撕下外套的绝缘护套层。

（3）使用小刀将编织网线划破，如图 7.2.16 所示。

（4）使用剪刀将编织网线剪掉一部分，留下细细的一缕，然后拧紧，如图 7.2.17 所示。

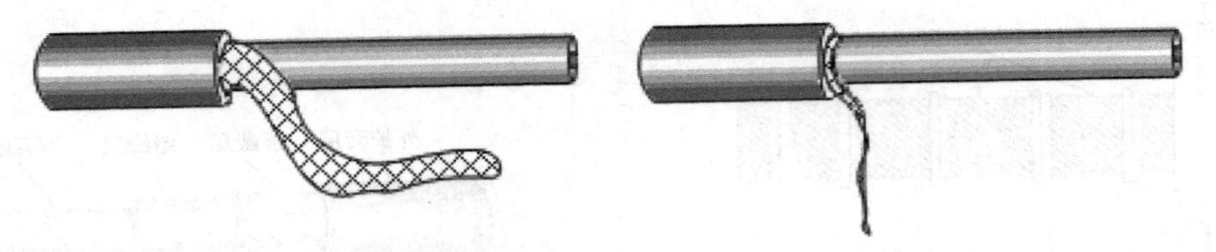

图 7.2.16　将裸露的编织网线剪开　　　图 7.2.17　剪去一部分编织网线并拧紧

（5）再使用热控剥线器去掉一段内绝缘层，如图 7.2.18 所示。

（6）在拧紧的编织网线上焊接一小段引脚，用于接地，并将裸露的芯线浸锡处理，如图 7.2.19 所示。

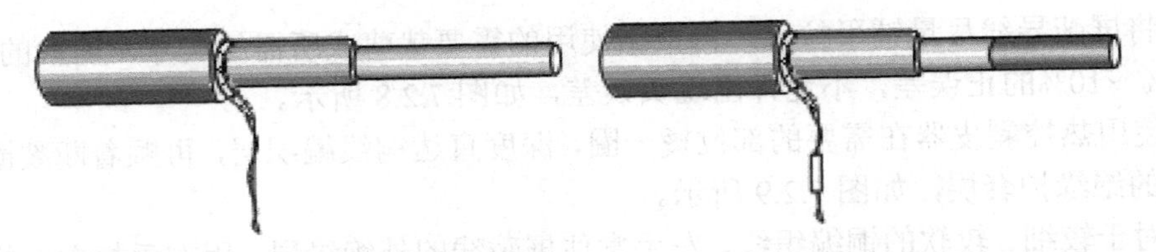

图 7.2.18　去掉一段内绝缘层　　　图 7.2.19　编织线焊上一小段引出线，芯线浸锡

（7）加套管。由于屏蔽层处理后有一段多股裸线在外，为提高绝缘性和便于使用，需要加上一段套管。加套管的方法一般有三种。

① 用与外径相适应的热缩管先套好已剥出的屏蔽层，然后用较粗的热缩管将芯线连同套在屏蔽层的小套管的根部一起套住，留出芯线和一段小套管和屏蔽层。

② 在套管上开一小口，将套管套在屏蔽层上，芯线从开口处伸出来。

③ 采用专用的屏蔽套管，这种套管的一端只有一段较粗的管口而另一端有一大一小两个管口，分别套在屏蔽层和芯线上。

3）加接导线引出接地端的处理

有时对屏蔽导线（或同轴电缆）还要进行加接导线来对引出的接地线端进行处理。通常的做法是，将导线的线端处剥脱一段屏蔽层，进行整形搪锡，并加接导线做接地焊接的准备。其处理的步骤如下。

（1）剥脱屏蔽层并整形搪锡。剥脱方法可采用如图 7.2.20（a）所示的方法。在屏蔽线端部附近把屏蔽层开个小孔，挑出绝缘导线，并按图 7.2.20（b）所示，把剥脱的屏蔽层编织线整形、捻紧并搪好锡。

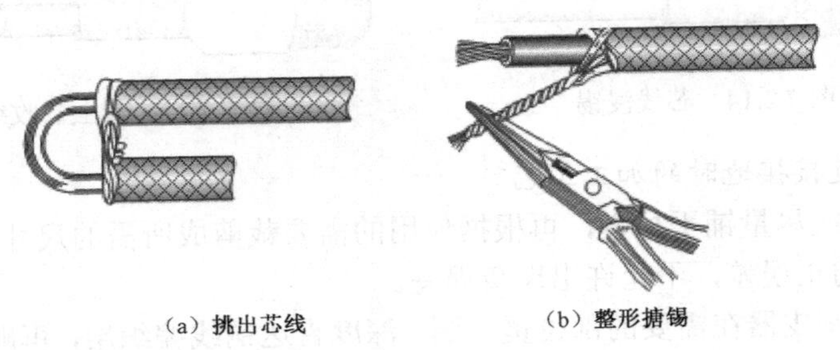

（a）挑出芯线　　　（b）整形搪锡

图 7.2.20　剥脱屏蔽层并整形搪锡

（2）在屏蔽层上绕制镀银铜线制作。在屏蔽层上绕制镀银铜线制作地线的方法有两种。

一种方法是在剥离出的屏蔽层下面缠绸布 2～3 层，再用直径为 0.5～0.8mm 的镀银铜线的一端密绕在屏蔽层端头的绸布上，宽度为 2～6mm。然后将镀银铜线与屏蔽层焊牢（应焊一圈），焊接时间不宜过长，以免烫坏绝缘层。最后，将镀银铜线空绕一圈并留出一定的长度用于接地。制作的屏蔽地线如图 7.2.21（a）所示。

有时剥脱的屏蔽层长度不够，需加焊接地导线，这时可用第二种方法：把一段直径为 0.5～0.8mm 的镀银铜线的一端绕在已剥脱并经过整形搪锡处理的屏蔽层上 2～3 圈并焊牢，如图 7.2.21（b）所示。

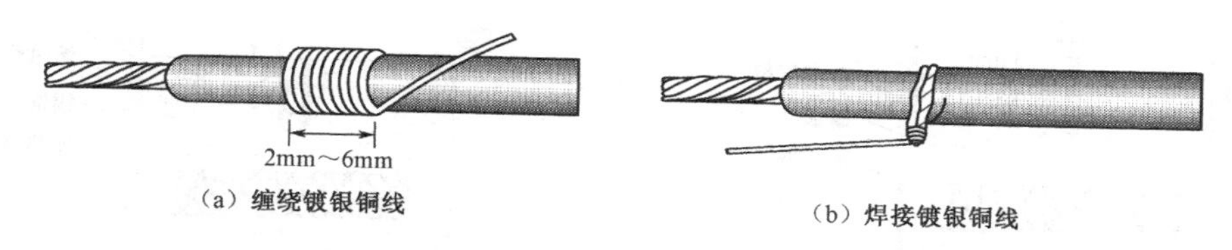

图 7.2.21　在屏蔽层上绕制镀银铜线制作地线的方法

（3）焊接绝缘导线加套管制作。有时并不剥脱屏蔽层，而是在剪除一段金属屏蔽层之后，选取一段长度适当、导电良好的导线焊牢在金属屏蔽层上，再用套管或热塑管套住焊接处，以保护焊点，如图 7.2.22 所示。

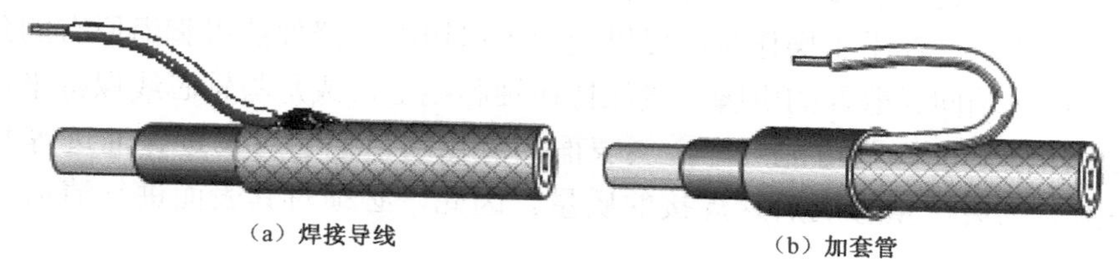

图 7.2.22　焊接绝缘导线加套管制作地线的方法

7.2.2　浸锡工艺

浸锡也称镀锡，是用液态焊锡（焊料）对被焊金属表面进行浸润，形成一层既不同于被焊金属又不同于焊锡的结合层。由这个结合层将焊锡与待焊金属这两种性能、成分都不同的材料牢固地连接起来。其目的是防止氧化，提高焊接质量。一般有锡锅浸锡和电烙铁上锡两种方法。电烙铁上锡在前面已有介绍，这里介绍锡锅浸锡工艺。

1．芯线浸锡

在导线剥皮后，必须对捻头芯线进行浸锡。这是焊接前一道十分重要的工序，尤其是对一些可焊性差的元器件或导线，浸锡尤其重要。

操作过程是将捻头导线蘸上助焊剂，然后垂直插入锡锅内，并且使浸渍层与绝缘层之间有大于 3mm 的间隙，如图 7.2.23 所示，待到润湿后取出，浸锡时间为 1～3s。浸锡时应注意如下。

（1）浸锡时间不能太长，以免导线绝缘层因受热而收缩。

（2）浸渍层与绝缘层之间必须要留有间隙，否则绝缘层会过热收缩甚至破裂。

（3）应随时清除锡锅中的锡渣，以保持浸渍层的光洁。

（4）如果一次浸锡不成功，可稍停留一会儿后再次浸锡，切不可连续浸渍。

2. 裸导线及焊片浸锡

裸导线、铜带、扁铜带等在浸锡前要先用刀具、砂纸或专用工具等清除浸锡端头的氧化层和污垢，然后再蘸助焊剂浸锡。对于镀银线浸锡时，应戴上手套，以保护镀银层。

焊片分为无孔焊片和有孔焊片。无孔焊片要根据焊点的大小和工艺的规定决定浸入锅内的深度。有孔焊片浸锡要没过孔 2～5mm，如图 7.2.24 所示。浸焊后不要将孔堵住，如果堵住了孔，可以再浸一次，然后立即下垂让焊锡流掉，否则芯线不能穿过焊片孔绕接。

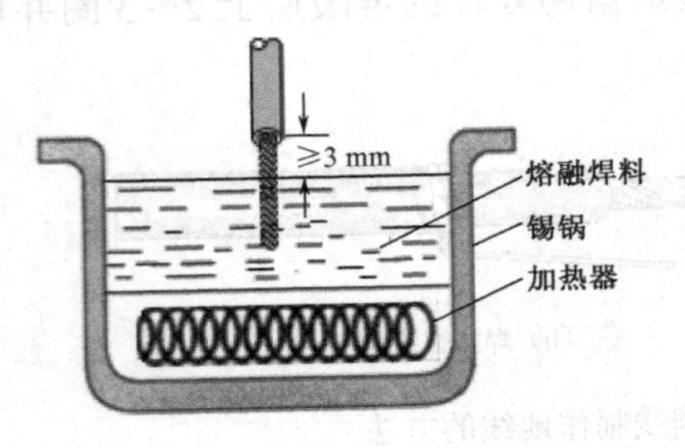

图 7.2.23　导线芯线浸锡图

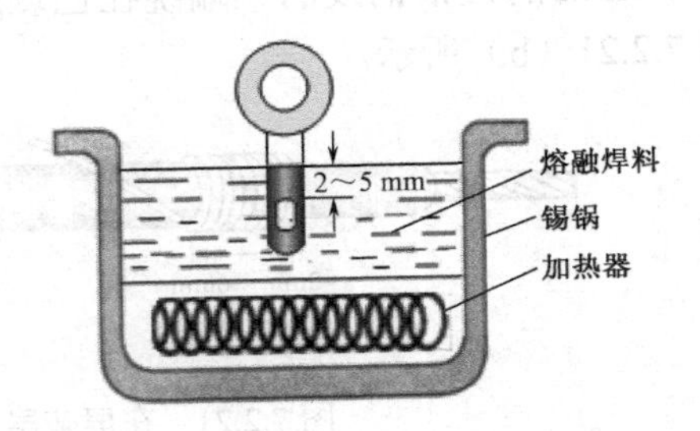

图 7.2.24　带孔焊片的浸锡

3. 元器件引脚浸锡

元器件引脚的浸锡一般按以下步骤进行。

（1）引脚的校直。在手工操作时，可以使用平口钳将元器件的引脚沿原有的角度拉直，不能出现凹凸块，轴向元器件的引脚一般保持在轴芯线上，或是与轴芯线保持平行。

（2）表面清洁。助焊剂可能破坏金属表面的氧化层，但它对锈迹、油迹等并不能起作用，而这些附着物会严重影响后期焊接的质量。因此，必须对其表面进行清洁。清洁时注意事项如下。

① 较轻的污垢可以用酒精或丙酮擦洗。

② 严重的腐蚀性污点只有用小刀刮，或用砂纸打磨等方法去除，应在距离元器件的根部 2～5mm 处开始除氧化层。

③ 镀金引脚可以使用绘图橡皮擦除引脚表面的污物。

④ 镀铅锡合金的引脚可以在较长的时间内保持良好的可焊性，免除清洁步骤。

⑤ 镀银引脚容易产生不可焊的黑色氧化膜，必须用小刀轻轻刮去镀银层，刮脚可采用手工刮脚或自动刮脚机刮脚。图 7.2.25 所示为手工刮脚，即用小刀等带刃工具，沿着引脚从中间向外刮，边刮边旋转引脚，以见到金属本色即可。注意，不要刮伤引脚表面，更不得将引脚切伤或折断。

（3）对清洁后的引脚进行镀锡。

① 从除氧化层到浸锡的时间一般不要超过几个小时，以免引脚重新氧化。

② 浸锡的时间要根据焊片和引脚的粗细来掌握，通常在 2～5s。时间太短，造成浸锡不充分。时间太长，大量热量传递到元器件内部，易造成元器件损伤。所以，浸锡后应立刻浸入酒精中散热。对有些晶体管、集成电路和怕热元器件，浸锡时应当用易散热工具夹持其引脚上端。

图 7.2.26 和图 7.2.27 所示为常用元器件引脚浸锡的示意图。

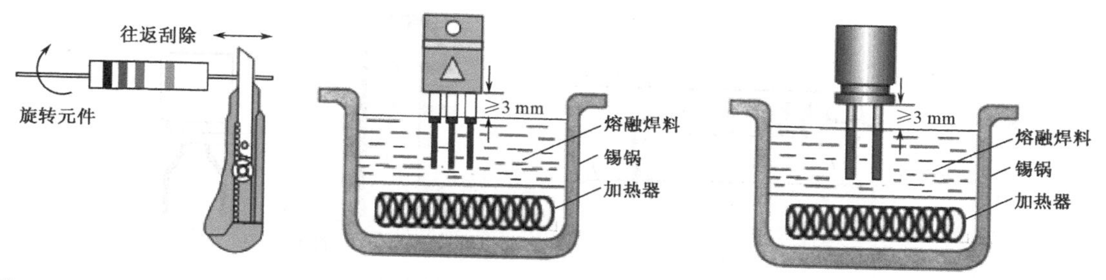

图 7.2.25　用小刀刮除氧化膜　　图 7.2.26　晶体管引脚浸锡　　图 7.2.27　电容器引脚浸锡

良好的浸锡表面应该均匀光亮，无毛刺、无孔状、无锡瘤。目前，很多元器件引脚已经经过特殊处理，在一定的期限范围内可以保持良好的可焊性，可以免除浸锡的工序。

7.2.3　元器件引脚成型工艺

目前，在电子产品中应用了大量不同种类、不同功能的电子元器件，它们在外形上有很大的区别，其引脚也多种多样。为了使元器件在印制电路板上的装配排列整齐，并便于安装和焊接，提高装配质量和效率，增强电子产品的防振性和可靠性，在安装前，根据安装位置的特点及技术方面的要求，要预先把元器件引脚弯曲成一定的形状。元器件的引脚要根据焊盘插孔的设计做成需要的形状，引脚折弯成型要符合后期的安插需要，目的就是使它能够迅速而准确地安插到电路板的插孔内。

元器件引脚成型是针对小型元器件的。大型器件不可能悬浮跨接，而是单独立放，而且大部分必须用支架、卡子等固定在安装位置上。小型元器件可用跨接、立、卧等方法进行插装、焊接，并要求受震动时不变动器件的位置。

1. 成型的基本要求

元器件进行安装时，通常分为立式安装和卧式安装两种。立式安装的优点是元器件在印制电路板上所占的面积小，元器件的安装密度高；其缺点是元器件容易相碰，散热差，且不适合机械化装配，所以立式安装常用于元器件多、功耗小、频率低的电路。卧式安装的优点是元器件排列整齐、牢固性好，元器件的两端点距离较大，有利于排版布局，便于焊接与维修，也便于机械化装配，缺点是所占面积较大。

不同的安装方式，其成型的形状不同。为了满足安装的尺寸要求和印制电路板的配合要求，一般引脚成型是根据焊点之间的距离，做成所需要的形状，其目的是使元器件能迅速而准确地插入安装孔内。

（1）手工插装元器件的引脚成型。

在插装之前，电子元器件的引脚形状需要一定的处理，轴向双向引出脚的元器件可以采用卧式跨接和立式跨接两种方式，如图 7.2.28 所示。图 7.2.28（a）中 L 为两焊盘的跨接间距，l 为元件体长度，d 为元件引脚的直径，折弯点到元件体的长度应大于 1.5mm，两条引脚折弯后应平行，引脚折弯半径 R 大于引脚直径的 2 倍。图 7.2.28（b）中，立式安装时，弯曲半径 r 应大于元件体的半径。另外要求元件的标称值或标记应处在便于查看的位置。

对于温度敏感的元器件，可以适当增加一个绕环，如图 7.2.29 所示，这样可以增加引脚的长度，防止元器件受热损伤。

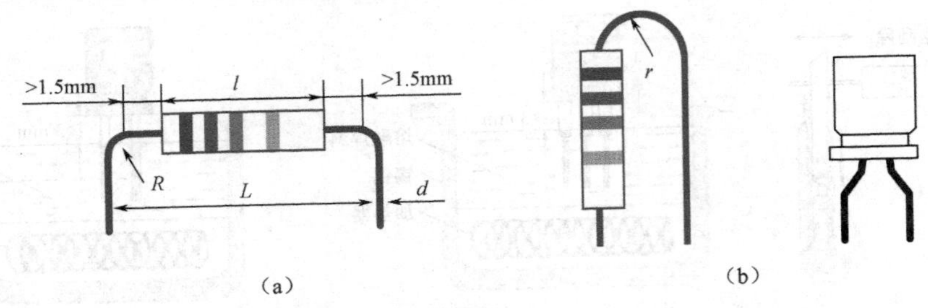

图 7.2.28　手工插装元器件的引脚成型标准

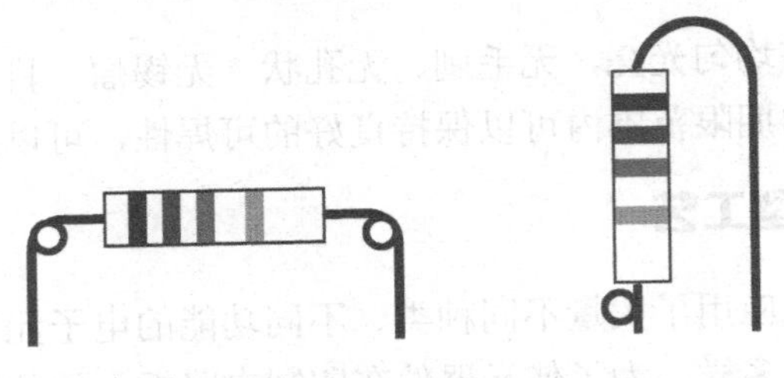

图 7.2.29　带有绕环的引脚形状

（2）自动插装元器件的引脚成型。

自动插装元器件引脚成型的具体形状如图 7.2.30 所示。

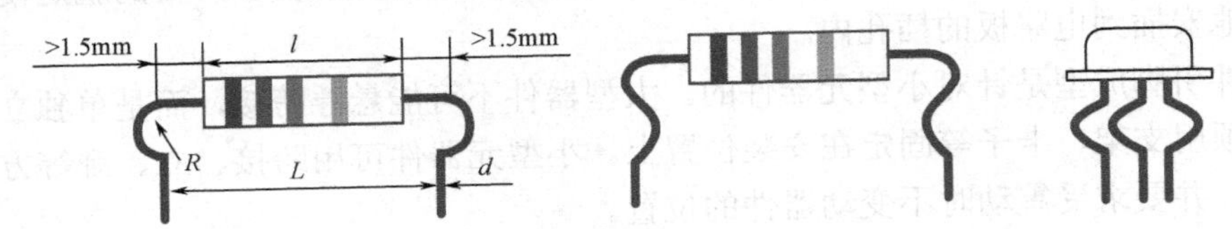

图 7.2.30　自动插装元器件的引脚成型标准

自动插装是由自动插装机完成的，它是一种由程序控制的自动插件设备。零件的送入、引脚的成型和插入印制电路板都是由机械手完成的。为了保证元器件插入电路板并能够良好地定位，元器件的引脚弯曲形状和两脚之间的距离必须保持一致，且精度要求较高。自动插装方式，可能会出现因震动而使元器件歪斜或浮起等缺陷，故在折弯处加一个半环。

2．成型的方法

目前，元器件引脚成型的方法主要有专用模具成型、专用设备成型以及用尖嘴钳进行简单的加工成型等三类。其中手工模具成型较为常用。常用的成型模具如图 7.2.31 所示，模具的垂直方向有供插入元器件引脚的长条形孔，孔距等于格距。将元器件的引脚从上方插入长条形孔后，插入插杆，引脚成型。用这种办法加工的引脚一致性较好。

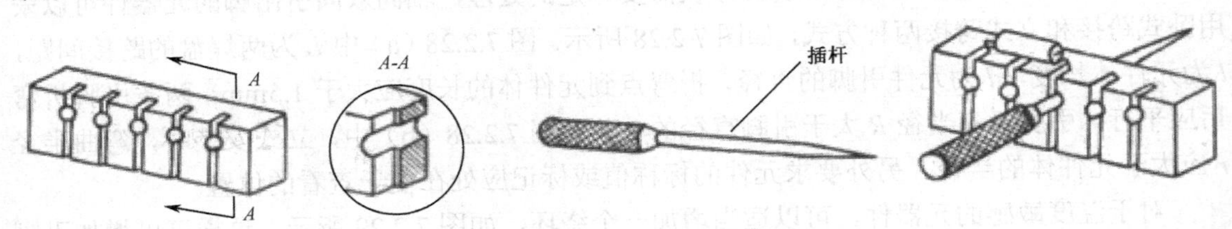

图 7.2.31　引脚成型模具

如果加工的元器件少，或加工一些外形不规则的元器件时，可以使用尖嘴钳加工引脚。这时，一般要把尖嘴钳内侧加工成弧形，以免夹伤元器件的引脚。

7.3 电子元器件的安装

7.3.1 导线的安装

1．导线的选用

（1）导线选用时应考虑各种因素。选用导线时，要考虑的因素较多，并且各种因素之间存在一定的影响，如图7.3.1所示。

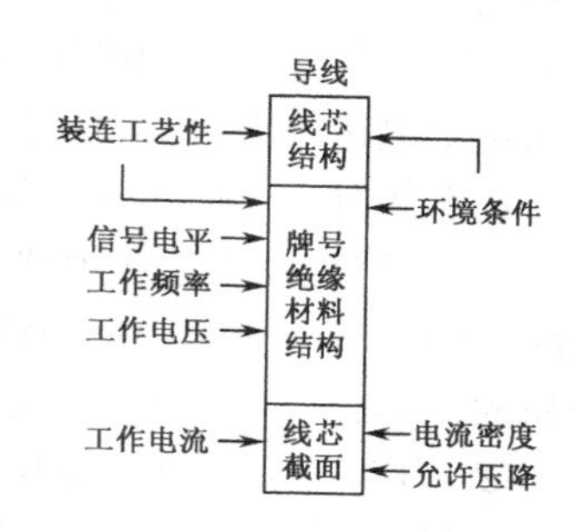

图7.3.1 选用导线的各种因素

（2）导线横截面的选择。选用导线，首先要考虑流过导线的电流，这个电流的大小，决定了导线的线芯横截面积的大小。但绝缘导线多用在有绝缘和耐热要求的场合，导线中允许的电流值将随环境温度及导线绝缘层的耐热温度的不同而异，因此，还应考虑电流密度的大小，电流密度与横截面积之间的关系如下。

① 导线芯线直径 d 为

$$d \approx 1.13\sqrt{I/j}\ \text{（mm）}$$

式中 I——工作电流（A）；

j——电流密度（A/mm^2）。

② 导线芯线横截面积 S 为

$$S = 0.785d^2\ \text{（mm}^2\text{）}$$

当电流密度选 2.5A/mm^2 时，电流与芯线直径及面积的关系，可用近似经验公式表示为

$$d = 0.7\sqrt{I}\ \text{（mm）},\ S \approx 0.385I\ \text{（mm}^2\text{）}$$

单线芯用直径表示，多股线常用横截面积表示。

一般整机布线常选用AVR型聚氯乙烯绝缘安装软线，其中电流密度为2～5A/mm^2，具体视导线布设的散热情况而定。常用的导线规格有1×7/0.15、1×12/0.15、1×16/0.15等几种（规格表示的意思是：导线根数×线芯导体股数/每股导线直径）。

（3）导线颜色的选用。使用不同颜色的导线便于区分电路的性质和功能，以及减少接线的错误，如红色表示正高压、正电路，黑色表示地线、零电位（对机壳）等。随着电子产品日趋复杂化、多功能化，有限的几种颜色不可能满足复杂电路布线的要求，因此，布线色别的功能含义就逐渐淡薄了。目前除某些生产厂家还有具体规定外，布线色别的主要目的是减少连线中的错误，便于正确连接、检查和维修。当导线或绝缘套管的颜色种类不能满足要求时，可用光谱近似的颜色代用，如常用的红、蓝、白、黄、绿色的代用色依次为粉红、天蓝、灰、橙、紫。

2．布线原则

（1）应减小电路分布参数。电路分布参数是影响整机性能的主要因素之一。减小电路分布参数的主要方法是缩短布线长度，减小组装延迟和组装级数等。

（2）避免相互干扰和寄生耦合。对于不同用途的导线，布设时不应紧贴或合扎在一起。如：输入信号线和输出信号线、电源线；低电平信号与高电平信号线等，这些线最好的处理方法是相互垂直交叉走线，也可将它们分开一定的距离或在它们之间设置地线做简单的隔离。

从共用电源引出的各级馈线应分开，应有各自的去耦电路。有时为了减小相互耦合和外界干扰的影响，常采用绞合线的走线方法，可有近似于同轴电缆的功能。

（3）尽量消除地线的影响。在电子线路中，为了直流供电的测量及人身安全，常将直流电源的负极作为电压的参考点，即零电位，也就是电路中的“地”点。连接这些“地”的导线称为地线。一般电子产品的外壳、机架、底板等都与地相连。实际上地线本身也有电阻，电路工作时，各种频率的电流都可能流经地线的某些段而产生压降，这些压降叠加在电源上，馈入各个电路，造成其他阻抗耦合而产生干扰。

在布线时，一般对地线做如下处理。

① 采用短而粗的接地线，增大地线截面积，以减小地阻抗。在高频时，由于集肤效应，地线中的高频电流集中在地线表面流过，因此，不但要求地线的横截面积大，而且要求横截面积的周界长，所以地线一般不用圆形截面，而用矩形截面。

② 电路可采用“一点接地”的方法，即每个电路单元都有自己的单独地线，防止各级电路内部因地电流而产生阻抗干扰。当电路工作频率在 30MHz 以上或在高速开关的数字电路中，为了减小阻抗常采用大面积覆盖接地线，这时各级的内部元件也应贯彻一点接地的原则。

③ 对于不同性质电路的电源地回路线，应分别连接至公用电源地端，不让任何一个电路的电源经过别的电路的地，如图 7.3.2 所示。

④ 对多级放大电路不论其工作频率相近或相差较大，一般允许其电源地回路线相互连接后引出一根公共地线接到电源的地端，但不允许后级电路的大电流通过前级的地，电流流向电源的负极，如图 7.3.3 所示。

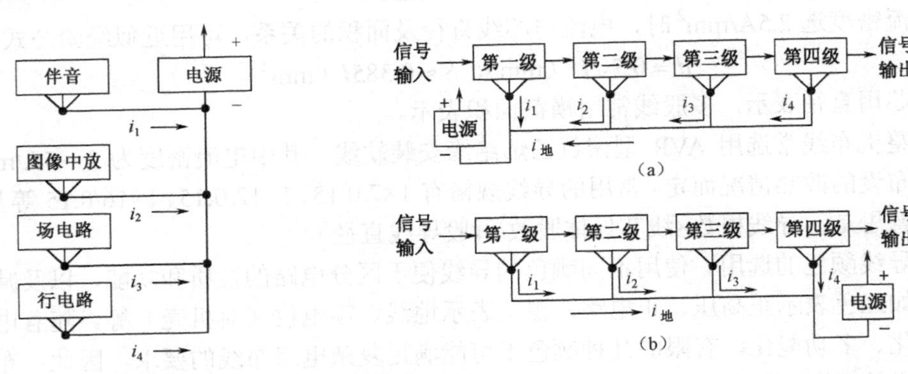

图 7.3.2　电路性质不同的地回路线的布设图　　图 7.3.3　多级放大电路接地线的连接次序

（4）应满足装配工艺的要求。

① 在电性能允许的前提下，应使相互平行靠近的导线形成线束，以压缩导线布设面积，做到走线有条不紊，外观上整齐美观，并与元器件布局相互协调。

② 布设时应将导线放置在安全可靠的地方，一般的处理方法是将其固定于机座，保证线路结构牢固和稳定，耐震动和冲击。

③ 走线时应避开金属锐边、棱角和不加保护地穿过金属孔，以防导线绝缘层破坏，造

成短路故障。走线还应远离发热体（如功率管、变压器、功率电阻等），一般在 10mm 以上，以防导线受热变形或性能变差。

④ 导线布设应有利元器件或装配件的查看、调整和更换的方便。对于可调元器件，导线长度应留有适当的余量，对于活动部位的线束，要具有相适应的软性和活动范围。

以上布设原则，对印制电路的布设同样适用，但印制电路板有其特殊性，这部分内容已在印制板设计中介绍。

3. 布线方法

（1）布线处理要点。固定线束应尽可能的贴紧底板走，竖直方向的线束应紧沿框架或面板走，使其在结构上有依附性，也便于固定。对于必须架空通过的线束，要采用专用支架支撑固定，不能让线束在空中晃动。

线束穿过金属孔时，应在板孔内嵌装橡皮衬套或专用塑料嵌条，也可以在穿孔部位包缠聚氯乙稀带。对屏蔽层外露的屏蔽导线在穿过元器件引脚或跨接印制线路等情况时，应在屏蔽导线的局部或全部加套绝缘套管，以防短路发生。

线束内的导线应留 1～2 次重焊备用长度（约 20mm），连接到活动部位的导线长度要有一定的活动余量，以便能适应修理、活动和拆卸的需要。

为提高抗外磁场干扰能力以及减少导线回路对外界的干扰，常采用交叉扭绞布线。单个回路的布线在中间交叉，且回路两半的面积相等。在均匀磁场中，左右两网孔所感生的电势相等，方向相反。所以整个回路的感生电势为零。在非均匀磁场中，对一个较长回路的两条线，给予多次的交叉（通称麻花线），则磁场在长回路中的感生电势亦为零，如图 7.3.4 所示。

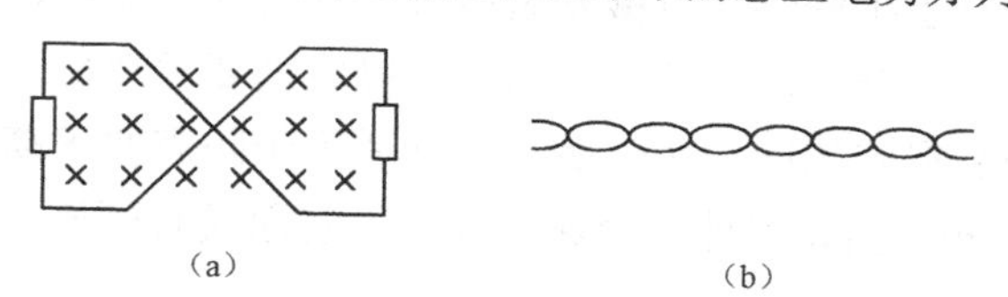

图 7.3.4　干扰磁场的交叉布线

（2）布线的顺序。在线路结构较为复杂的情况下，导线的连接必须以烙铁不触及元器件和导线为原则。为此，布线操作按从左到右（左撇子应从右到左）、从下到上、从纵深到外围的顺序进行。

4. 扁平电缆线的安装

目前常用的扁平电缆是导线芯为 $7\times0.1\text{mm}^2$ 的多股软线，外皮材料为聚氯乙稀，导线的间距为 1.27mm，导线的根数为 20～60 不等，有各种规格，颜色多为灰色和灰白色，在一侧最边缘的线为红色或其他的不同颜色，作为接线顺序的标志，如图 7.3.5 所示。

扁平电缆的连接大都采用穿刺卡连接方式或用插头连接，接头内有与扁平电缆尺寸相对应的 U 形接线簧片，在压力作用下，簧片刺破电缆绝缘皮，将导线压入 U 形刀口，并紧紧挤压导线，获得电气接触。这种压接需要有专用压线工具。

另外还有一种扁平连接电缆，导线的间距为 2.54mm，芯线为单股或 2～3 根线绞合。这种连接线一般是用在印制板之间的连接，常用锡焊方式连接。

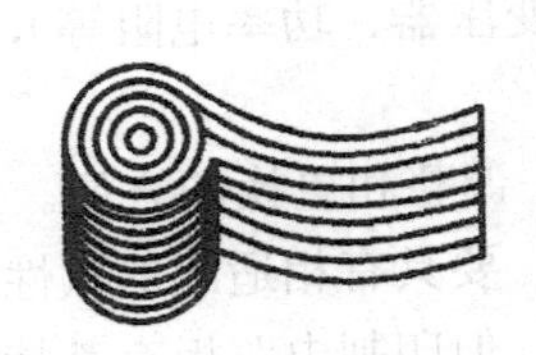
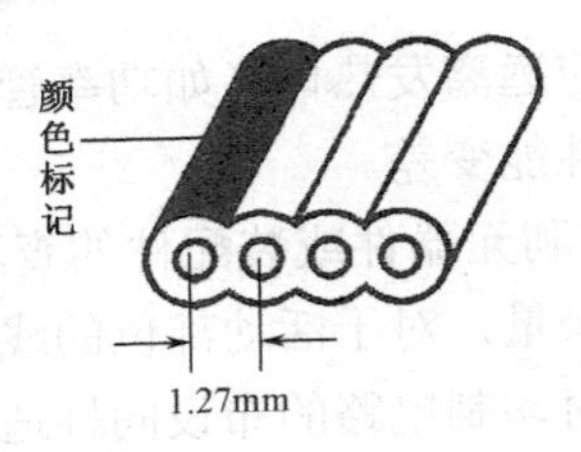

图 7.3.5　扁平电缆

5. 屏蔽线缆的安装

常用的屏蔽线缆有聚氯乙稀屏蔽线，常用于 500V 以下信号的传输电气线，在屏蔽层内可有一根或多根导线。它的主要类型如下。

（1）护套聚氯乙稀屏蔽线。这种屏蔽线多为同轴电缆，在屏蔽层内可有一根或多根软导线，常用于电子产品内部和外部之间低电平的电气连线，在音频系统也常采用这种屏蔽线。

（2）300Ω阻抗平衡型射频电缆。这种屏蔽线一般为扁平电缆，用于传输高频信号。

（3）75Ω阻抗不平衡型射频电缆。这种屏蔽线多为同轴电缆，用于传输高频信号。

屏蔽线缆如常用的音频电缆一般都是焊接到接头座上，特别是对移动式电缆，如耳机和话筒的电缆线，必须注意线端的固定。

7.3.2　普通元器件的安装

1. 安装方法

元器件的安装方法有手工安装和机械安装两种。前者简单易行，但效率低，误装率高；而后者安装速度快，误装率低，但设备成本高，引脚成型要求严格。

（1）贴板安装。安装形式如图 7.3.6 所示，它适用于防震要求高的产品。元器件贴紧印制板，安装间隙小于 1mm。当元器件为金属外壳，安装面又有硬质导线时，应加绝缘衬垫或套绝缘管套。

（2）悬空安装。安装形式如图 7.3.7 所示，它适用于发热元件的安装。元器件距印制板有一定高度，安装距离一般在 3～8mm 范围内，以利于对流散热。

图 7.3.6　贴板安装

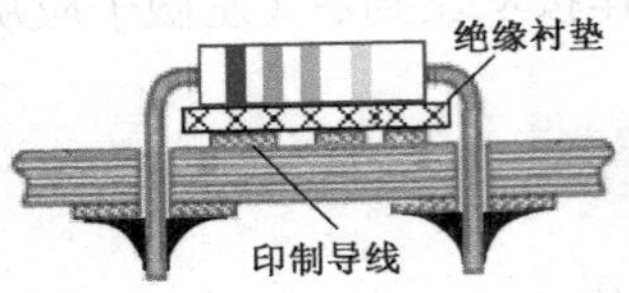
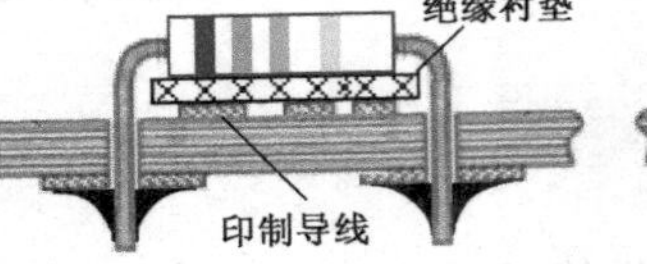

图 7.3.7　悬空安装

（3）垂直安装。安装形式如图 7.3.8 所示，它适用于安装密度较高的场合。元器件垂直于印制板，但对质量大引脚细的元器件不宜采用这种形式。

（4）埋头安装（倒装）。安装形式如图 7.3.9 所示。这种方式可提高元器件防震能力，降低安装高度。元器件的壳体埋于印制基板的嵌入孔内，因此又称为嵌入式安装。

（5）有高度限制时的安装。安装形式如图 7.3.10 所示。元器件安装高度的限制，一般在图纸上是标明的，通常处理的方法是垂直插入后，再朝水平方向弯曲。对大型元器件要特殊处理，以保证有足够的机械强度，经得起震动和冲击。

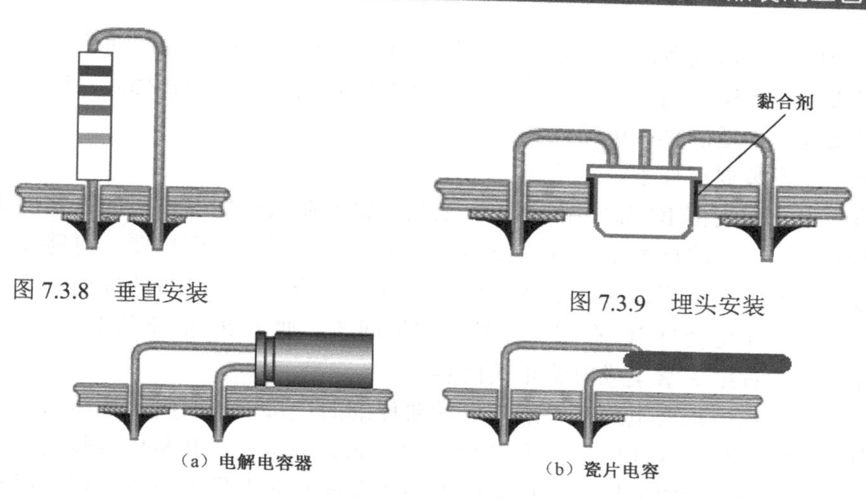

图 7.3.8　垂直安装

图 7.3.9　埋头安装

图 7.3.10　有高度限制时的安装

（6）支架固定安装。安装形式如图 7.3.11 所示。这种方法适用于安装重量较大的元件，如小型继电器、变压器、阻流圈等，一般用金属支架在印制板上将元件固定。

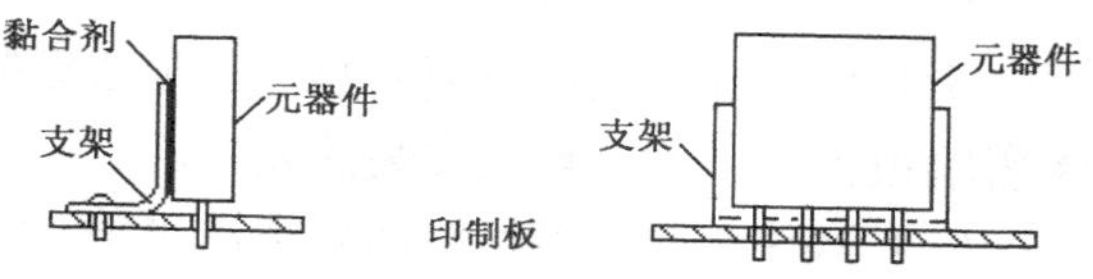

图 7.3.11　支架固定安装

2. 元器件安装注意事项

（1）元器件插好后，其引脚的外形处理有弯头的，有切断、成形等方法，要根据要求处理好，所有弯脚的弯折方向都应与铜箔走线方向相同，如图 7.3.12（a）所示。图 7.3.12（b）所示则应根据实际情况处理。

（2）安装二极管时，除注意极性外，还要注意外壳封装，特别是玻璃壳体易碎，引脚弯曲时易爆裂，在安装时可将引脚先绕 1～2 圈再装。对于大电流二极管，有的则将引脚体当做散热器，故必须根据二极管规格中的要求决定引脚的长度，也不宜把引脚套上绝缘套管。

（3）为了区别晶体管的电极和电解电容的正负端，一般是在安装时，加带有颜色的套管以示区别，如图 7.3.13 所示。

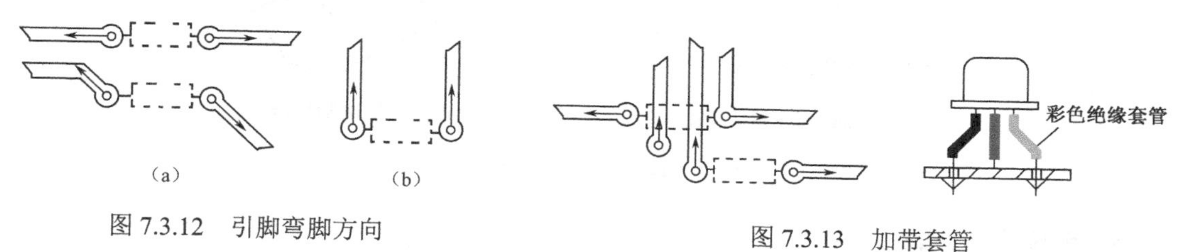

图 7.3.12　引脚弯脚方向

图 7.3.13　加带套管

（4）大功率晶体管一般不宜装在印制板上。因为它发热量大，易使印制板受热变形。

7.3.3　特殊元器件的安装

1. 集成电路的安装

集成电路在大多数应用场合都是直接焊接到 PCB 上的，但不少产品为了调整、升级、维护方便，常采用先焊接 IC 座再安装集成电路的安装方式。计算机中的 CPU、ROM、RAM 和

EPROM 等器件，引脚较多，安装时稍有不慎，就有损坏引脚的可能。对集成电路的安装还可以选择集成电路插座，因为集成电路的引脚有单列直插式和双列直插式，管脚的数量也不相同，所以要选择合适的集成电路插座。

集成电路的安装要点如下。

（1）防静电。大规模 IC 都采用 CMOS 工艺，属电荷敏感型器件，而人体所带的静电有时可高达上千伏。工业的标准工作环境虽然采用了防静电系统，但也要尽可能使用工具夹持 IC，并且通过触摸大件金属体（如水管、机箱）等方式释放人体所带的静电。

（2）找方位。无论何种 IC 在安装时都有方位问题，通常 IC 插座及 IC 片子本身都有明显的定位标志，参看第 3 章集成电路相关内容。

（3）匀施力。安装集成电路在对准方位后要仔细的让每一条引脚于插座口一一对应，然后均匀施力将集成电路插入插座。对采用 DIP 封装的集成电路，其两排引脚之间的距离都大于插座的间距，可用平口钳或用手夹住集成电路在金属平面上仔细校正。现在已有厂商生产专用的 IC 插拔器，给装配集成电路的工作带来很大方便。

2. 大功率器件的安装

大功率器件在工作时要发热，必须依靠散热器将热量散发出去，而安装的质量对传热效率影响很大。以下三点是安装的要领。

（1）器件和散热器接触面要清洁平整，保证两者之间接触良好。

（2）在器件和散热器的接触面上要涂硅酯。

（3）在有两个以上的螺钉紧固时，要采用对角线轮流紧固的方法，防止贴合不良。

常见功率器件的安装如图 7.3.14 所示。

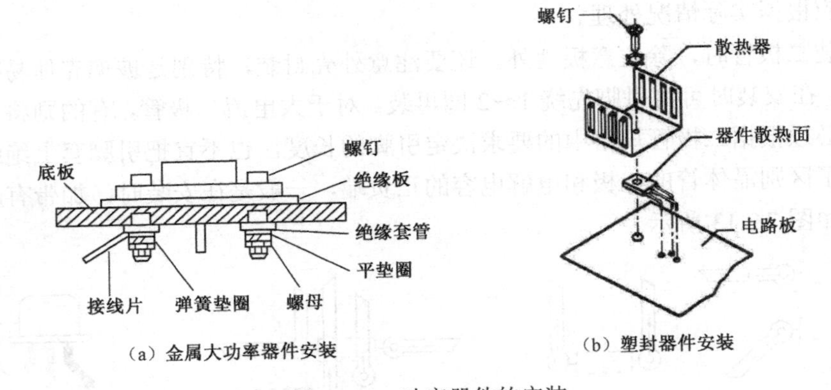

图 7.3.14　功率器件的安装

3. 电位器的安装

电位器的安装根据其使用的要求一般应注意两点。

（1）有锁紧装置时的安装。这里指对电位器芯轴的锁紧。芯轴位置是可变的，能影响电阻值。在安装时由固定螺母将电位器固定在装置板上，用紧锁螺母将芯轴锁定。图 7.3.15 所示为装置的电位器安装。利用锁紧螺母内锥面对弹性夹锥面施加的夹合力将调整芯轴夹紧，在震动冲击中不发生角位移，拧动锁紧螺母不直接碰到芯轴，施加的是渐近力，不影响已调好的轴位，容易锁定在最佳点上，且便于调试。装配中拧动锁紧螺母检查其锁定性能，拧紧时用 2 寸起子应拧不动芯轴，拧松时芯轴应能被轻松地转动。

（2）有定位要求时的安装。定位是指元件本身的定位和元件转轴的定位。装配件必须具有两个以上的紧固点才可能得到位置上的固定，因此在元件上往往设置定位圈、定位销和定位凸缘与装置板上相应的定位孔、定位槽相嵌套，当轴向得到固定后，不致产生经向角位移，在安装中必须使定位装置准确入位。

转轴定位表现在控制轴的装配效果上，如图7.3.16所示电位器安装中，应保证旋钮拧到左极端位置时标志点对准面板刻度的零位。

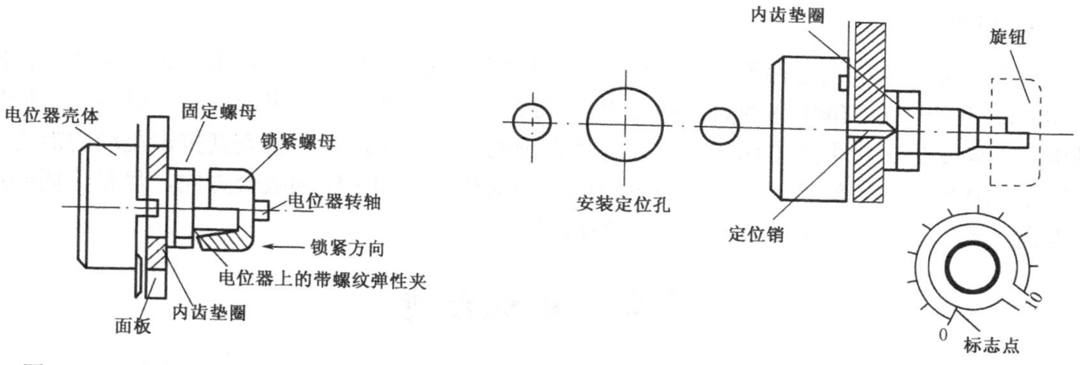

图7.3.15　有锁紧装置的电位器安装

图7.3.16　转轴定位

4．散热器的安装

电子产品中大功率元器件的散热通常采用自然散热形式，它包括热传导、热对流、热辐射等几种。功率半导体器件一般都安装在散热器上，图7.3.17所示为几种晶体管散热器安装结构，图7.3.17（a）为引脚固定的中功率晶体管套管状散热器，它依靠弹性接触紧箍在管壳上。图7.3.17（b）为用叉指型散热器组装集成电路稳压器，并安装在印制板上进行散热的结构。图7.3.17（c）为大电流整流二极管用自身螺杆直接拧入散热器的螺纹孔里进行散热，这样接触面积大，散热效果更好些。

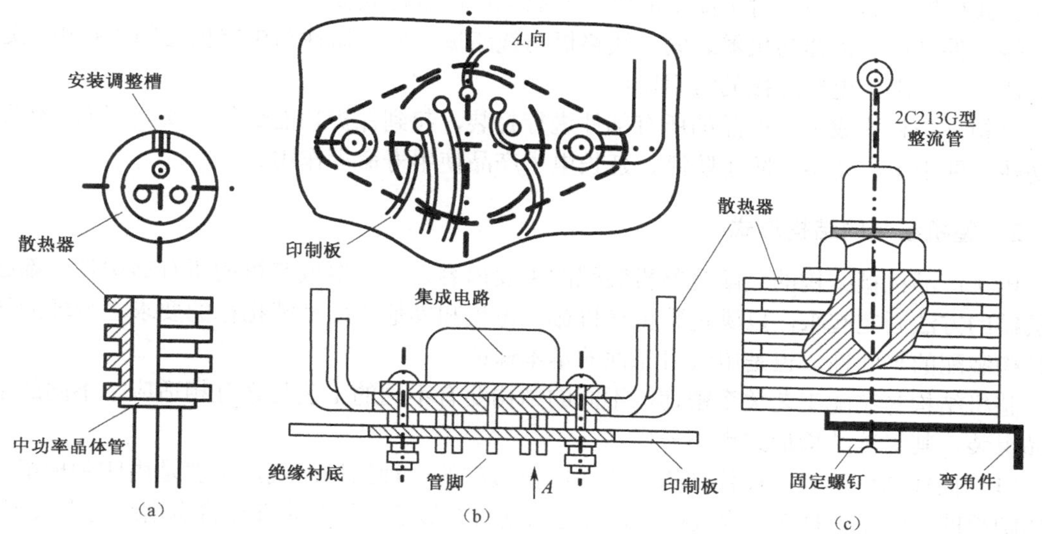

图7.3.17　散热器安装

在安装时，器件与散热器之间的接触面要平整、清洁，装配孔距要准确，防止装紧后安装件变形，减小实际接触面积，人为的增加界面热阻。散热器上的紧固件要拧紧，保证良好的接触，以有利于散热。为使接触面密合，往往在安装接触面上涂些硅脂，以提高散热效率，但涂的数量和范围要适当，否则将失去实际效果。散热器的安装部位应放在机器的边沿、风道等容易散热的地方，有利于提高散热效果。叉指型散热器放置方向会影响散热效果，在相同功耗下因放置方向不同而温升较大，如方形叉指型散热器平放（叉指向上）比侧放（叉指向水平方向）的温升稍低，长方形和菱形叉指型散热器平放比横侧放（长轴在水平方向）散热效果要好。在没有其他条件限制时，应尽量注意这个特点。

5．继电器

继电器和其他电气元件不一样，由电气和机械结构组合在一起，它本身容易失效，在冲击和震动的影响下，继电器的典型故障有：接触不良；衔铁动作失灵或移位；触点抖动使接触电阻不断变化干扰电路工作等。通过选择合理的安装方法，可以提高其抗击震动的能力。如图 1.3.10 所示的舌簧型继电器，应该使触点的动作方向和衔铁的吸合方向，尽量不要同震动方向一致。显然，图 1.3.10（a）所示为最好。

7.4 整机组装

7.4.1 整机组装的结构形式

1．整机结构形式

电子产品的整机在结构上通常由组装好的印制电路板、接插件、底板和机箱外壳等构成。

印制电路板提供电路元件和器件之间的电气连接，作为电路中元器件的支撑件，起电气连接和绝缘基板的双重功效。

底板是安装、固定和支撑各种元器件、机械零件及插入组件的基础结构，在电路连接上还起公共接地点的作用。对于简单的电子产品也可以省掉底板。

接插件是用于机器与机器之间、线路板与线路板之间、器件与电路板之间进行电气连接的元器件，是用于电气连接的常用器件。

机箱外壳将构成电子产品的所有部件进行封装，起到保护功能部件、安全可靠、体现产品功能、便于用户使用、防尘防潮、延长电子产品使用寿命等作用。

2．整机组装的结构形式

电子产品机械结构的装配是整机装配的主要内容之一。组成整机的所有结构件，都必须用机械的方法固定起来，以满足整机在机械、电气和其他方面性能指标的要求。合理的结构及结构装配的牢固性，也是电气可靠性的基本保证。

整机结构与装配工艺关系密切，不同的结构要有不同的工艺与之互相适应。不同的电子产品组装，其组装结构形式也不一样。

（1）插件结构形式。插件结构形式是应用最广的一种结构形式，主要是由印制板组成。在印制板的一端备有插头，构成插件，通过插座与布线连接，有的直接将引出线与布线连接，有的则根据组装结构的需要，将元器件直接装在固定组件支架（或板）上，便于元器件的组合以及与其他部分配合连接。

（2）单元盒结构形式。这种形式是适应产品内部需要屏蔽或隔离而采用的结构形式。通常将这一部分元器件装在一块印制电路板上或支架上，放在一个封闭的金属盒内，通过插头座或屏蔽线与外部接通。

（3）插箱结构形式。一般将插件和一些机电元件放在一个独立的箱体中，该箱体有接插头，通过导轨插入机架上。插箱一般分无面板和有面板两种形式，它往往在电路上和结构上都有相对的独立性。

（4）底板结构形式。该形式是目前电子产品中采用较多的一种结构形式，它是一切大型元器件、印制电路及机电元件的安装基础，常和面板配合，很方便地将电路与控制、指示、调谐等部分连接，一般不是很复杂的产品采用一块底板，有些产品为了便于组装，常采用多块小面积底板分别与支架相连，这对削弱地电流窜扰有利，在整机装配时也很方便。

（5）机体结构形式。机体结构决定产品外形并使其成为一个整体结构。它可以给内部安装件提供组装在一起并得到保护的基本条件，还能给产品装配、使用和维修带来方便。

电子产品的种类不同，其外形有很大的差异。一般机体结构又分为柜式、箱式、台式和盒式四类。尺寸较大的电子产品采用柜式结构，中等结构的电子产品则采用箱式结构，台式和盒式结构常见于民用产品。民用产品的造型美观是十分重要的，通常结构服从于外形并顾及装配和加工工艺，力求简单。

7.4.2 整机组装工艺

1．整机组装的内容和基本要求

1）整机组装的内容

整机组装又叫总装，包括机械的和电气的两大部分工作，具体地说，总装的内容，包括将各零、部、整件（如各机电元件、印制电路板、底座、面板以及装在它们上面的元件）按照设计要求，安装在不同的位置上，组合成一个整体，再用导线（线扎）将元、部件之间进行电气连接，完成一个具有一定功能的完整的机器，以便进行整机调整和测试。

总装的连接方式可归纳为两类，一类是可拆卸的连接，即拆散时不会损伤任何零件，它包括螺钉连接、柱销连接、夹紧连接等。另一类是不可拆卸连接，即拆散时会损坏零件或材料，它包括锡焊连接、胶粘、铆钉连接等。

总装的装配方式，从整机结构来分，有整机装配和组合件装配两种。对整机装配来说，整机是一个独立的整体，它把零、部、整件通过各种连接方法安装在一起，组成一个不可分的整体，具有独立工作的功能。如收音机、电视机、信号发生器等。而组合件装配，整机则是若干个组合件的组合体，每个组合件都具有一定的功能，而且随时可以拆卸，如大型控制台、插件式仪器等。

2）整机组装的基本要求

电子产品的总装是电子产品生产过程中的一个重要工艺过程环节，是把半成品装配成合格产品的过程。对总装的基本要求如下。

（1）总装前组成整机的有关零、部件或组件必须经过调试、检验，不合格的零、部件或组件不允许投入总装线，检验合格的装配件必须保持清洁。

（2）总装过程要根据整机的结构情况，应用合理的安装工艺，用经济、高效、先进的装配技术，使产品达到预期的效果，满足产品在功能、技术指标和经济指标等方面的要求。

（3）严格遵守总装的顺序要求，注意前后工序的衔接。

（4）总装过程中，不损伤元器件和零、部件，避免碰伤机壳、元器件和零、部件的表面涂覆层，不破坏整机的绝缘性，保证安装件的方向、位置、极性的正确，保证产品的电性能稳定，并有足够的机械强度和稳定度。

（5）小型机大批量生产的产品，其总装在流水线上安排的工位进行。每个工位除按工艺要求操作外，要求工位的操作人员熟悉安装要求和熟练掌握安装技术，保证产品的安装质量。严格执行自检、互检与专职调试检验的"三检"原则。总装中每一个阶段的工作完成后进行检验，分段把好质量关，从而提高产品的一次直通率。

2．整机组装的顺序

电子产品的总装有多道工序，这些工序的完成顺序是否合理，直接影响到产品的装配质量、生产效率和操作者的劳动强度。

整机组装的目标是利用合理的安装工艺，实现预定的各项技术指标。整机组装的顺序是：先轻后重、先小后大、先铆后装、先装后焊、先里后外、先下后上、先平后高、易碎易损件后装，上道工序不得影响下道工序的安装。

3．整机组装工艺流程

1）电子产品装配的分级

电子产品装配是生产过程中一个极其重要的环节，装配过程中，通常会根据所需装配产品的特点、复杂程度的不同将电子产品的装配分为不同的组装级别。

（1）元件级组装（第一级组装）：是指电路元器件、集成电路的组装，是组装中的最低级别。其特点是结构不可分割。

（2）插件级组装（第二级组装）：是指组装和互连装有元器件的印制电路板或插件板等。

（3）系统级组装（第三级组装）：是将插件级组装件通过连接器、电线、电缆等组装成具有一定功能的完整的电子产品设备。

2）工艺流程

一般整机组装工艺的具体操作流程图如图 7.4.1 所示。

由于产品的复杂程度、设备场地条件、生产数量、技术力量及操作工人技术水平等情况的不同，因此生产的组织形式和工序也要根据实际情况有所变化。例如，样机生产可按工艺流程主要工序进行；若大批量生产，则其装配工艺流程中的印制电路板装配、机座装配及线束加工几个工序，可并列进行；后几道工序则可按如图 7.4.1 所示的后续工序进行。在实际操作中，要根据生产人数、装配人员的技术水平来编制最有利于现场指导的工序。

3）产品加工生产流水线

（1）生产流水线与流水节拍。产品加工生产流水线就是把一部整机的装连、调试工作划分成若干简单操作，每一个装配工人完成指定操作。在流水操作的工序划分时，要注意到每个人操作所用的时间应相等，这个时间称为流水的节拍。

装配的产品在流水线上移动的方式有好多种。有的是把装配的底座放在小车上，由装配工人把产品从传送带上取下，按规定完成装连后再放到传送带上，进行下一个操作。由于传送带是连续运转的，所以这种方式的时间限制很严格。

传送带的运动有两种方式：一种是间歇运动（即定时运动），另一种是连续的均匀运动。每个装配工人的操作必须严格按照所规定的时间节拍进行。而完成一部整机所需的操作和工位（工序）的划分，要根据产品的复杂程度、日产量或班产量来确定。

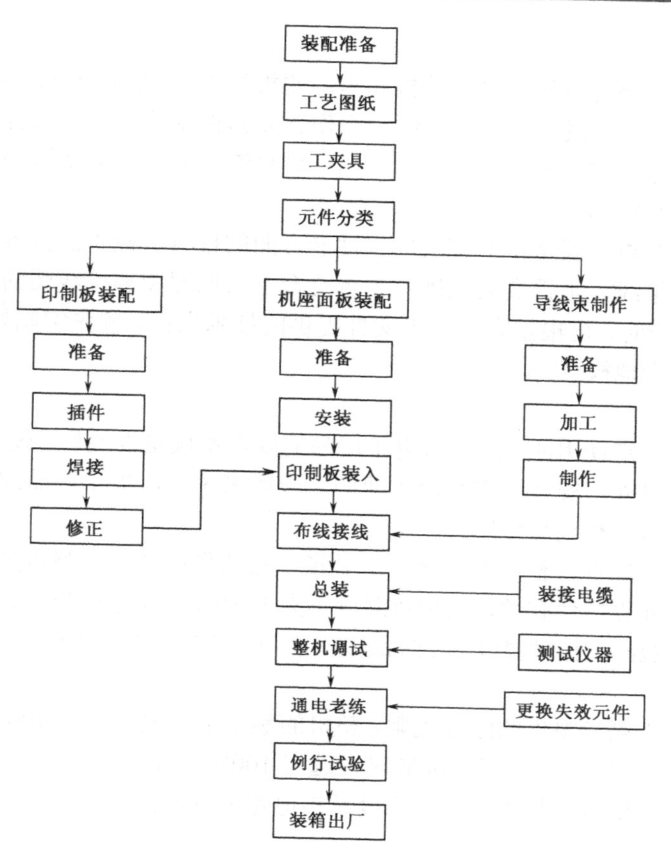

图 7.4.1　装配工艺流程图

（2）流水线的工作方式。目前，电视机、录音机、收音机的生产大都采用印制板插件流水线的方式。插件形式有自由形式和强制节拍形式两种。

① 自由节拍形式。自由节拍形式是由操作者控制流水线的节拍来完成操作工艺的。这种方式的时间安排比较灵活，但生产效率低。它分手工操作和半自动操作两种类型。手工操作时，装配工按规定插件，剪掉多余的引脚，进行手工焊接，然后在流水线上传递。半自动化操作时，生产线上配备着具有剪掉多余的引脚功能的插件台，每个装配工人独用一台。整块印制板上组件的插装工作完成后，通过宽度可调、长短可随意增减的传送带送到波峰焊接机上。

② 强制节拍形式。强制节拍形式是指插件板在流水线上连续运行，每个操作工人必须在规定的时间内把所要求插装的元器件、零件准确无误地插到印制板上。这种方式带有一定地强制性。在选择分配每个工位的工作量时，应留有适当的余地，以便既保证一定的劳动生产率，又保证产品质量。这种流水线方式，工作内容简单，动作单纯，记忆方便，可减少差错，提高工效。

4．整机组装的质量检查

产品的质量检查是保证产品质量的重要手段。电子产品整机组装完成后，按配套的工艺和技术文件的要求进行质量检查。检查工作应始终坚持自检、互检、专职检验的“三检”原则，其程序是：先自检、再互检，最后由专职检验人员检验。通常，整机质量的检查由以下几个方面。

1）外观检查

装配好的整机应该有可靠的总体结构和牢固的机箱外壳，整机表面无损伤，涂层无划痕、脱落，金属结构无开裂、脱焊现象，导线无损伤、元器件安装牢固且符合产品设计文件的规定，整机的活动部分自如，机内无多余物（如：焊料渣、零件、金属屑等）。

2）装连的正确性检查

装连的正确性检查主要是指对整机电气性能方面的检查。检查的内容是：各装配件（印制电路板、电气连接线）是否安装正确，是否符合电路原理图和接线图的要求，导电性能是否良好等。批量生产时，可根据有关技术文件提供的技术指标，预先编制好电路检查程序表，对照电路图一步一步地检查。

3）安全性检查

电子产品是给用户使用的，因而对电子产品的要求不仅是性能好、使用方便、造型美观、结构轻巧、便于维修外，安全可靠是最重要的。一般来说，对电子产品的安全性检查有两个主要方面，即绝缘电阻和绝缘强度。

（1）绝缘电阻的检查。整机的绝缘电阻是指电路的导电部分与整机外壳之间的电阻值。绝缘电阻的大小与外界条件有关，在相对湿度不大于 80%、温度为 25℃±5℃的条件下，绝缘电阻应不小于 10MΩ；在相对湿度为 25%±5%、温度为 25℃±5℃的条件下，绝缘电阻应不小于 2 MΩ。

一般使用兆欧表测量整机的绝缘电阻。整机的额定工作电压大于 100V 时，选用 500V 的兆欧表；整机的额定工作电压小于 100V 时，选用 100V 的兆欧表。

（2）绝缘强度的检查。整机的绝缘强度是指电路的导电部分与外壳之间所能承受的外加电压的大小。

检查的方法是在电子设备上外加实验电压，观察电子设备能够承受多大的耐压。一般要求电子设备的耐压应大于电子设备最高工作电压的两倍以上。

【注意】绝缘强度的检查点和外加实验电压的具体数值由电子产品的技术文件提供，应严格按照要求进行检查，避免损坏电子产品或出现人身事故。

除上述检查项目外，根据具体产品的具体情况，还可以选择其他项目的检查，如：抗干扰检查、温度测试检查、湿度测试检查、震动测试检查等。

7.5 微组装技术简介

7.5.1 微组装技术的基本内容

微组装技术（MPT）是组装技术发展的最新阶段。从工艺技术来说它仍属于"组装"范畴，但与我们通常所说的组装相差甚远，我们前面讲述的一般工艺过程是无法实现的。这项技术是在微电子学、半导体技术特别是集成电路技术以及计算机辅助系统的基础上发展起来的，是当代最先进的组装技术。

微组装技术为组装技术引入了一个新的概念：裸芯片组装。裸芯片组装是将若干裸片组装到多层高性能基片上形成功能电路块或一件电子产品。这项技术就是微组装技术，是以多种高新技术为基础的精细组装技术。

1. 微组装技术包括的基本内容

（1）科学的总体设计思想。MPT 已不是通常安装的概念。MPT 的实现出现了一套新的设计理念，基本思路是以微电子学及集成电路技术为依托，运用计算机辅助系统进行系统总体设计、关键技术的部件设计（如多层基板设计，电路结构及散热等）以及电性能模拟等。新的综合设计技术是实现产品微组装的基本保证。

（2）高密度多层基板制造技术。高密度多层基板是芯片组装的关键。从设计制作的角度看，需考虑的内容很多，要求高、工艺性强，若设计制造不当，SMT 将无法实施。多层板类型很多，从塑料、陶瓷到硅片、厚膜及薄膜多层基板、混合多层及单层多次布线基板等，并与陶瓷成型、电子浆料、印刷、烧结、真空镀膜、化学镀膜、光刻等多种相关技术有关。

（3）芯片组装技术。芯片组装技术采用表面组装技术、安装设备外，还涉及到一些特种连接技术，如丝焊、倒装焊等。

（4）可靠性技术。主要包括元器件选择及失效分析、产品的测试技术，如在线测试、性能分析、检测方案等。

2. 微组装技术层次的划分

微组装技术是在 SMT 的基础上进一步发展起来的，目前仍处于发展阶段和局部领域应用的阶段。主要技术有以下三层次。

（1）多芯片组件（MCM）。多芯片组件是由厚膜混合集成电路发展起来的一种组装技术，可以理解为集成电路的集成（二次集成），其主要特征如下。

① 所用 IC 为 LSI/VLSI。

② IC 占基板面积大于 20%。

③ 基板层数大于 4。

④ 组件 I/O 引脚数大于 100。

采用的基板有三种类型。

① PCB 板，密度不高，成本低。

② 陶瓷烧结板，采用厚膜工艺，密度较高，成本高。

③ 半导体片，以硅片为基板，采用薄膜工艺，密度高。

由于 MCM 技术难度大、投资高、成品率低，因而造价高，目前仅限于要求高可靠的领域。例如由 MCM 技术制造的越级计算机，以 78 层厚膜、8 层薄膜组成基板，装上 100 个 20 000 门 VLSI 芯片，引脚 11 540 根，运算速度 55 亿次/s，若不采用 MCM 是无法达到的。

（2）硅大圆片组装（WSI/HWSI）。采用硅大圆片作为安装基板，将芯片组装到硅大圆片上而形成电子组件，可进一步增大安装密度。硅大圆片（WSI）是按 IC 工艺制成互联功能的基片，将多片 IC 芯片安装到基片上形成新组件。

混合大圆片（HWSI）是在硅片上沉淀有机或无机薄膜，多层互联，组装多片 IC 裸片（大于 25 片）。这种技术难度大，成品率低。

（3）三维组装（3D）。是将 IC、MCM、WSI 进行三维叠装，进一步缩短引脚，增加密度。

7.5.2 微组装焊接技术

微组装焊接技术是实施微组装的核心技术，就其技术本身而言，它同 SMT 所用焊接技术基本上是相同的，只不过微组装更为精细，要求相应精细的焊接方法。

1. 倒装焊

倒装焊技术是 MCM 组装中的关键技术。它与普通组装焊接技术的区别如图 7.5.1 所示。

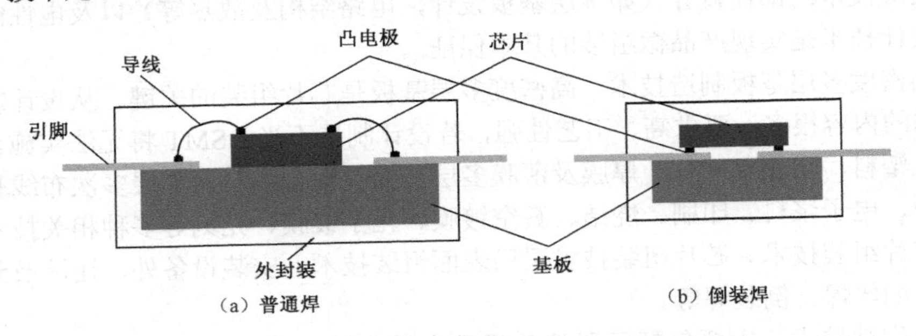

图 7.5.1 普通组装焊接与倒装焊示意图

(1) 倒装焊的特征。

① 芯片电极面朝着基板。

② 通过再流焊实现连接。

(2) 倒装焊的优点。

① 焊点分布在芯片全表面，点小密度高。

② 连线短。

③ 可焊性，可靠性高。

④ 可返修。

2. 激光再流焊

激光能量集中，聚集直径一般可达 0.1～1.5mm，这种光束为可见光，可采取脉冲或连续等多种方式，使焊膏迅速熔化实现再流焊。

用于再流焊的激光器可用 CO_2 激光器（工作波长为 10.6mm），或 YAG 激光器（工作波长为 10.6mm）。由于金属对波长短的激光吸收率高，因此 YAG 激光器更适合精密再流焊。又由于激光束的能量集中，且陶瓷等绝缘材料对激光吸收很少，所以激光再流焊对器件和 PBC 影响很小，并且由于激光加热一停止就立即发生冷却淬火，焊点金属结构良好，提高了焊接质量。

3. 免清洗充氮再流焊

采用免洗焊膏和全封闭充氮方式实现再流焊可以减少氧化，提高焊接质量，达到精密组装焊接要求。

本章小结

(1) 组装方法从组装原理上可分为功能法、组件法和功能组件法。

(2) 电子产品组装的电气连接，主要采用印制导线连接、导线连接以及其他电导体等方式进行连接。

(3) 布线原则包括减小电路分布参数、避免相互干扰和寄生耦合，尽量消除地线的影响和满足装配工艺的要求。

(4) 元器件常用的几种安装方法有贴板安装、悬空安装、垂直安装、埋头安装、有高度限制时的安装和支架固定安装。

(5) 整机组装的结构形式包括插件结构形式、单元盒结构形式、插箱结构形式、底板结构形式和机体结构形式。

(6) 整机组装包括机械和电气两大部分工作，总装的内容包括将各零部件、整件按照设计要求安装在不同的位置上，组合成一个整体，再用导线（线扎）将部件之间进行电气连接，完成一个具有一定功能的完整的机器，以便进行整机调整和测试。

(7) 整机组装的顺序是：先轻后重、先小后大、先铆后装、先装后焊、先里后外、先下后上、先平后高、易碎易损件后装，上道工序不得影响下道工序的安装。

(8) 电子产品的质量检查，是保证产品质量的重要手段。电子整机总装完成后，按配套的工艺和技术文件的要求对产品进行质量检查。检查工作应始终坚持自检、互检、专职检验的“三检”原则，对产品的外观、装连正确性及安全性等方面进行检查。

(9) 微组装技术（MPT）已不是通常安装的概念。MPT 的实现出现了一套新的设计理念，基本思路是以微电子学及集成电路技术为依托，运用计算机辅助系统进行系统总体设计、关键技术的部件设计（如多层基板设计、电路结构及散热等）以及电性能模拟等。

习题7

1. 说明电子产品组装的特点及基本方法。
2. 整机组装的顺序是什么？
3. 试述印制电路板元器件的安装方法及安装技术要求。
4. 配线时应考虑哪些因素？

实训项目：元件安装和整机装配训练

【实训目的】

1. 熟悉组装工艺。
2. 掌握组装方法。

【实训内容】

选择一个中等难度的电子产品进行组装，比如安装一简单功放电路。

【实训步骤】

1. 检测、筛选元器件。
2. 选择配线。
3. 元器件引脚及导线成型。
4. 引脚上锡。

5．插装元器件。

6．印制电路板组装，应遵循先小后大、先轻后重、先里后外的原则。

7．安装外接导线。

9．组装机壳及控制和显示器件。

9．组装面板。

10．整机组装。

【实训注意事项】

1．元器件的组装和整机组装，均应遵循先小后大、先轻后重、先里后外的原则。

2．组装有极性电容、半导体器件等，应注意极性和方向。

3．元器件尽可能紧贴印制电路板安装，一般不留过长的引脚。

4．超过焊点的引脚也应及时剪切，只留一点，可采用切头机剪切。

5．外接导线在满足电路条件下，尽可能采用线扎。

6．在螺装时，螺钉不要一次性旋紧，应将同一板面的螺钉均装好后再拧紧。

7．组装过程要严格按照装配图和装配过程卡进行。

第 8 章

表面组装技术（SMT）

8.1 概述

表面组装技术，英文全称为“Surface Mount Technology”，简称 SMT，是将电子元器件直接安装在印制电路板（PCB）或其他基板导电表面的一种装接技术。

SMT 是一门包括元器件、材料、设备、工艺以及表面组装电路基板设计与制造的系统性综合技术。这些内容可以归纳为三方面：一是设备，人们称它为 SMT 的硬件；二是装连工艺，人们称它为 SMT 的软件；三是电子元器件，它既是 SMT 的基础，又是 SMT 发展的动力，它推动着 SMT 专用设备和组装工艺不断更新和深化。

8.1.1 SMT 工艺发展

1. 组装技术的发展

电子产品组装的目的就是以合理的结构安排、最简化的工艺实现整机的技术指标，快速有效地制造出稳定可靠的产品。电子技术的发展大大加速了电子产品的现代化，层出不穷的高性能、高可靠性、集成化、微型化的电子产品，正在改变人类的社会生活。组装工艺技术是实现电子产品集成化、微型化的关键。组装工艺技术的发展与电子技术的发展密切相关，每当新材料、新器件、新技术出现的时候，都必然促使组装工艺技术的发展。其发展进程见表 8.1.1。

表 8.1.1 组装技术的发展进程表

发展阶段（20 世纪）	组装技术	代表元器件	安装基板	安装方法	焊接技术
50～60 年代	—	电子管 大型元器件	接线板 （金属底盘）	手工安装	手工焊
60～70 年代	THT	晶体管，小型、 大型元器件	单面、双面 PCB	手工/半自动 插装	手工焊 浸焊
70～80 年代	THT	中小规模 IC 轴向 引脚元器件	单面及多层 PCB	自动插装	手工焊 浸焊，波峰焊
80～90 年代	SMT	SMC、SMD 片式封装 VSI、VLSI	高质量 SMB	自动贴片	波峰焊 再流焊
90 年代以来	MPT	VLSIC ULSIC	陶瓷硅片	自动安装	倒装焊 特种焊

从表 8.1.1 中可以看出电子产品组装技术的发展主要与元器件的发展密切相关。

晶体管及集成电路的出现是组装工艺技术第一次大的飞跃，典型技术为通孔安装技术（THT：Through Hole Packaging Technology），使电子产品体积缩小，可靠性提高。表面安装元件的出现使组装工艺发生了根本性变革，使安装方式、连接方法都达到了新的水平。电子产品体积进一步缩小，功能进一步提高，推动了信息产业的高速发展，典型技术为表面安装技术（SMT）。到了 20 世纪 90 年代后期，在 SMT 进一步发展的基础上，进入了新的发展阶段，即微组装技术（MPT）阶段，可以说它完全摆脱了传统的安装模式，把这项技术推向一个新的境地，目前处于发展阶段，但前景可观，它代表了电子产业安装技术发展的方向。

2. 表面组装技术的发展过程

表面组装技术是从厚薄膜混合电路演变发展起来的。表面组装技术的发展历经了以下 3 个阶段。

第一阶段（1970—1975 年）：SMT 的主要技术目标是把小型化的片状元件应用在混合电路（HIC，我国称厚膜电路）的生产制造之中，从这个角度来说，SMT 对集成电路的制造工艺和技术发展做出了重大的贡献。

第二阶段（1976—1980 年）：SMT 在这个阶段促使了电子产品迅速小型化和多功能化，并被广泛用于摄像机、电子照相机等产品中。同时，用于表面装配的自动化设备被大量研制开发出来，片状元件的安装工艺和辅助材料也已经成熟，为 SMT 的下一步大发展打下了基础。

第三阶段（1981 年到现在）：SMT 的主要目标是降低成本，进一步提高电子产品的性价比；大量涌现的自动化表面组装设备及工艺手段，使片状元器件在 PCB 上的使用量高速增长，加速了电子产品总成本的下降。

8.1.2 SMT 的工艺特点

表面组装技术，是一种将表面组装器件（SMD）以及其他适合于表面贴装的电子元件（SMC）直接贴、焊到印制电路板（PCB）或其他基板表面的规定位置上的一种电子装连技术。它的主要特征是所安装的元器件均为适合表面贴装的无引脚或短引脚的电子元器件（SMC/SMD），安装后的元器件主体与焊点均处于印制电路板的同侧。

（1）表面组装技术与传统的通孔插装技术相比，具有组装密度高、生产效率高、可靠性好、抗干扰能力强、电性能优异、生产成本降低、便于自动化生产等优点。图 8.1.1 所示为 SMT 与 THT 的结构示意图。

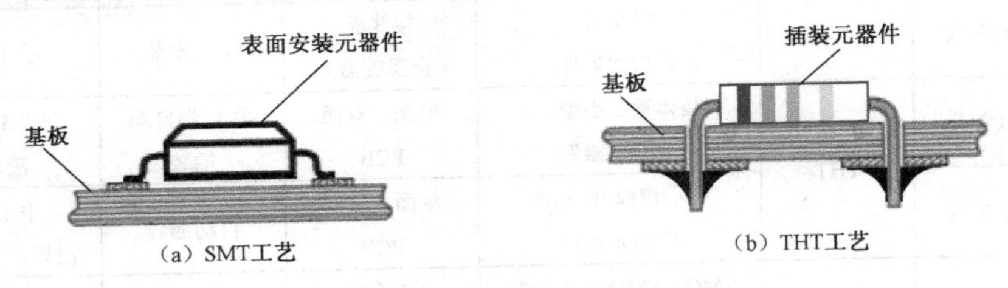

图 8.1.1　SMT 与 THT 结构示意图

可以看到，采用通孔插装技术要在印制板上打孔，然后对所插装的元器件进行引脚折弯或校直的操作处理后，再将元器件的引脚插入到印制电路板的通孔中。接下来在电路板的引脚伸出面上进行焊接。最后，再进行引脚修剪、清洗和测试等操作。这其中涉及的设备有引脚折弯机、校直机、自动插装机、波峰焊机以及清洗和测试设备，不仅工序繁杂，而且如果电路的体积较大，难以实现双面组装。

而相比表面组装技术，适用于表面组装的贴片元件（SMC/SMD）的体积、重量都只有传统插装元器件的 1/10 左右，表面组装的工艺也不受引脚间距、通孔的限制，这大大提高了电子产品的组装密度，有效减小了电路的体积。而且贴片元件外形规则，直接紧贴在电子印制板上，缩短了引脚，使得电路装配更易于实现自动化。引脚的缩短，相对于传统的插装元器件而言，大大减低了引脚电感、寄生电容和电阻，因而各个元器件的延迟时间缩短，使电路具有更快的响应速度，系统的电性能获得了较大的提高。

（2）表面安装技术存在的问题。

目前 SMT 已成为安装技术的主流，但在某些环节还存在一些不足。

① 表面安装元器件标准不够统一、品种也不齐全、价格与传统元器件相比偏高。

② 表面安装设备要求高。

③ 初始投资比较大。

④ 组装工艺也有待完善，如高密度带来的散热问题复杂。

8.1.3 表面组装印制电路板（SMB）

表面组装用印制电路板与通孔插装元器件用的印制电路板（PCB）在设计、材料等方面都有很大差异，为了区别，通常将专用的表面组装印制电路板称为 SMB（Surface Mounting Printed Circuit Board）。

1. SMB 的特点

SMB 的特点是高密度、小孔径、多层数、高平整度、高光洁度和高尺寸稳定性等。SMB 采用金属芯板，即用一块厚度适当的金属板代替环氧玻璃布基板，经过特殊处理后，电路导线在金属板两面相互连通，而与金属板本身绝缘。金属芯板的优点是散热性能好、尺寸稳定，并具有电磁屏蔽作用，可以防止信号之间相互干扰。

2. SMB 的要求

（1）SMB 的主要技术要求是布线的细密化。造成布线的细密化的原因有两个：一是大规模集成电路引脚电极的间距日趋缩小，目前已经达到 0.3mm；二是元器件在印制板上组装的高度密集。

（2）印制电路板的耐热性好。印制电路板在再流焊工艺中，经过再流炉后应无起泡、铜箔脱开和变色等现象。

（3）印制电路板可焊性好。

（4）印制电路板翘曲度小。SMB 要求印制电路板翘曲度小、平整度高，以便 SMD 引脚与 SMB 焊盘密切配合。

（5）选择印制电路板厚度与长宽比最佳。因为在焊接工艺过程中的热变形以及结构强度，如抗张力能力、抗弯曲强度、机械脆性和热膨胀等因素，印制电路板厚度与长宽有着密切的关系。

（6）采用拼板技术。有意识地将若干个单元印制板进行有规则的排列组合，把它们拼合成长方形或正方形图形，从而改善印制电路板耐热特性和电气特性。

3. 元器件布局

（1）在双面板设计的过程中，通常将IC等大型器件尽可能旋转在SMB的一侧，而将阻容元件旋转在另一侧，以满足双面焊接工艺的需要，同时注意元器件的分布平衡，排列整齐和取向一致，元器件之间要有足够的空间，尽量减少由此而引起的热应力不平衡。

（2）对IC器件应考虑功耗和升温，在性能允许条件下首先选用低功耗器件。

4. 布线原则

（1）布线长度尽可能短，敏感的信号和小信号先布线，以减少信号的延时与干扰。

（2）布线分支长度要求越短越好，同一层上的布线形状、信号线改变方向应走斜线或圆滑过渡，且曲率半径足够大，以避免电场集中、信号反射和产生额外的阻抗。

（3）数字电路与模拟电路在布线上应尽可能分隔开，以免互相干扰。

（4）电路元件接地、接电源时布线应尽量短，以减少电路内阻。

（5）相邻层布线应互相垂直，以减少耦合，切忌上下层对齐或平行布线。

（6）高频电路的输入、输出及差分放大器和平衡放大器等的输入、输出线长度应相等，以避免产生不必要的延时与相移。

（7）为了测试的方便，设计上应设置必要的测试点和断点。

5. 导线尺寸

（1）SMB的电路，一般为小信号电路或数字电路，工作电流很小，线宽设计主要取决于互连密度的要求。但导线越细制造成本会越高，故应根据实际产品需要来定。

（2）信号线应粗细一致，这样有利于阻抗匹配；电源地线的布线面积越大越好，以减少干扰；高频信号最好用地线屏蔽，以提高抗干扰效果。

（3）在高速电路与微波电路中，导线的尺寸应满足特性阻抗的要求。

（4）在大功率电路设计中，还应考虑电流密度和导线间的绝缘性能。

6. 过孔

（1）过孔中心应设置在印制电路的网格上，以便加工。

（2）金属过孔的径深比不宜过大，否则会影响 SMB 的可靠性，原则上孔的径深比在1:2.3～1:6之间。

（3）过孔应适当偏离焊盘或用阻焊膜隔开。

（4）过孔的孔径应小于焊盘，且越小越好，但也要考虑到加工难度及成本。

7. 盲孔和埋孔

在SMB制造工艺上，采用盲孔和埋孔技术（见图8.1.2），用于多层板内部层与层之间的连接，以达到减小径深化的目的。

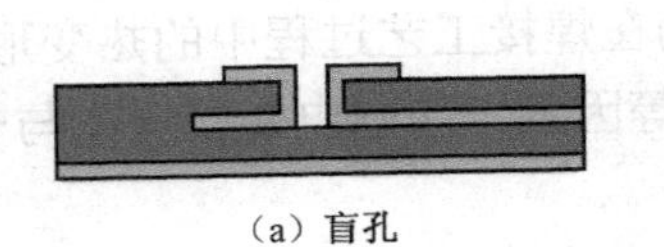

（a）盲孔

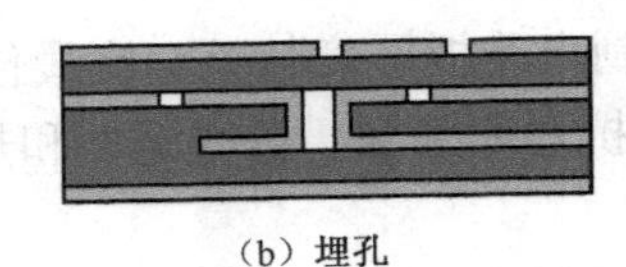

（b）埋孔

图 8.1.2　盲孔和埋孔技术示意图

8. 焊盘

SMB 上的焊盘与通孔元器件的焊盘有本质的差别，不但焊盘形状要适合各种类型的 SMC/SMD 引脚结构，而且要考虑焊点的强度，连接的可靠性及焊接时的工艺性。图 8.1.3 为常见焊盘结构。

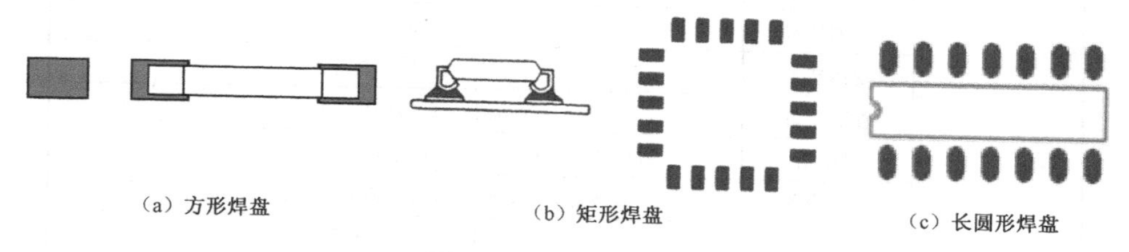

（a）方形焊盘　（b）矩形焊盘　（c）长圆形焊盘

图 8.1.3　常见焊盘结构

8.2 表面组装工艺

表面组装技术是电子制造业中技术密集、知识密集的技术。组装技术涉及元器件封装、电路基板技术、涂敷技术、自动控制技术、焊接技术和新型材料等多种专业和学科。

8.2.1 表面组装工艺组成

表面组装技术由元器件、电路板设计技术、组装设计和组装工艺技术组成，如表 8.2.1 所示。

表 8.2.1　组装技术组成

组装元器件	封装设计	
	制造设计	
	包装	
电路基板技术	单、多层印制电路板、陶瓷基板和瓷釉金属基板	
组装设计	电设计、热设计、元器件布局和电路布线设计，以及焊盘图形设计	
组装工艺技术	组装方式和工艺流程	
	组装材料	
	组装技术	
	组装设备	

表面组装工艺主要由组装材料、组装技术、组装设备 3 部分组成如表 8.2.2 所示。

表 8.2.2　组装工艺组成

组装材料	涂敷材料	焊膏、焊料和贴装胶	
	工艺材料	焊剂、清洗剂和热转换介质	
组装技术	涂敷技术	点涂、针转印、印制（丝网印、模板漏印）	
	贴装技术	顺序式、流水作业式、同时式	
	焊接技术	波峰焊接	焊接方法——双波峰和喷射波峰
			贴装胶涂敷——点涂和针转印
			贴装胶固化——红外和电加热

续表

组装技术	焊接技术	再流焊接	焊接方法——焊膏法和预置焊料法
			贴装胶涂敷——点涂和印刷
			加热方法——气相、红外、热风和激光等
	清洗技术	溶剂清洗和水清洗	
	检测技术	非接触式检测和接触式检测	
	返修技术	热空气对流和传导加热	
组装设备	涂敷设备	点涂器、针转印机、印刷机	
	贴装机	顺序式贴装机、同时式贴装机和流水作业式贴装系统	
	焊接设备	双波峰焊机、喷射波峰焊机和各种再流焊接设备	
	清洗设备	溶剂清洗剂和水清洗机	
	测试设备	各种外观检查设备、在线测试仪和功能测试仪	
	返修设备	热空气对流和传导加热返修工具及设备	

8.2.2 组装方式

SMT 的组装方式主要取决于表面组装件（SMA）的类型、使用的元器件种类和组装设备条件。大体上可将 SMA 分成单面混装、双面混装和全表面组装 3 种类型共 6 种组装方式，如表 8.2.3 所列。

表 8.2.3 表面组装工艺的组装方式

序号	组装方式		组件结构	电路基板	元器件	特征
1	单面混装	先贴法	A B	单面 PCB	表面组装元器件及通孔插装元器件	先贴后插，工艺简单，组装密度低
2		后贴法		单面 PCB	同上	先插后贴，工艺较复杂，组装密度高
3	双面混装	SMD 和 THT 都在 A 面	A B	双面 PCB	同上	THC 和 SMC/SMD 组装在 PCB 同一侧
4		THT 在 A 面，A、B 两面都有 SMD	A B	双面 PCB	同上	SMC/SMD 双面贴装，工艺较复杂，组装密度很高
5	全表面组装	单面表面组装	A B	单面 PCB 陶瓷基板	表面组装元器	工艺简单，适用于小型、薄型化的电路组装
6		双面表面组装	A B	双面 PCB 陶瓷基板	同上	高密度组装，薄型化

1. 单面混合组装

第一类是单面混合组装，即 SMC/SMD 与通孔插装元件（THC）分布在 PCB 不同的两个面上混装，但其焊接面仅为单面。这一类组装方式均采用单面 PCB 和波峰焊接工艺，具体有两种组装方式。

（1）先贴法。第一种组装方式称为先贴法，即在 PCB 的 B 面（焊接面）先贴装 SMC/SMD，而后在 A 面插装 THC。

（2）后贴法。第二种组装方式称为后贴法，是先在 PCB 的 A 面插装 THC，后在 B 面贴装 SMC/SMD。

2. 双面混合组装

第二类是双面混合组装，SMC/SMD 和 THC 可混合分布在 PCB 的同一面，同时，SMC/SMD 也可分布在 PCB 的双面。双面混合组装采用双面 PCB、双波峰焊接或再流焊接。在这一类组装方式中也有先贴还是后贴 SMC/SMD 的区别，一般根据 SMC/SMD 的类型和 PCB 的大小合理选择，通常采用先贴法较多。该类组装常用两种组装方式。

（1）SMC/SMD 和 THC 同侧方式。SMC/SMD 和 THC 同在 PCB 的一侧。

（2）SMC/SMD 和 THC 不同侧方式。把表面组装集成芯片（SMIC）和 THC 放在 PCB 的 A 面，而把 SMC 和小外形晶体管（SOT）放在 B 面。

3. 全表面组装

第三类是全表面组装，在 PCB 上只有 SMC/SMD 而无 THC。由于目前元器件还未完全实现 SMT 化，实际应用中这种组装形式不多。这一类组装方式一般是在细线图形的 PCB 或陶瓷基板上，采用细间距器件和再流焊工艺进行组装。它也有两种组装方式，即单表面和双表面组装。

8.2.3 组装工艺流程

SMT 工艺有两类最基本的工艺流程，一类是焊锡膏—再流焊工艺：另一类是贴片胶—波峰焊工艺。在实际生产中，应根据所用元器件和生产装备的类型以及产品的需求，选择单独进行或者重复、混合使用，以满足不同产品生产的需要。

1）焊锡膏—再流焊工艺

焊锡膏—再流焊工艺如图 8.2.1 所示。该工艺流程的特点是简单、快捷，有利于产品体积的减小，该工艺流程在无铅焊接工艺中更显示出优越性。

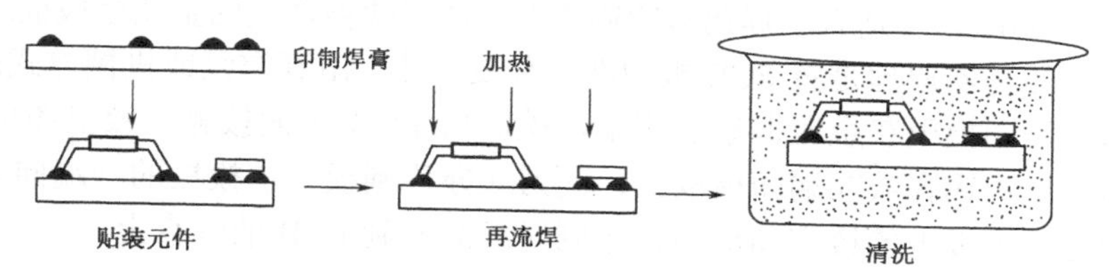

图 8.2.1　再流焊工艺流程图

2）贴片—波峰焊工艺

贴片—波峰焊工艺如图 8.2.2 所示。该工艺流程的特点：利用双面板空间，电子产品的体积可以进一步做小，并部分使用通孔元件，价格低廉。但所需设备增多，由于波峰焊过程中缺陷较多，难以实现高密度组装。

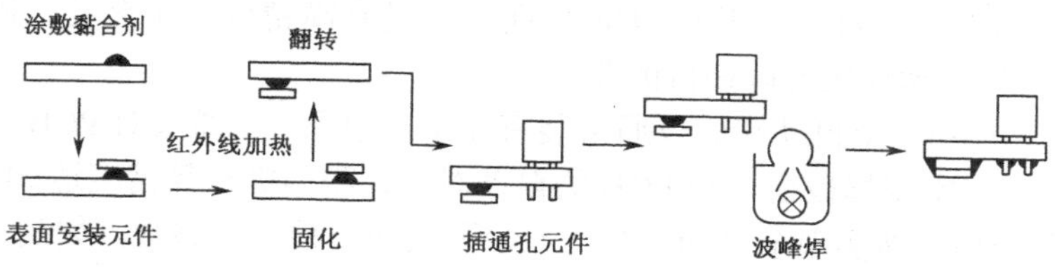

图 8.2.2　波峰焊工艺流程图

若将上述两种工艺流程混合与重复使用，则可以演变成多种工艺流程。

8.3　表面组装设备

表面组装设备主要有涂布设备、贴装设备等。

8.3.1　涂布设备

涂布设备的作用是在板上涂布黏合剂和焊膏，有四种方法：针印法、注射法、丝印法和模板漏印法。

1．针印法

针印法是利用针状物浸入黏合剂中，在起时针头就挂上一定量的黏合剂，将其放到SMB的预定位置，使黏合剂点到板上。当针蘸入黏合剂中的深度一定且黏合剂的黏度一定时，重力保证每次携带的黏合剂的量相等。

2．注射法

注射法如同用医用注射器一样的方式将黏合剂或焊膏注到 SMB 上，通过选择注射孔的大小和形状，调节注射压力就可改变注射黏合剂的形状和数量。

3．丝印法

丝印法即丝网漏印法，是用丝网制作开口网目图形，然后将黏合剂或焊膏漏印在电路板上。

4．模板漏印法

丝印法虽然简单适用，但由于丝网制作的漏板窗口开口面积始终被丝网本身占用一部分，即开口率达不到100%，不适合于焊锡膏印刷工艺，故很快被镂空的金属板模板所取代。

模板漏印法的基本原理是将PCB板放在工作支架上，由真空泵或机械方式固定，将已加工有印刷图形的漏印模板在金属框架上绷紧，模板与 PCB 表面接触，镂空图形网孔与 PCB 上的焊盘对准，把焊锡膏放在漏印模板上，刮刀（亦称刮板）从模板的一端向另一端推进，同时压刮锡膏通过模板上的镂空图形网孔印刷（沉淀）到PCB的焊盘上。

5．焊锡膏印刷机

（1）手动印刷机。手动印刷机的各种参数与动作均需人工调节与控制，通常仅被小批量生产或难度不高的产品使用。如图8.3.1所示，是手动焊锡膏印刷机的照片。

（2）半自动印刷机。半自动印刷除了PCB装夹过程是人工放置以外，其余动作机器可连续完成，但第一块 PCB 与模板的窗口位置是通过人工来对中的。通常 PCB 通过印刷机台面下的定位销来实现定位对中，因此PCB板面上应设有高精度的工艺孔，以供装夹用。如图8.3.2所示，是半自动焊锡膏印刷机的照片。

（3）全自动印刷机。全自动印刷机通常装有光学对中系统，通过对PCB和模板上对中标志的识别，可以自动实现模板窗口与PCB的自动对中，印刷机重复精度达±0.01mm。在配上PCB自动装载系统后，能实现全自动运行。但印刷机的多种工艺参数，如刮刀速度、刮刀压力、漏板与PCB之间的间隙仍需人工设定。

图 8.3.1　手动焊锡膏印刷机

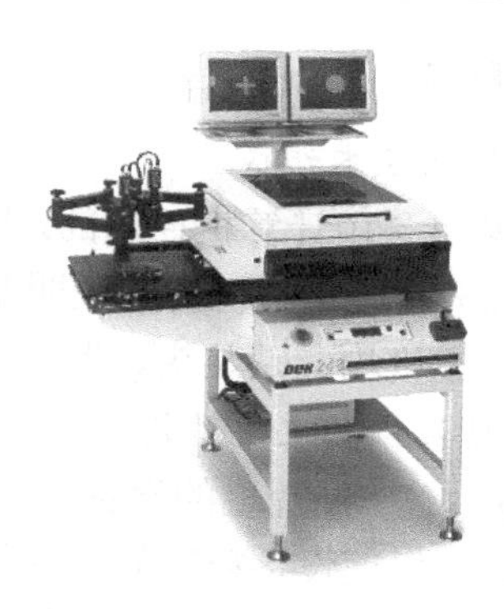

图 8.3.2　半自动焊锡膏印刷机

6. 手工涂布黏合剂或焊膏

手工涂布黏合剂或焊膏，可采用针印法和注射法手工直接点胶，也可以采用手工丝网印刷机进行涂布。

8.3.2　贴装设备

贴装设备是 SMT 的关键设备，SMC/SMD 贴装一般采用贴装机（亦称贴片机）自动进行，也可采用手工借助辅助工具进行。其作用是往板上安装贴片元件。

1. 手工贴装

手工贴装只有在非生产线自己组装的单件研制（或者单件试验或返修过程中）的元器件更换等特殊情况下采用，而且一般也只能适用于元器件端子类型简单、组装密度不高、同一印制板上 SMC/SMD 数量较少等有限场合。

最简单的手工贴片法，是用镊子借助放大镜，仔细地将片式元器件放到设定的位置。但由于片式元器件的尺寸很小，不易夹持，同时容易造成对元器件的损伤。所以，在实际生产中多采用带有负压吸嘴的手工贴片装置。

手动贴片机结构如图 8.3.3 所示，有一套简易的手动支架，手动贴片头安装在 Y 轴头部，X/Y，θ 定位可以靠人手的移动和旋转来校正位置。有时还可以采用配套光学系统来帮助定位，手动贴片机具有多功能、高精度的特点，主要用于新产品开发，适合中小企业与科研单位小批量生产使用。

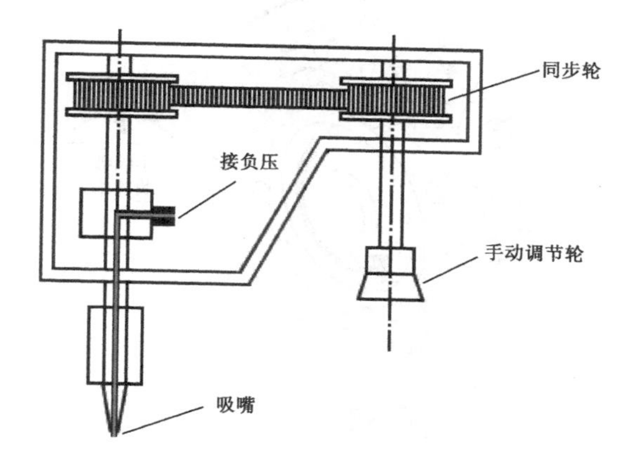

图 8.3.3　手动贴片机结构图

2．自动贴装

1）贴装机的基本组成

SMT 贴装机是由计算机控制的，集光、电、气及机械为一体的高精度自动化设备。这里，我们以转盘式全自动贴装机为例说明贴装机的一般组成。其组成部分主要有机体、元器件供料器、PCB 承载机构、贴装头、器件对中检测装置、驱动系统、计算机控制系统等。

2）自动贴片机的主要结构

（1）设备本体。贴片机的设备本体是用来安装和支撑贴片机的底座的，一般采用质量大、震动小、有利于保证设备精度的铸铁件制造。

（2）贴装头。贴装头的基本功能是从供料器取料部位拾取 SMC/SMD，并经检查、定心和方式校正后贴放到 PCB 的设定位置上。它安装在贴装区上方，可配置一个或多个 SMC/SMD 真空吸嘴或机械夹具，θ 轴转动吸持器件到所需角度，Z 轴可自由上下移动将器件贴装到 PCB 安装面。贴装头是贴装机上最复杂和最关键的部件，和供料器一起决定着贴装机的贴装能力。它由贴装工具（真空吸嘴）、定心爪、其他部件（如粘接剂分配器）、元器件检测夹具和光学 PCB 取像部件（如摄像机）等部件组成。根据定心原理划分，典型的贴装头有 3 种。

① 无定心爪式贴装头。这种贴装头结构简单，操作过程对元器件不会有损伤。但它自身无法对元器件定心，所以贴装精度低。

② 带有机械定心爪的贴装头。这种贴装头有与真空吸嘴同轴的机械定心爪。定心爪的作用是使元器件中心与吸嘴的中心相重合，建立一个稳定的“贴装中心”，以提高贴装精度。

③ 自定心贴装头。这种贴装头较少使用，它也采用真空吸嘴，但采用一对钳形定心机构，给元器件定心，操作面积大。采用这种贴装头时，PCB 的设计要与这相适应。

为提高贴装机的贴装效率，高速贴装机的贴装头往往有多个。多个贴装头组合成的贴装头装置可分成转盘式（活动型）和直线排列式（固定型）两类不同的结构安排形式；转盘式贴装头装置可由程序控制各个贴片头，使其按要求定时旋转到操作位置。转盘式贴装头装置又包括水平旋转/转塔式和垂直旋转/转盘式两种。如图 8.3.4 所示，是垂直旋转/转盘式贴装头，旋转头上安装有 12 个吸嘴，工作时每个吸嘴均吸取元件，吸嘴中都装有真空传感器与压力传感器。

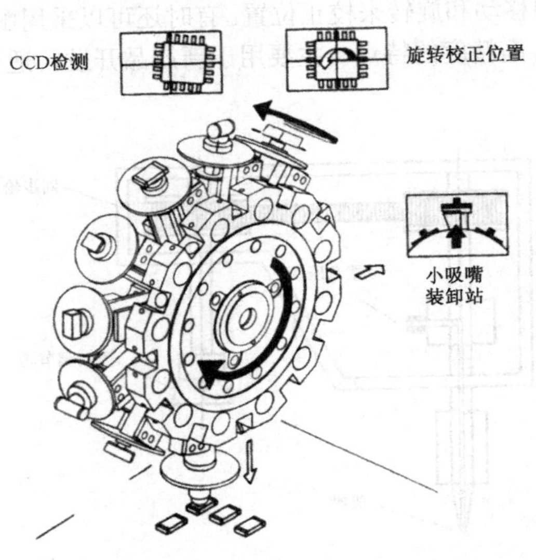

图 8.3.4　垂直旋转/转盘式贴装头结构图

（3）供料系统。供料系统是为贴装头提供贴装元器件的，其工作状态根据元器件的包装形式和贴片机的类型而确定。

（4）定位装置。定位装置可看成是一个固定了电路板的 *X–Y* 二维平面移动的工作台。在计算机控制系统的操纵下，电路板随工作台沿传送轨道移动到工作区域内，并被精确定位，使贴装头能把元器件准确地贴放到指定的位置上。

（5）计算机控制系统。计算机控制系统是贴片机进行准确有序操作的核心。可以通过软件或硬件，在线或离线编制计算机程序，控制贴片机的自动工作步骤。每个元器件的精确位置，都要编程输入计算机。

3）贴片机的工作方式和类型

贴片机按照贴装元器件的工作方式分类可分为四种类型：顺序式、同时式、流水作业式和顺序同时式。它们在组装速度、精度和灵活性方面各有特色，要根据产品的品种、批量和生产规模进行选择。

（1）流水作业式贴片机：是指由多个贴装头组合而成的流水式的机型，每个贴装头负责一种或在电路板上某一部位的元器件。如图 8.3.5（a）所示，这种机型适用于元器件数量较小的小型电路。

（2）顺序式贴片机：是由单个贴装头顺序拾取各种片状元器件，固定在工作台上的电路板由计算机进行控制，在 *X–Y* 方向移动，使板上贴装元器件的位置恰好位于贴装头的下面，如图 8.3.5（b）所示。

（3）同时式贴片机：也叫多贴装头贴片机，它有多个贴装头，能分别从供料系统中拾取不同的元件，同时把它们贴放到电路板的不同位置上，如图 8.3.5（c）所示。

（4）顺序－同时式贴片机：是顺序式和同时式两种机型功能的组合。片状元器件的旋转位置，可以通过电路板在 *X–Y* 方向移动或贴装头在 *X–Y* 方向移动来实现，也可以通过两者同时移动实施控制，如图 8.3.5（d）所示。

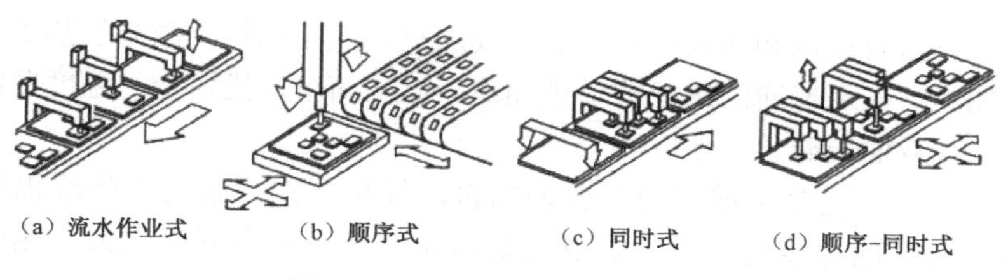

图 8.3.5　片状元器件贴片机类型

8.4　SMT 焊接工艺

8.4.1　SMT 焊接方法与特点

1．SMT 焊接方法

在工业化生产过程中，THT 工艺常用的自动焊接设备是浸焊机和波峰焊机，从焊接技术上说，这类焊接属于流动焊接，熔融流动的液态焊料和焊件对象做相对运动，实现湿润而完成焊接。

再流焊是 SMT 时代的焊接方法。它使用膏状焊料，通过模板漏印或点滴的方法涂敷在电路板的焊盘上，贴上元器件后经过加热，焊料熔化再次流动，润湿焊接对象，冷却后形成焊点。焊接 SMT 电路板，也可以使用波峰焊。

2. SMT 焊接的特点

由于 SMC/SMD 的微型化和 SMA 的高密度化，SMA 上元器件之间和元器件与 PCB 之间的间隔很小，因此，表面组装元器件的焊接与传统引脚插装元器件的焊接相比，主要有以下几个特点。

（1）元器件本身受热冲击大；

（2）要求形成微细化的焊接连接；

（3）由于表面组装元器件的电极或引脚的形状、结构和材料种类繁多，因此要求能对各种类型的电极或引脚都能进行焊接；

（4）要求表面组装元器件与 PCB 上焊盘图形的接合强度和可靠性高。

8.4.2 SMT 焊接工艺

SMT 自动焊接的一般工艺流程包括 PCB、SMC/SMD 准备→元器件安装→涂敷助焊剂→预热→焊接→冷却→清洗。

1. 波峰焊接工艺

这项工艺采用特殊的黏结剂，将表面安装元件粘贴在印制电路板规定的位置上，待烘干固化后进行波峰焊接，这种方法一般适用于混合组装的场合。

2. 再流焊接工艺

该项工艺是把焊膏涂敷在印制板规定的位置上，然后贴装表面安装元件，经烘干处理后进行焊接。焊接时，对焊膏加热使之再次熔化，完成焊接，这种焊接方法又称做再流焊或重熔炉焊。

再流焊加热方法有热风和热板加热、红外线加热、汽相加热、激光加热等。

（1）热板加热。采用普通的热板隧道炉加热，结构简单，投资少，温度曲线可变，但传热不均匀，不适合双面装配。

（2）红外线加热。这是目前应用最普遍的再流焊接方式。采用红外线辐射加热，升温速度可控，具有较好的焊接可靠性，缺点是要求元件外形不可变化太大，热敏元件要屏蔽起来。

（3）激光加热。这是辐射加热的一种特殊方法，用激光加热，焊接可局部进行。焊接速度快，可以精确控制脉冲时间和能量等值，适于少量要求单独焊接的元件，包括热敏元件。

（4）汽相加热。这种方法通过加热高沸点的惰性液体，产生的饱和蒸汽加热焊料，使焊料重熔。这种方法热转换效率高，可在 10～40s 内使焊料熔化；热传递均匀；热稳定性高。对于热容量不同，组装密度高的元件，汽相加热焊接是一种较好的方法。其缺点是设备投资高，热转换介质（FC-70 全氟化三戊基胺）价格昂贵而且有毒。

3. 手工焊接工艺

贴片元器件的手工焊接方式与通孔元器件的焊接相同，只是更强调焊接时间和温度。

1）焊接工具的选用

由于贴片元器件的体积小，引脚间距小，一般电烙铁不便进行焊接，应选用功率小（如

20W）接地良好的尖锥形烙铁头的电烙铁，最好采用恒温或电子温控的烙铁和热风焊枪。

2）SMC 的手工焊接操作

操作流程为：清洁焊盘去氧化→焊盘涂助焊剂或焊膏→用镊子放置 SMC→焊接。

焊接时，用镊子固定 SMC，电烙铁吃锡后焊接 SMC 的一端（对涂焊膏的焊盘，烙铁头只需带小许锡桥），待焊点固化后再焊接另一端，如图 8.4.1 所示。焊接的时间尽可能短，一般控制在 2～3s 内。

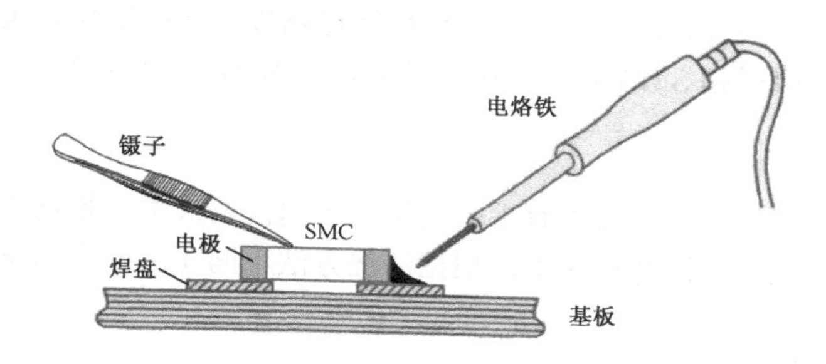

图 8.4.1　MC 的手工焊接

3）翼形引脚 SOP 芯片的手工焊接操作

（1）选用烙铁头为扁平式的普通电烙铁。

（2）检查 SOP 芯片引脚，若有变形，用镊子谨慎调整。

（3）清除焊盘污垢。

（4）焊盘涂助焊剂或焊膏。

（5）用镊子放置 SOP 芯片。

（6）先焊接对角的两个引脚将器件固定，接着调整其他引脚与焊盘位置无偏差，如图 8.4.2 所示。

（7）进行拉焊操作：用擦干净的烙铁头蘸上焊锡，一手持电烙铁由左至右对引脚进行焊接，另一手持焊锡丝不断加锡。

4）热风枪焊接操作

（1）清洁焊盘去氧化。

（2）焊盘涂焊膏。

（3）用镊子放置 SMC/SMD。

（4）用热风枪给 SMC/SMD 一排或所有引脚均匀加热，待焊膏充分熔化后停止加热，如图 8.4.3 所示。

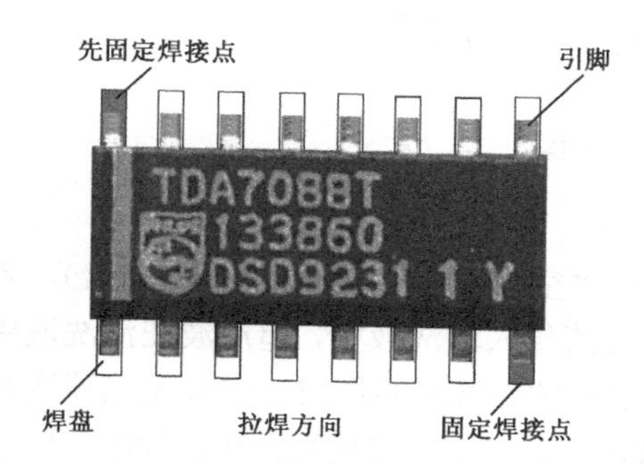

图 8.4.2　SOP 芯片的焊接操作

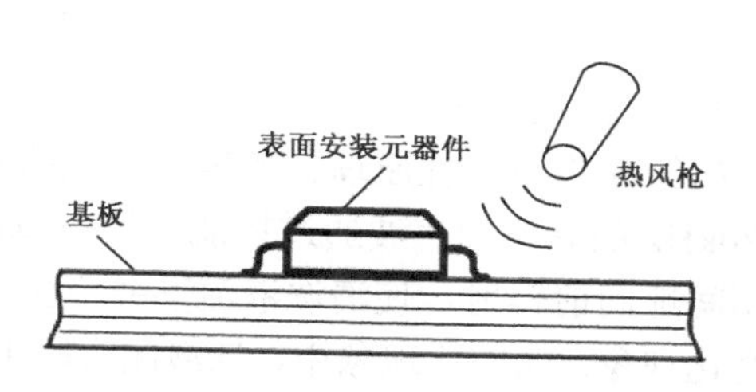

图 8.4.3　热风枪焊接操作

8.4.3 清洗工艺技术

1. 清洗的主要作用

清洗实际上是一种去污工艺。SMA 的清洗就是要去除组装后残留在 SMA 上的、影响其可靠性的污染物。组装焊接后清洗 SMA 的主要作用是：第一，防止电气缺陷的产生。最突出的电气缺陷就是漏电，造成这种缺陷的主要原因是 PCB 上存在离子污染物、有机残料和其他黏附物。第二，清除腐蚀物的危害。腐蚀会损环电路板，造成器件脆化；腐蚀物本身在潮湿的环境中能导电，会引起 SMA 短路故障。第三，使 SMA 外观清晰。

2. 清洗技术

根据清洗介质的不同，清洗技术有溶剂清洗和水清洗两大类；根据清洗工艺和设备不同又可分为批量式和连续式清洗两种类型；根据清洗方法不同还可分为高压喷洗清洗、超声波清洗等形式。

1）溶剂清洗工艺技术

溶剂清洗的原理是将需清洗的 SMA 放入溶剂蒸汽中后，由于其相对温度较低，故溶剂蒸汽能很快凝结在 SMA 上面，SMA上面的污染物溶解、再蒸发，并带走。若加以喷淋等机械力的作用，其清洗效果会更好。

2）水清洗工艺技术

（1）半水清洗工艺技术。半水清洗属水清洗范畴，不同的是清洗时加入可分离型的溶剂。清洗过程中溶剂与水形成乳化液，洗后待废液静止，可将溶剂从水中分离出来。

半水清洗先用萜烯类或其他半水清洗溶剂清洗焊接好的SMA，然后再用去离子水漂洗。采用萜烯的半水清洗工艺流程如图 8.4.4 所示。

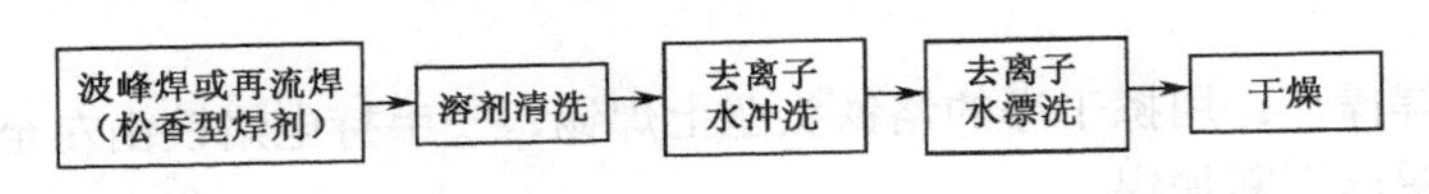

图 8.4.4　半水清洗工艺流程

（2）水清洗工艺技术。图 8.4.5 所示列出了简单的水洗工艺流程图。这种水洗工艺适用于结构简单的通孔 PCB 组件的清洗。

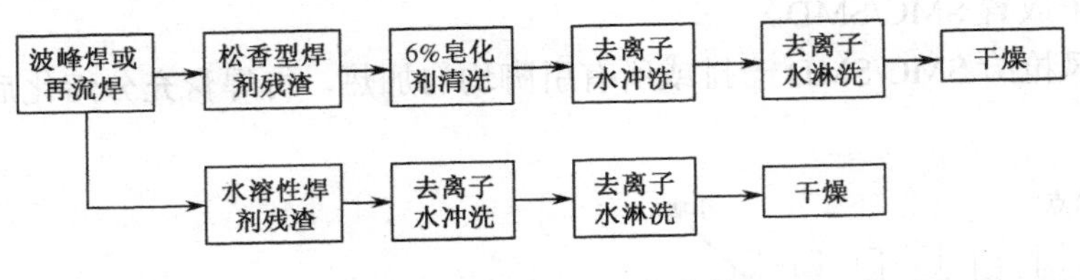

图 8.4.5　水清洗工艺流程

3）超声波清洗

（1）超声波清洗原理。超声波清洗的基本原理是“空化效应”（Cavitation Effect），当高于 20kHz 的高频超声波通过换能器转换成高频机械震荡传入清洗液中，超声波在清洗液中疏密相间地向前辐射，使清洗液流动并产生数以万计数的微小气泡的形成。生长及迅速闭合称为空化现象。在空化现象中，气泡闭合时形成约 1000 个大气压力的瞬时高压，就像一连串的小“爆炸”，不断地轰击被清洗物表面，并可对被洗涤物的细孔进行轰击，使被清洗物表面及缝隙中的污染物迅速剥落。

（2）超声波清洗的优点：效果全面，清洁度高；清洗速度快，提高了生产率；不损坏被清洗物表面；减少了人手对溶剂的接触机会，提高工作安全度；可以清洗其他方法达不到的部位；节省溶剂、热能、工作面积、人力等。

本章小结

（1）表面组装工艺的发展与元器件的发展、新技术的应用以及工装设备的改进、检测技术的自动化密切相关。

（2）表面组装技术（SMT）与传统的通孔插装技术（THT）相比，具有组装密度高、可靠性好、抗干扰能力强、电性能优异、便于自动化生产等特点。

（3）SMT 是一套完整的组装工艺技术。主要包括：SMC、SMD、PCB、SMB、点胶、涂膏、贴装、焊接、检测技术等。

（4）SMB 的特点是高密度、小孔径、多层数、高平整度、高光洁度和尺寸稳定性等。SMB 采用金属芯板，即用一块厚度适当的金属板代替环氧玻璃布基板，经过特殊处理后，电路导线在金属板两面相互连通，而与金属板本身绝缘。金属芯印制板的优点是散热性能好、尺寸稳定，并具有电磁屏蔽作用，可以防止信号之间相互干扰。

（5）SMC/SMD 的贴装类型有两类最基本的工艺流程，一类是采用波峰焊的工艺，另一类是采用再流焊的工艺。表面组装的基本形式有三种形式：单面混合、双面混合、全表面安装（单、双面）。

（6）表面安设备主要有三大类：涂布设备、贴片设备和焊接设备。

（7）贴装设备的是 SMT 的关键设备，SMC/SMD 贴装一般采用贴装机（亦称贴片机）自动进行，也可采用手工借助辅助工具进行。

（8）SMT 焊接基本工艺有两种方式：采用波峰焊方式和再流焊方式。SMT 焊接特点是元器件之间和元器件与 PCB 之间的间隔很小； 元器件本身受热冲击大；要求形成微细化的焊接连接；由于表面组装元器件的电极或引脚的形状、结构和材料种类繁多，因此要求能对各种类型的电极或引脚都能进行焊接；要求表面组装元器件与 PCB 上焊盘图形的接合强度和可靠性高。

（9）组装焊接后清洗 SMA 的主要作用是：第一，防止电气缺陷的产生。最突出的电气缺陷就是漏电，造成这种缺陷的主要原因是 PCB 上存在离子污染物、有机残料和其他黏附物。第二，清除腐蚀物的危害。腐蚀会损坏电路板，造成器件脆化；腐蚀物本身在潮湿的环境中能导电，会引起 SMA 短路故障。第三、使 SMA 外观清晰。清洗技术有溶剂清洗和水清洗两大类。

习题 8

1．何谓表面组装技术？

2．与传统的 THT 工艺相比，采用表面组装有何优越性？

3．组装焊接后清洗工序有何作用？

4．SMT 的焊接技术有何特点？

实训项目：SMC/SMD 的手工焊接

【实训目的】

1．熟悉 SMC/SMD 贴装。

2．掌握热风焊枪、BGA 芯片的植锡球工具等的操作。

3．熟练掌握 SMC/SMD 的手工焊接技能。

【实训内容及步骤】

1．SMC 的手工焊接操作

（1）选用 20W 带有手工焊接操作的尖锥形烙铁头的电烙铁、直径为 0.6～0.8mm 的焊锡丝。

（2）焊接元件的时间控制在 2～3s 内。

2．翼形引脚 SOP 芯片的手工焊接操作

（1）选用烙铁头为扁平式的普通电烙铁，锡丝直径可选 1.0mm 以上。

（2）先用无水乙醇擦除焊盘污垢；再检查 SOP 芯片引脚，若有变形，用镊子谨慎调整。

（3）在 SOP 芯片引脚上涂助焊剂，然后安放在焊接位置上，且先焊接对角的两个引脚将器件固定，接着调整其他引脚与焊盘位置无偏差。

（4）进行拉焊操作；用擦干净的烙铁头蘸上焊锡，一手持电烙铁由左至右对引脚进行焊接，另一手持焊锡丝不断加锡。SOP 芯片的焊接操作如图 8.4.2 所示。

3．SMC/SMD 的焊点质量判别

不管是手工焊接或是浸焊操作，焊接完成后，都应将焊接点清洗干净，并借助放大镜检查焊点质量，以便及时进行修正。

4．SMC/SMD 的手工拆焊接操作

SMC/SMD 的手工拆焊操作在早期是非常困难的，常用电烙铁、细铜丝编织的吸锡带或吸锡器等工具，但拆焊效果并不理想，常损坏 PCB 印制导线。目前，使用热风焊枪来对 SMC/SMD 进行拆焊操作是一桩比较安全而简单的事情，其原理是利用热空气来熔化焊点，且热空气的温度是可调节的，具体步骤如下：

（1）选择合适的喷嘴，有单管喷嘴和与集成电路引脚分布相同的专用喷嘴等多种。

（2）选择合适的温度和风量。

（3）用镊子或芯片拔启器夹住加热的元器件。

（4）用热风焊枪对取下元器件进行冷风冷却。

【实训注意事项】

（1）加热器如果只用单喷嘴，则吹风控制旋钮应放置在 1～3 挡的位置上；如果加热器需使其他专用喷嘴，则该旋钮应置于 4～6 挡的位置上；如果只使用单喷嘴，则该旋钮不能置于 6 挡的位置上。

（2）加热器内有石英玻璃管和隔热层，使用中轻拿轻放，注意不要掉到地上。

（3）加热器温度很高，应防止烫伤周围元器件及导线，更应远离可燃气体、纸张等物体。

（4）不用热风焊枪时，应关闭面板上的开关，此时，内部会送出一阵冷风出来以加速加热器的冷却，然后停止工作。千万不要用直接拔下电源插头的方法来停止工作

（5）发生焊接短路，可用烙铁将短路点上的余锡引下来，或采用不锈钢针头，从熔化的焊点中间划开。

第9章

电子产品调试工艺

9.1 概述

装配工作只是把成百上千的元器件，按照设计的要求连接起来，而每个元器件的特性参数都不可避免地存在着微小的差异，其综合结果会使电路的各种性能出现较大的偏差，加之在装配过程中产生的各种分布参数的影响，故在整机电路刚组装完成，其各项技术指标一般不可能达到设计要求，必须通过调试才能达到规定的技术要求。

9.1.1 调试工作的内容

调试工作包括测试和调整两部分内容。可以概括为，通过测试，以确定产品是否合格，对不合格产品，通过调整，使其技术指标达到要求。

（1）测试：主要是对电路的各项技术指标和功能进行测量与试验，并同设计的性能指标进行比较，以确定电路是否合格。它是电路调整的依据，又是检验结论的判据。

（2）调整：主要是对电路参数的调整。一般是对电路中可调元器件（如可调电阻、可调电容、可调电感等）以及机械部分进行调整使电路达到预定的功能和性能要求。

电子产品的调试工作主要包含两个阶段的工作：产品研制阶段的调试工作和产品批量生产阶段的调试工作。产品研制阶段的调试除了对电路设计方案进行试验和调整以外，还要对后面的生产阶段的调试提供确切的调试数据和工艺要求，根据产品研制阶段的调试步骤、工艺方法、调试过程，找出重点和难点，才能制订出合理、科学、优质、高效的调试工艺方案，才有利于产品批量生产阶段的调试工作。

产品研制阶段的调试由于参考数据少，甚至没有可以参考的数据，只有一些理论上的分析数据，产品电路还不成熟。因此，需要调整的元件较多，调试工作量较大，并且调试工作具有一定的摸索性。在调试过程中还要逐步确定哪些元件需要更改参数，哪些元件需要用可调元件（如电位器、可调电容等）来代替，并且还要确定调试步骤、调试方法、调试点和使用的仪器等，这些都是在产品研制阶段需要做的调试工作。

在产品批量生产阶段，由于有了研制阶段的调试工作基础，调试工艺已经基本成熟，因此，这个阶段的调试主要考虑调试效率，调试步骤和调试点、调试参数越少越好。生产阶段的调试质量和效率取决于调试操作人员对调试工艺的掌握熟练程度和调试工艺过程是否制订合理。

生产阶段的调试工作大致有以下内容：

① 通电前的外观和内部连接检查工作：一般在产品通电之前应先检查外观有没有异常，

如电源连接是否正确、牢靠、螺母有否松动、表面有否划伤、装配有否错位等，产品内部底板或主板上的插件是否正确，焊接是否存在虚焊和短路的现象，对外连接的插座是否焊接正确和牢靠。首次调试，还要检查调试仪器是否正常，精度和阻抗是否满足调试要求。

② 测量电源工作情况：若调试单元是外加电源，必须在调试之前先测量供电电压是否正常，若是由产品底板供电的，则应先断开负载，测量其空载电压是否正常，若电压正常，再接通负载。一般调试工作台应该有监视或显示电源的仪器仪表。

③ 通电观察：接通调试系统电源，先不加测试信号，观察有无异常现象。例如异味、冒烟、元件特别发烫等，若有异常，应该立即切断电源，检查供电系统和产品连接。

④ 测试与调整：测试是在安装后对产品电路的参数和工作状态进行测量，调整是在测试的基础上对电路的参数进行调节修正使之满足产品设计要求。调试包括部件和整机的调试，如果整机电路是由分开的多块电路板组成的，应该先进行单块电路板的调试后再进行整机调试。在进行单块电路板的调试时，比较理想的调试顺序应该是按信号的流向进行，这样可以把前面调试过的电路板输出信号作为后面一级的输入信号，为最后整机调试逐步打下了基础。

⑤ 调试工作的最后内容是对产品进行老化和环境试验并且做好试验记录准备出厂。

9.1.2 调试方案的制订

调试方案是指一系列适用于调试某产品的具体内容和项目、调试步骤和方法、测试条件和测试设备、调试作业流程和安全操作规定。调试工艺方案的好坏直接影响到生产调试的效率和产品质量控制，所以，制订调试方案时内容一定要具体、切实可行，测试条件应该明确清晰，测试设备要选择合理，测试数据要尽量表格化。调试方案的制订一般有以下五个内容：

（1）确定测试项目以及每个子项目的调试内容和步骤、调试要求。

（2）合理安排调试流程。一般调试工艺流程的安排原则是先调试结构部分，后调试电气部分，先调试部件，后调试整机，先调试独立项目，后调试相互有影响和制约的公共项目。对调试指标的顺序安排应该是先调试基本指标，后调试对产品质量影响较大的指标。

（3）合理安排好调试工序之间的衔接。在流水作业方式的生产中，对调试工序之间的衔接要求很高，衔接不好，整个生产线会出现瓶颈效应甚至造成混乱。为了避免流水作业中出现重复和调乱可调元件的现象，必须规定调试人员除了完成本工序的调试任务以外，不得调整与本工序无关的部分，调试完成后还要做好调试标记（如贴标签或者蜡封、红油漆点封等），在本工序调试的项目中如果遇到不合格的电路板或部件，在短时间内难以排除时，应做好故障记录后放在一边，以备转到维修部门或者返回上道工序生产调试车间处理。

（4）调试手段及调试环境的选择。调试手段越简单越好，调试的参数越少越好，调试设备越少越好。调试仪器的摆放应该遵循就近、方便、安全的原则，应该充分利用高科技手段，例如计算机自动化测试。另外，要重视调试环境，应该尽量减小诸如电磁场、噪声、潮湿、温度等环境因素对调试工作带来的影响。

（5）编制调试工艺文件。调试工艺文件主要包括调试工艺卡、调试操作规程、安全操作规程、质量分析表的编制。

9.2 调试仪器

9.2.1 调试仪器的选择

在调试工作中，调试质量的好坏，在一定程度上，取决于调测试仪器的正确选择与使用。因此，在选择仪器时，应把握以下原则。

（1）调试仪器的工作误差应远小于被调试参数所要求的误差。

（2）仪器的输入/输出范围和灵敏度，应符合被测电量的数值范围。

（3）调试仪器量程的选择，应满足测量精度的要求。

（4）测试仪器输入阻抗的选择应满足被测电路的要求。

（5）测试仪器的测量频率范围，应符合被测电量的频率范围。

9.2.2 调试仪器的配置

一项测试究竟要由哪些仪器及设备组成，仪器及设备的型号如何确定，必须依据测试方案来确定。测试方案拟定之后，为了保证仪器正常工作且达到一定精度，在现场布置和接线方面需要注意以下几个问题。

（1）各种仪器的布置应便于观测。确保在观察波形或读取测试结果（数据）时视差小，不易疲劳。例如，指针式仪表不宜放得太高或太偏，仪器面板应避开强光直射等。

（2）仪器的布置应便于操作。通常根据不同仪器面板上可调旋钮的布置情况来安排其位置，使调节方便、舒适。

（3）仪器叠放置时，应注意安全稳定及散热条件。把体积小、重量轻的放在上面。有的仪器把大功率晶体管安装在机壳外面，重叠时应注意不要造成短路。对于功率大、发热量多的仪器，要注意仪器的散热和对周围仪器的影响。

（4）仪器的布置要力求连接线最短。对于高增益、弱信号或高频的测量，应特别注意不要将被测件输入与输出的连接线靠近或交叉，以免引起信号的串扰及寄生振荡。

9.3 调试工艺技术

9.3.1 调试工作的一般程序

不论是部件调试还是整机调试，对于调试岗位，调试工作的一般程序如图9.3.1所示。

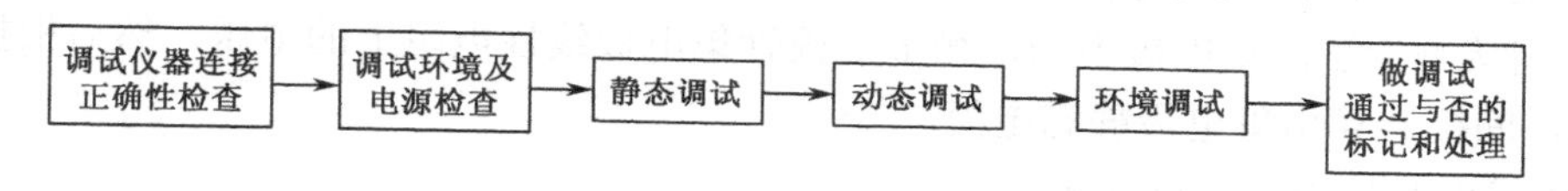

图9.3.1 调试工作的一般程序

调试仪器连接正确性检查：主要检查调试用的仪器之间不要连错，包括极性、接地、测试点、输入输出连接等。

调试环境及电源检查：主要检查调试环境是否符合调试文件所规定的要求，例如，调试环境及周围有没有强烈的电磁辐射和干扰、有没有易燃易爆物质、电源的电压或频率是否符合要求等。

静态调试：主要完成静态工作点的调试和产品工作电流、逻辑电平的测试。

动态调试：主要完成产品的动态工作电压、各点波形、相位、功率、频带和放大倍数、输入输出阻抗的测试。

环境测试：主要是根据产品环境测试要求完成产品的环境试验，例如温度、湿度、压力、运输、电源波动、冲击等的产品性能测试。一般环境测试都有专门的试验员或者检验员以及相应的产品环境测试大纲，本章不讨论这个内容。

做调试通过与否的标记和处理：调试过程中发现了不合格产品，应该立即做好记录并且放入不合格产品库中以便返回有关车间或者上道工序检查维修，调试合格的产品也要做好登记并且贴上合格标记。

9.3.2 静态调试

静态是指没有外加输入信号（或输入信号为零）时，电路的直流工作状态。

1．静态测试内容

1）供电电源静态电压测试。

电源电压正常是各级电路静态工作点是否正常的保证，如果电源电压偏高或者偏低，都不能准确测量出相应的静态工作点。电源电压如果有较大的波动，应该不要急于接入测试电路，先检查电源波动的原因，例如测量其空载电压、接入假负载时的电压、供电线路是否异常等，待电源正常后才可以接入测试电路。

2）测试单元电路静态工作总电流。

通过测量分块电路静态工作电流，可以及早知道单元电路工作状态，如果电流偏大甚至过大，则说明电路存在部分短路或漏电，如果电流偏小甚至很小，则说明电路部分存在开路现象，只有及早测量该电流，才能减小元件的损坏，此时的电流值只能作为参考，等单元电路各静态工作点调试完后，还要再测量一次，检查是否符合要求。

3）三极管静态电压、电流测试。

如果电路含有有源分立元件三极管，则首先要测量三极管三极对地电压，即 U_b、U_c、U_e 的值，用以判断三极管是否工作在要求的状态下（放大、截止、饱和），例如，测出 U_b=0.68V，U_c=0.15V，U_e=0.1V，说明三极管处于饱和导通状态，如果应该是放大状态，就要调整基极偏置使其进入放大状态。

其次，再测量三极管集电极电流，要保证 I_c 在规定的范围以内。测量方法一般有两种：

（1）直接测量法。把集电极焊开后串接入万用表，使用电流档测量其电流。

（2）间接测量法。集电极不动，测量三极管集电极线性电阻上的电压，然后根据欧姆定理 $I=U/R$，间接计算出集电极静态电流。

4）集成电路静态工作点的测试。

集成电路内部集成了成千上万个晶体管、电阻和电容，也有一个电路初始值要求的问题。

（1）集成电路各功能引脚静态对地电压的测量。一般情况下，集成电路各功能引脚对地电压反映了其内部各点工作状态是否正常，在排除外围元件损坏或插错的情况下，只要将测量的各功能引脚电压与正常电压值进行比较就可以判断集成电路是否正常。

（2）集成电路静态工作电流的测量。有时集成电路虽然可以工作，但是发热严重，说明其功耗偏大，是静态工作电流不正常的现象，所以要测试其静态工作电流。测量时可以断开集成电路供电引脚串入万用表，使用电流档来测量，如果是正负双电源供电，则应该分别测量。

（3）数字集成电路静态逻辑电平的测量

数字电路只有两种电平：高电平和低电平，以 TTL 与非门电路为例，0.8V 以下为低电平，1.8V 以上为高电平，电压在 0.8～1.8V 之间电路状态是不稳定的。所以该电压范围是不允许出现的，出现了就意味着集成电路不正常，不同数字集成电路高低电平界限可能不一样，但是相差不应该太大，具体可以参考有关集成电路手册。

2. 测试的注意事项

1）直流电流测试的注意事项

（1）直接测试法测试电流时，必须断开电路后将仪表（万用表调到直流电流挡）串入电路。

（2）注意电流表的极性，应该使电流从电流表的正极流入，负极流出。

（3）合理选择电流表的量程，使电流表的量程略大于测试电流。若事先不清楚被测电流的大小，应先把电流表调到高量程测试，再根据实际测试的情况将量程调整到合适的位置再精确地测试一次。

（4）根据被测电路的特点和测试精度要求选择电流表的内阻和精度。

（5）利用间接测试法测试时必须注意：被测电阻两端并联的其他元器件，可能会使测量产生误差。

2）直流电压测试的注意事项

（1）直流电压测试时，应注意电路中高电位端接表的正极，低电位端接表的负极；电压表的量程应略大于所测试的电压。

（2）根据被测电路的特点和测试精度的要求，选择测试仪表的内阻和精度。测试精度要求高时，可选择高精度模拟式或数字式电压表。

（3）使用万用表测量电压时，不得误用其他挡，特别是电流挡和欧姆挡，以免损坏仪表。

（4）在工程中，一般情况下，称“某点电压”均指该点对电路公共参考点（地端）的电位。

3. 电路调整方法

进行电路测试的时候，有时需要对某些元件的参数做一些调整。电路调整的方法一般有两种：

（1）选择法。围绕性能指标要求，通过替换某些元件来选择合适的电路参数，一般在电路原理图中，某些元件的参数旁边通常标注有“*”号，表示该元件参数需要在调试中才能实际最后确定。由于反复替换元件不方便，一般总是先用可调元件接入，等最后调试确定了比较合适的元件参数以后再换上与选定参数相同的固定元件。

（2）调节可调元件法。在电路中直接接入可调元件，例如电位器、可调电容等，特点是参数调试方便，而且电路工作一段时间后，如果状态发生变化也可以随时调整，电路维护也比较方便，但是可调元件的稳定性较差，体积也比较大，在震动、运输环境下容易发生参数变化。

9.3.3 动态调试

动态调试的目的，就是在静态调试基础上加入工作信号调整电路的各项动态参数以满足性能指标要求。动态调试的内容包括动态工作电压、波形的形状、幅值和频率、动态输出功率、相位关系、带宽、电路增益（放大倍数）等，对于数字电路产品，一般只要器件选择合适，静态工作点正常，电路的逻辑关系就不会有什么问题，只要测试一下电路电平的转换和工作速度就可以了。

1．测试电路的动态工作电压

一般测试内容包括三极管 e、b、c 极和集成电路各引脚对地的动态工作电压。动态电压与静态电压同样是判断电路是否正常工作的重要依据，例如，有些振荡电路当电路起振时，测量三极管的 U_{be} 直流电压，指针式万用表的指针会出现反偏现象，利用这一点就可以判断电路是否起振。

2．测量电路波形、频率和幅度

任何电路正常工作时，都有一些关键波形应该处于要求的波形、频率和幅度范围之内，波形的测试与调整是调试工作中的一个相当重要的技术。很多电子产品都有波形产生或者波形变换的电路，为了判断电路各种工作过程是否正常，常常需要通过示波器来观察并且测试这些关键波形的形状和幅度、频率，对不符合技术要求的，则需要通过调整电路元件参数使其达到规定的技术要求，调整不起作用的要注明故障现象并且转入维修部门。

3．电路频率特性的测试与调整

频率特性是电子产品中的一项重要性能指标。例如，电视机接收图像质量的好坏就主要取决于高频调谐器和中放通道的频率特性。所谓电路的频率特性就是指一个电路在不同频率、相同幅度的输入信号激励作用下的输出响应。测试电路频率特性的方法一般有两种，即点频法和扫频法。

（1）点频法。点频法是用信号源（如正弦波信号源）向被测电路提供所需的输入电压信号，用电子电压表监测被测电路的输入电压和输出电压。点频法测量幅频特性的原理框图如图 9.3.2 所示。

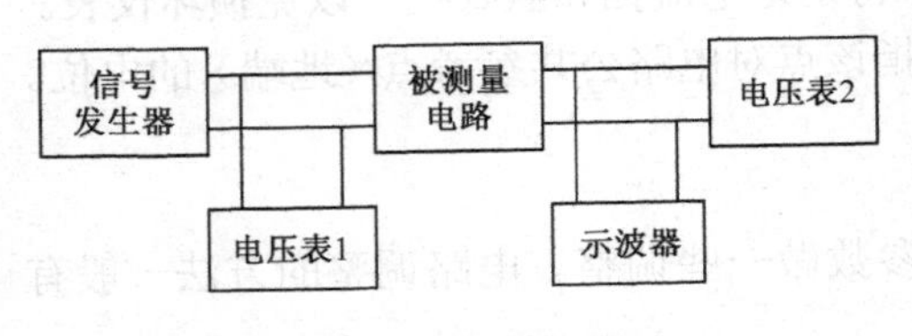

图 9.3.2　点频法检测幅频特性的原理图

测试时，保持输入信号幅度不变，改变输入信号的频率，通过电子电压表将不同频率的输出电压值记录下来，并以频率为横坐标，电压幅度为纵坐标，逐点标出测量值，最后用一条光滑的曲线连接各测试点，这条曲线就是被测电路的幅频特性曲线。幅频特性曲线的示意图如图 9.3.3 所示。

测量时，频率间隔越小则测试结果就越准确。这种方法多用于低频电路的频响测试，如音频放大器、收录机等。

（2）扫频法。扫频测试法是使用专用的频率特性测试仪（又叫扫频仪），直接测量并显示出被测电路的频率特性曲线的方法。高频电路一般采用扫频法进行测试。

扫频仪测量机理为，用扫频信号源取代普通的信号源，把人工逐点调节频率变为自动逐点扫频，用示波器取代电子电压表，使输出电压随频率变化的轨迹自动地呈现在荧光屏上，从而直接得到被测信号的频响曲线。

扫频信号发生器能向被测电路提供频率由低到高，然后又由高到低，反复循环、且自动变化的等幅信号。示波器部分将被测电路输出的信号经电路调整、处理后由示波管逐点显示出来，由于扫频信号发生器产生的信号频率间隔很小，几乎是连续变化的，所以显示出的曲线更细腻、更光滑。

扫频测试法的测试接线示意图如图 9.3.4 所示。

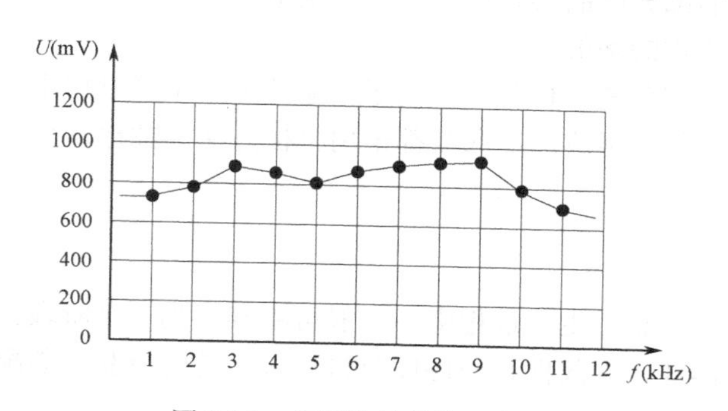

图 9.3.3　幅频特性曲线示意图

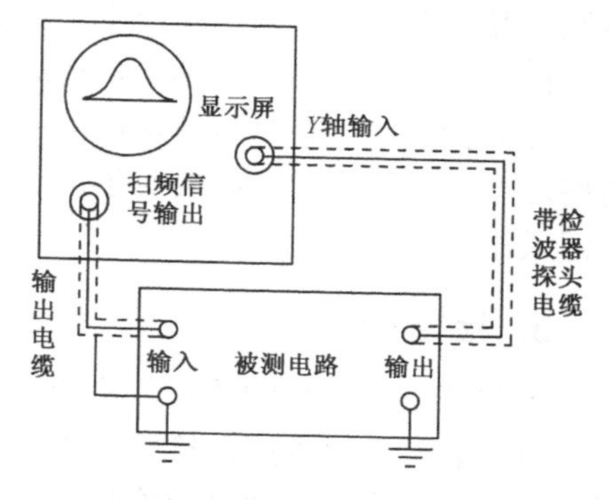

图 9.3.4　扫频法测试幅频特性的接线示意图

测试时，应根据被测电路的频率响应选择一个合适的中心频率，用输出电缆将扫频仪的输出信号加到被测电路的输入端，用检波探头将被测电路的输出信号电压送到扫频仪的输入端，在扫频仪的荧光屏上就能显示出被测电路的频率特性曲线。

在测到的频率特性曲线没有达到设计要求的情况下，需要调整电路的参数，使频率特性曲线达到要求。通过对电路参数的调整，使其频率特性曲线符合设计要求的过程就是频率特性的调整。频率特性的调整是在频率特性测试的基础上进行的。

调整的思路和方法，基本上与波形的调整相似。只是频率特性的调整是多频率点，既要保证低频段又要保证高频段，还要保证中频段。也就是说，在规定的频率范围内，各频率信号的幅度都要达到要求。而电路的某些参数的改变，既会影响高频段，也会影响低频段，一般先粗调，后反复细调。

9.4　整机质检

电子产品在调试合格之后，要根据产品设计的技术要求和工艺要求进行必要的检验（质量检验和验收），检验合格后才能投入使用。可以说，质量检验是生产过程中必要的工序，是保证产品质量的必要手段，它伴随产品生产的整个过程。检验工作应执行三级检验制：自检、互检、专职检验。我们一般讲的检验是指专职检验，即由企业质检部门的专职人员根据相应的技术文件，对产品所需的一切原材料、元器件、零部件、整机等进行测试与检验，判断其质量的好坏。

9.4.1　质检的基本知识

1．检验的概念

检验是通过观察和判断，结合测量、测试等手段，对电子产品进行的综合性评价。整机质检就是按照整机技术要求规定的内容进行观察、测量、测试，并将得到的结果与规定的设计指标和工艺要求进行比较，以确定整机各项指标的合格情况。检验与测量、调试有着本质的区别，不要混淆了概念。

2．检验的分类

检验过程一般分为全检及抽检两类。

（1）全检。全检是对所有产品逐个进行检验。一些可靠性要求严格的产品，如军工产品、试制产品及在生产条件、生产工艺改变后的部分产品必须进行全检。全检以后的产品可靠性高，但要投入大量的人力物力，造成生产成本的增加。

（2）抽检。抽检是从待检产品中抽取一部分进行检验。在电子产品的批量生产过程中，有些环节不可能也没有必要对生产出的零部件、半成品、成品都采用全检方法。抽检是目前广泛采用的一种检验方法。

3．检验过程

为保证电子产品的质量，检验工作贯穿于整个生产过程中，一般可将其分为三个阶段。

（1）装配器材入库前检验。主要指元器件、零部件、外协件及材料入库前的检验。装配材料的检验一般采取抽检的检验方式。

（2）生产过程检验。生产过程检验是对生产过程中的一个或多个工序，或对半成品、成品的检验，主要包括焊接检验、单元电路调试检验、整机组装后系统检验等。生产过程检验一般采取全检的检验方式。

（3）整机检验。整机检验应按照产品标准（或产品技术条件）规定的内容，采取多级、多重复检的方式进行。检验内容主要包括对产品的外观、结构、功能、主要技术指标、兼容性、安全性等方面的检验。

另外，检验过程还包括对产品进行环境试验和寿命试验。其检验方式一般采用：入库全检，出库抽检。

9.4.2 验收试验

1．装配材料入库前检验

产品生产所需的原材料、元器件、外协件等，在包装、存放、运输过程中有可能会出现变质或者有的材料本身就不合格，所以入库前的检验就成为产品质量可靠性的重要前提。材料入库前应按产品技术条件、技术协议进行外观检验或相关性能指标的测试，检验合格后方可入库。对判定为不合格的材料则不能使用，并进行严格隔离，以免混淆。

2．生产过程检验

检验合格的元器件、原材料、外协件在部件组装、整机装配过程中，可能因操作人员的技能水平、质量意识及装配工艺、设备、工装等因素，使组装后的部件、整机有时不能完全符合质量要求。因此对生产过程中的各道工序都应进行检验，并采用操作人员自检、生产班组互检和专职人员检验相结合的方式。

3．整机检验

整机检验是检查产品经过总装、调试之后是否达到预定功能要求和技术指标的过程。整机检验主要包括直观检验、功能检验和主要性能指标测试等内容。

（1）直观检查。直观检查的项目包括：产品是否整洁；面板、机壳表面的涂覆层及装饰件、标志、铭牌等是否齐全，有无损伤；产品的各种连接装置是否完好；各金属件有无锈斑；结构件有无变形、断裂；表面丝印、字迹是否完整清晰；量程覆盖是否符合要求；转动机构是否灵活；控制开关是否到位等。

（2）功能检验。功能检验就是对产品设计所要求的各项功能进行检查。

（3）主要性能指标的测试。此项是整机检验的主要内容之一。现行国家标准规定了各种电子产品的基本参数及测量方法，通过检验查看产品是否达到了国家和企业的技术标准，一些定制产品还需要按客户要求进行相关的测试。

9.4.3 例行试验

例行试验包括环境试验和寿命试验两项内容。为了如实反映产品质量，达到例行实验的目的，例行试验的样品机应在检验合格的整机中随机抽取。

1. 环境试验

环境试验是评价分析环境因素对产品性能影响的试验，它通常是模拟产品在使用时可能遇到的各种自然环境条件下进行的。环境试验是一种检验产品适应环境能力的方法。

环境试验的项目是从实际环境中抽象、概括出来的，因此，环境试验可以是模拟一种环境因素的单一试验，也可以是同时模拟多种环境因素的综合试验，主要内容包括机械试验、气候试验、运输试验以及特殊试验等多项内容。

1）机械试验

（1）震动试验。震动试验用来检查产品经受震动的稳定性。方法是将样品固定在震动台上，经过模拟固定频率（50 kHz）、变频（5 kHz～2000 kHz）等各种震动环境进行试验。以检查产品在规定的震动频率范围内有无共振点和在一定加速度下能否正常工作，有无机械损伤、元器件脱落、紧固件松动等现象。

（2）冲击试验。冲击试验用来检查产品经受非重复性机械冲击的适应性。方法是将样品固定在试验台上，用一定的加速度和频率，分别在产品的不同方向冲击若干次。冲击试验后，检查产品的主要技术指标是否仍符合要求，有无机械损伤。

（3）离心加速度试验。离心加速度试验主要用来检查产品结构的完整性和可靠性。离心加速度是运载工具加速或变更方向时产生的。离心力的方向与有触点的元器件（如继电器、开关）的触点脱开方向一致。当离心力大于触点的接触压力时，会造成元器件断路，导致产品失效。

2）气候试验

（1）高温试验。用以检查高温环境对产品的影响，确定产品在高温条件下工作和储存的适应性。高温试验有两种：一种是高温性能试验，即整机在某一固定温度下，通电工作一定时间后是否能正常工作；另一种高温试验是产品在高温储存情况下进行的试验，即整机在某一高温中放置若干小时，并在室温下恢复一定时间后，检查产品主要指标是否仍符合要求，有无机械损伤、塑料变形等现象。

（2）低温试验。用以检查低温环境对产品的影响，确定产品在低温条件下工作和储存的适应性。低温试验一般在低温箱中进行。低温试验分为两种：一种是低温性能试验，即将产品置入低温箱中通电，并在一定温度下工作若干小时，然后测量产品的工作特性，检查产品能否正常工作；另一种低温试验是产品在储存情况下进行的试验，即将产品在不通电的情况下，置入某一固定温度的低温箱中，若干小时后取出，并在室温下恢复一段时间后通电，检查其主要测试指标是否仍符合要求，有无机械损伤、金属锈蚀和漆层剥落等现象。

（3）温度循环试验。用以检查产品在短时间内，抵御温度急剧变化的承受能力及是否因热胀冷缩引起材料开裂、接插件接触不良、产品参数恶化等失效现象。温度循环试验通常在高低温箱中进行。

（4）潮湿试验。用以检查潮湿环境对电子产品的影响，确定产品在潮湿条件下工作和储存的适应性。

（5）低气压试验。用于检查低气压对产品性能的影响。低气压实验是将产品放入具有密封容器的低温、低压箱中，用机械泵将容器内气压降低到规定值，以模拟高空气压环境，然后测量产品参数是否符合技术要求。

3）运输试验

运输试验是检查产品对包装、储存、运输环境条件的适应能力。本试验可以在运输试验台上进行，也可以直接以行车试验作为运输试验。目前工厂做运输试验一般是将已包好的产品按要求放置到卡车后部，卡车以一定的速度在三级公路（相当于城乡间的土路）上行若干公里。运输试验后，打开包装箱，先检查产品有无机械损伤和紧固件有无松脱现象，然后测试产品的主要技术指标是否符合整机技术条件。

4）特殊试验

特殊试验是检查产品适应特殊工作环境的能力。特殊试验包括盐雾试验、防尘试验、抗雾试验、抗霉试验和抗辐射试验等。该试验不是所有产品都要做的试验，而只对一些在特殊环境条件下使用的产品或按用户的特定要求而进行的试验。

2．寿命试验

寿命试验是用来考察产品寿命规律的试验，它是产品最后阶段的试验。寿命试验是在试验条件下，模拟产品实际工作状态和储存状态，投入一定样品进行的试验。试验中要记录样品失效的时间，并对这些失效时间进行统计分析，以评估产品的可靠性、失效率、平均寿命等可靠性数据特征。

寿命试验分为工作寿命试验和储存寿命试验两种。因储存寿命试验的时间太长，通常采用工作寿命试验(又称功率老化试验)。它是在给产品加上规定的工作电压条件下进行的试验。试验过程中应按技术条件规定，间隔一定时间进行参数测试。

9.5 故障检修

在电子产品调试过程中，经常会调试失败，甚至可能出现一些致命性的故障，如调整元器件电路不能达到设计指标，或通电后，出现保险丝烧坏、电路板冒烟、打火、漏电、元器件烧坏等情况，造成电路无法正常工作。故而，对故障的检修就显得尤为重要了。可以这样说，只要装配后的产品不能工作或达不到设计要求，就必须进行检修。检修后仍不合格的产品要集中处理，不能随意丢弃。

9.5.1 故障检修一般步骤

故障检修分为故障查找和故障排除。通常是先查找、分析出故障的原因，判断故障发生的部位，然后排除故障，最后对已修复的整机的各项性能进行全面检验。

1．观察故障现象

对于新安装的电路，首先要在不通电情况下，检查电路是否有元器件用错、元器件引脚接错、元器件损坏、掉线、断线，有无接触不良等现象。对于不能正常工作的电路，应在不通电情况下观察被检修电路的表面，可能会发现变压器烧坏、电阻烧焦、晶体管断极、电容器漏油、元器件脱焊、接插件接触不良或断线等现象。

2．电路测试与故障分析与判断

通过观察可能直接找出故障点，有些故障可直接排除，如焊接、装配故障。但需要指出的是，许多故障仅为表面现象，表面现象下面可能隐藏着更深层的原因，必须根据故障现象，对相应电路的相应电路参数进行测试，并结合电路原理对测试结果（现象）进行分析，才能找出故障的根本原因和真正的故障点。

3．排除故障

在故障原因和故障部位找到之后，排除故障就很简单了。排除故障不能只求将功能恢复，必须要求全部的性能都达到技术要求；更不能不加分析，不把故障的根源找出来，而盲目更换元器件，只排除表面的故障，没有彻底地排除故障根源。

故障的根源和真正的故障点找到后，应根据故障原因，采取适当的方法，或补焊不良焊点，或是更换已损坏的元器件，或调整电路参数等。

4．功能和性能检验

故障排除后，一定要对其功能和性能进行全部的检验。通常的做法是，故障排除后应进行重新调试和检验。

5．总结

故障检修结束后应及时进行总结，对检修资料进行整理归档，贵重仪器设备要填写档案。这样做可以积累经验，提高业务水平，给用户作为参考，推荐优质、适用的产品，还可将检修信息反馈回来，完善产品的设计与装配工艺，提高产品质量。

9.5.2 故障检修方法

采用适当的方法来查找、分析、判断和确定故障原因及具体部位，是故障查找的关键。故障查找的方法多种多样，具体应用时，要针对具体检测对象，交叉、灵活地运用其中的一种或几种方法以达到快速、准确、有效查找故障的目的。这里，仅对几种常用的故障查找方法进行介绍。

1．观察法

观察法是通过人体感觉发现线路故障的方法。观察法可分为静态观察法和动态观察法两种。

1）静态观察法

静态观察法又称不通电观察法。

静态观察要先外后内，循序渐进。对于试验电路或样机要对照电路原理图检查接线有无错误，元器件是否符合设计要求，集成块的管脚有无插错方向或折弯，有无漏焊、桥接等故障。

打开机壳前先检查产品外表有无碰伤，按键、插口电线电缆有无损坏，保险是否烧断等。

打开机壳后先看机内各种装置和元器件，有无相碰、断线、烧坏等现象，然后用手或工具拨动一些元器件、导线等进行进一步检查。

2）动态观察法

动态观察法又称通电观察法，是指线路通电后，运用人体视、嗅、听、触觉检查线路故障。对于较大设备通电观察时，要采用隔离变压器和高压器件逐渐加电，防止故障扩大。一般情况下还应使用仪表，如电流表、电压表等监视电路状态。

通电后，眼要看：机内或电路内有无打火、冒烟等现象；鼻要闻：机内有无烧焦、烧糊的异味；耳要听：有无异常声音；手要触摸：一些管子、集成电路等是否发烫（注意：高电压、大电流电路须防触电、防烫伤）；有时还要摇振电路板、接插件或元器件等观测其有无接触不良等现象；发现异常立即断电。这就是所谓的“望”、“闻”、“听”、“摸”、“振”诊断法。

2. 测量法

测量法是使用测量设备测试电路的相关电参数，并与产品技术文件提供的参数作比较。测量法是故障查找中使用最广泛、最有效的方法。根据测量的电参数特性又可分为电阻法、电压法、电流法和波形法等。

1）电阻测量法

电阻特性是各种电子元器件和电路的基本特征，利用万用表测量电子元器件或电路各点之间的电阻值来判断故障的方法称为电阻法。由于电阻法不用给电路通电，可将检测风险降到最小，故检测时通常首选电阻法。

测量电阻值，需要考虑被测元器件受其他并联支路的影响，测量结果应对照原理图分析判断。“在线”测量方便快捷，不需拆焊电路板，对电路的操作小。“离线”测量需要将被测元器件或电路从整个电路或印制板上断开甚至脱焊下来，操作较麻烦但结果准确可靠。

2）电压测量法

电子线路正常工作时，线路各点都有一个确定的工作电压，通过测量电压来判断故障的方法称为电压法。电压法是通电检测手段中最基本、最常用、也是最方便的方法。根据被测电压的性质又可分为直流和交流两种电压测量。

（1）直流电压测量。测量直流电压一般分为三步：一是测量供电电源输出端电压是否正常；二是测量各单元电路及电路的关键“点”；三是测量电路主要元器件的直流偏置电压。

在比较完善的产品说明书中一般会给出电路各关键“点”正常工作时的电压，有些维修资料中还提供集成电路各引脚的工作电压。另外，也可以和能正常工作的同种电路测得各点电压相比较。偏离正常电压较多的部位或元器件，可能就是故障所在部位。

（2）交流电压测量。一般电子线路中交流回路较为简单，对于由 50Hz 市电升压或降压后的电压，只须采用普通万用表选择合适的交流量程即可，测高压时要注意安全并养成单手操作的习惯。对于非 50Hz 的电源，例如变频器输出电压的测量，就要考虑所用电压表的频率特性，超过频率范围的测量结果误差较大，甚至是错误的。万用表和一般交流电压表都是按正弦波信号设计的，示值即为有效值。故被测信号为非正弦波时，测量结果可能不正确。对频率较高的信号或非正弦波交流信号，可使用示波器检测电压。

3）电流测量法

电子线路正常工作时，各部分的工作电流是稳定的，偏离正常值较大的部位往往就是故障所在，这就是用电流法检测线路故障的原理。电流法有直接测量间接测量两种方法。

（1）直接测量法。就是将电流表串联在欲检测的回路中直接获得电流值的方法。这种方法直观、准确，但往往需要将原线路断开，或脱焊元器件引脚后才能进行测量，因而不大方便。

（2）间接测量法。实际上就是先测电压，再利用公式 $I = U / R$ 换算成电流值。这种方法快捷方便，但如果所选择的测量点元器件有故障则不容易准确判断。

4）波形法

对交变信号的产生和处理电路来说，采用示波器观察信号通路各点的波形是最直观、最有效的故障检测方法。在电子线路中，一般会画出电路中各关键点波形的形状和主要参数。用示波器观察信号通路各点波形的各种参数，如幅值、周期、前后沿、相位等，与给出的正常工作时的波形参数对照，找出故障原因。

【注意】采用电阻测量法时，应切断电路源，对大电容应先进行放电。采用电压测量法、电流测量法时，应先选挡后测量，先大量程后适中以及选择正确的极性。

3. 替换法

替代法是利用性能良好的备份器件、部件（或利用同类型正常机器的相同器件、部件）来替换产品可能产生故障的部分，以确定产生故障的部位的一种方法。如果替换后，工作正常了，说明故障就出在这部分。替换的直接目的在于缩小故障范围，不一定一下子就能确定故障的具体部位，但为进一步确定故障源创造了条件。

4. 比较法

使用同型号的优质产品，与被检修的产品作比较，找出故障的部位，这种方法叫比较法。检修时可将两者对应点进行比较，在比较中发现问题，找出故障所在。

5. 加热与冷却法

1）加热法

加热法是用电烙铁对被怀疑的元器件进行加热，使故障提前出现，来判断故障的原因与部位的方法。特别适合于刚开机工作正常，需工作一段时间后才出现故障的整机检修。

当加热某元器件时，原工作正常的整机或电路出现故障，则说明故障原因可能是因为该元器件工作一段时间后，温度升高使电路不能正常工作。当然不一定就是该元器件本身的故障，也可能是其他元器件性能不良，造成该元器件温度升高而引起的，所以应该进一步检查和分析，找出故障的根源。

2）冷却法

冷却法与加热法相反，是用酒精等易挥发的液体对被怀疑的元器件进行冷却降温，使故障消失，来判断故障的原因与部位的方法。

6. 信号寻迹法

通过注入某一频率的信号或利用电台节目、录音磁带以及人体感应信号做信号源，加在被测产品的输入端，用示波器或其他信号寻迹器，依次逐级观察各级电路的输入和输出端电压的波形或幅度，以判断故障的所在，这种方法叫信号寻迹法（也称跟踪法）。

下面以收音机无声故障为例，说明信号寻迹法工作程序，如图 9.5.1 所示。

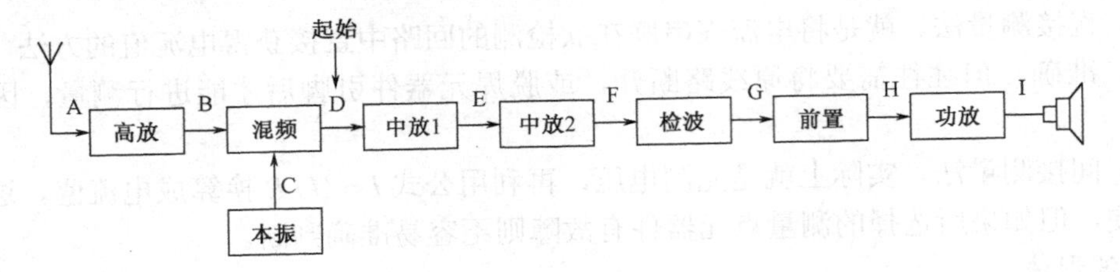

图 9.5.1　信号寻迹法

先将收音机调到某一电台位置或用高频信号发生器发送一个调幅波至天线输入端（A点），然后用示波器从混频级输出端（D 点）开始进行信号寻迹。若示波器显示出已调中频信号，表明混频级及其以前各部分工作正常，故障应在后面各级，可按图中所示依次把示波器探针移至 E、F、G、H、I 各点，根据示波器有无信号显示，即可判断故障出在哪一级。若 D 点没有已调信号，表明故障出在高频部分（包括混频和本振）这时可将示波器探针向前移动，即依次移到 C、B、A 点，判断故障所在。

9.5.3　故障检修注意事项

1. 切忌盲目检修，检修应做到有的放矢，心中有数

（1）不能盲目拆机，应弄清楚是外部原因还是内部原因后再决定是否拆机，以免浪费时间和扩大故障。

（2）不能盲目拆卸元器件，拆卸时用力应适当，切忌用力拉、扯和撬，以免损坏元件和造成新的故障。

（3）不能盲目调整，调整时应做好相应的记录，用力适当，对故障无作用时应调回至原位。

（4）拆卸时应做好相应的记录。不能丢失和混淆各种部件，弄错元器件以及导线的安装位置与方向。

2. 切忌短路

严禁底板造成短路；避免碰倒元件造成短路；避免焊锡或残渣造成短路；带电操作，应确保安全和绝缘，避免造成短路。

3. 注意检测的安全

在检测特殊元器件时应注意因检测方法不当，而造成元器件损坏。如在检修 MOS 器件时，由于 MOS 器件输入阻抗很高，容易因静电感应高电势而被击穿，因此，必须采防静电措施。操作台面可用金属接地台面，最好使用防静电垫板，操作人员需手带静电接地环。

4. 注意操作安全

在接通电源前，应检查电路及连线有无短路等情况。接通后，若发现冒烟、打火、异常发热等现象，应立即关掉电源，由维修人员来检查并排除故障。

检修人员不允许带电操作，若必须和带电部分接触时，应使用带有绝缘保护的工具操作。检试时，应尽量学会单手操作，避免双手同时触及裸露导体，以防触电。在更换元器件或改变连接线之前，应关掉电源，滤波电容应放电完毕后再进行相应的作。

9.6 调试的安全

在电子产品装配调试中，要使用各种工具、电子仪器等设备，同时还要接触危险的高压，若没有掌握必要的安全知识，在操作中缺乏安全意识，就可能发生人身、设备安全事故。为此，必须在熟悉触电原因和触电对人体危害的基础上，了解安全用电知识，做到防患于未然。同时掌握一些基本的急救技能，在事故发生后能够对触电人员进行及时的救助，并对事故现场进行正确的处理，将事故造成的危害降到最小。

9.6.1 触电现象

1. 电流对人体的危害

触电事故是最常见的电气事故之一，电流流过人体后，会对人体造成多方面的伤害，伤害程度与流过人体的电流大小、频率、持续时间以及流过身体的路径均有很大关系。

电流对于不同的性别、年龄、体型和体质的人造成的危害程度是不同的。一般说来，当流过人体的电流在 0.7～1.1mA 时，人体会有感觉，这种大小的电流称为感觉电流。感觉电流一般不会对人体造成直接的伤害，但有可能造成摔倒、坠落等间接事故。当人体接触到的最大电流在 10～16mA 时，一般可以自主摆脱，这种电流称为摆脱电流。当电流达到 30～50mA 时，人的中枢神经就会受到伤害，人会感觉麻痹、呼吸困难，当电流超过 50mA 时称为致命电流，当致命电流流过人体时，人会在极短时间内心脏停止跳动，失去知觉进而导致死亡。

电流的频率在 40～60Hz 时对人体最危险，随着频率的上升，危险性将下降，但是高频高压电流对人体仍然十分危险。电流通过的路径在两手之间或手脚之间时是十分危险的，不经过心脏、头部和脊髓等重要器官的通电路径对人造成的伤害会相对小一些。而触电时人体的受伤害程度与通电时间的长短是成正比的，通电时间越长，危害越大。

电力系统中影响电流的因素很多，而电压是相对恒定的，同时人体电阻大约在 1～2kΩ 之间，基本上也是固定的。所以从安全的角度出发，人体安全条件一般不采用安全电流而是采用安全电压表示。根据国标 GB3805-83 的规定，对于频率为 50～500Hz 的交流电，安全电压的额定值分为 42V、36V、24V、12V 和 6V 五个等级。

对于高压电，当人体接近时会产生感应电流，即使没有直接接触也是十分危险的，所以在没有采取相应的防护措施时，人应该尽量远离高压传输线与高压电器。

2. 触电的类型

人体接触带电体，使一定量的电流流过人体，进而导致人身伤亡的现象称为触电。触电事故的类型按发生触电事故时人体是否接触带电体，可以分为直接触电和间接触电。根据触电对人身造成的伤害，可以分为电击与电伤。

电击是指电流流过人体内部，严重影响人体呼吸、神经系统和呼吸系统等。人一旦遭电击，一定强度的电流通过人体后，就会严重干扰人体正常的生物电流，造成肌肉痉挛（俗称抽筋）、神经紊乱进而导致心脏室性纤颤，呼吸停止而死亡，电击严重危害人的生命。

电伤则是指电流流过人体表面，造成表面灼伤、烙伤或皮肤金属化。

（1）灼伤。由于电的热效应而灼伤人体皮肤、皮下组织、肌肉，甚至神经。灼伤通常会引起皮肤发红、起泡、烧焦甚至坏死。

（2）烙伤。是由电流的机械和化学效应造成人体触电部位的外部伤痕，通常使皮肤表面产生肿块。

（3）皮肤金属化。这种化学效应是由于带电金属通过触电点蒸发进入人体造成的，局部皮肤呈现相应金属的特殊颜色。

可见，电伤对人体造成的危害一般是非致命的，真正危害人体生命的是电击。

3．触电的形式

发生触电的几种常见形式如下：

1）单相触电

当人体和大地之间处于非绝缘状态时，如果身体的某个部分和单相带电体接触，电流将通过人体流入大地，造成触电事故，这种形式的触电称为单相触电。单相触电又分为中性点直接接地和中性点不直接接地两种情况，如图 9.6.1 所示。

在中性点直接接地的情况下，人体接触到 220V 的相电压，电流由相线经人体、大地和中性点形成回路，由于人体电阻远大于中性点接地电阻，电压几乎全部加在人体上，造成的后果往往很严重。而在中性点不直接接地的情况下，电子产品对地的绝缘电阻远大于人体电阻，加在人体上的电压远低于相电压，形成的电流较小。所以中性点不直接接地时的单相触电造成的危害一般比中性点直接接地的单相触电造成的危害轻。

2）两相触电

两相触电也称为相间触电，是指人体同时接触到两条不同的相线，电流由一根相线经过人体流向另一根相线的触电形式。如图 9.6.2 所示。两相触电加在人体上的电压是线电压，比单相触电时的相电压高，因此危险性也高于单相触电，在装配和调试过程中要特别注意。

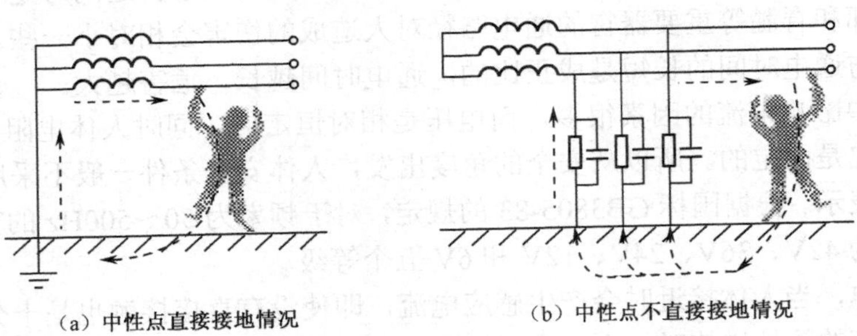

（a）中性点直接接地情况　　（b）中性点不直接接地情况

图 9.6.1　单相触电

3）跨步电压触电与接触电压触电

当供电线路的某一相线断线落地时，电流从落地点流入地中，以落地点为圆心向周围流散。落地点电位 U_d 即是相线电位，随着半径的扩大，电位逐渐降低，一般在半径为 20m 处，电位将降为 0。当人站在接地点周围时，两脚之间（约 0.8m）的电位差称为跨步电压 U_k，由此引起的触电称为跨步电压触电，如图 9.6.3 所示。从图中可以看出，接地电流的电位分布是非线性的，离断线接地点越近，跨步电压越大，意味着触电的危险性越高。离断线接地点较远时，跨步电压较小。20m 以外的跨步电压基本为 0，可以视为安全区域，该区域不会发生触电危险。

从图 9.6.3 可以看出，相线接地的时候，不仅会发生跨步电压触电，还有可能发生另一种形式的触电——接触电压触电。在以接地点为中心，半径为 20m 的电位分布区域内，电子产品的外壳如果发生漏电或接地故障时，人只要接触到电器设备的外壳，在人体接触设备外壳的部位与人体接触地面的部位之间就会产生接触电压 U_j，即使双脚并没有跨步，同样会发生触电事故。从图中可以看出，离接地点越远，人站立处的电位越低，接触电压越高，触电后果越严重。

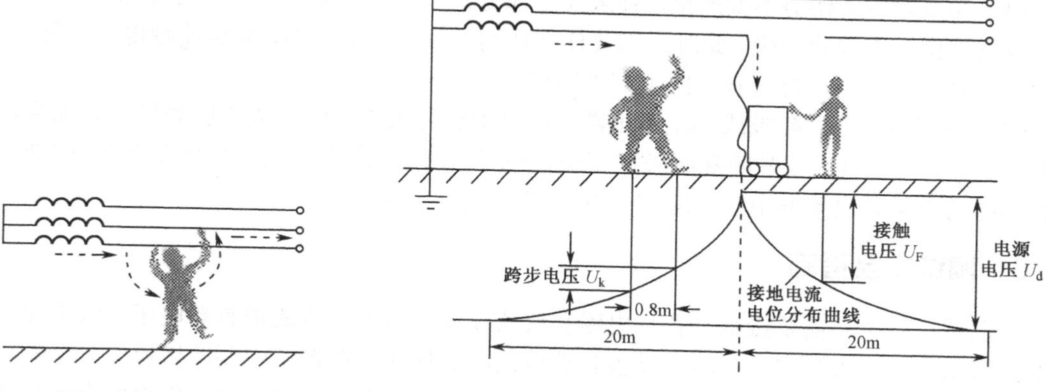

图 9.6.2　两相触电

图 9.6.3　跨步触电和接触触电

另外，在电网中的一些线路与设备处于停电或绝缘状态时，本不应该发生触电事故的，但由于剩余电荷与感应电荷的存在，人接触到这些设备与线路时仍然可能发生触电事故。

9.6.2　触电事故处理

从事与电相关工作的人员一定要掌握基本的触电急救知识与技能，一旦发生触电事故，头脑一定要冷静，千万不能惊慌失措，应该马上采取及时有效的现场救护才能挽救受伤者的生命，而错误的救护方法不但不能救助伤者，甚至可能会让施救者本身受到伤害，使事故造成的损失扩大，产生不可弥补的后果。触电救护一般方法为，先切断电源，阻止事态进一步扩大，然后才可进行现场急救处理。

1．切断电源

切断电源的方法有很多，可以根据现场的情况当机立断，在保证施救人员安全的前提下，尽快地切断电源。

（1）如果电源开关、插头、保险盒等就在附近，应马上断开开关、拔掉插头或保险盒，切断电源。

（2）如果上述装置均不在附近或找不到，不能及时切断电源时，应使用带绝缘手柄的工具，如电工夹钳等夹断电源线，也可用带绝缘柄的斧头、铁锹等利器砍断电源线。

（3）如果不能切断电源，而电线仍然与触电者接触时，可以使用绝缘的杆状物（如干燥的木棒、竹竿等）挑开电线，使触电者脱离电源。此时应妥善处理挑开的电线，以免又使其他人触电。

（4）如果上述方法均无法实施，在确认触电者的衣物干燥不导电的情况下，可以隔着衣物将触电者拉开，脱离电源。此时施救者的脚下最好保持与大地绝缘。

（5）如果发现电子产品或者电缆等带电设备冒烟起火，要立即切断电源并且使用沙土或者二氧化碳、四氯化碳等不导电的灭火介质灭火，千万不要使用泡沫或者水进行灭火，而且在灭火时注意不能将身体碰到漏电导线、机壳等带电物体。

2．急救处理

将触电者脱离电源后，应立即将其搬移到干燥通风的场地，使其仰卧并松开衣裤。然后马上拨打急救电话，通知医院派救护车，最后再进行力所能及的现场抢救。

（1）如果触电者伤势不太严重，并未失去知觉，只是表现出心悸、四肢发麻、全身无力，或暂时昏迷但并未停止呼吸，此时不需要什么特别的现场救护措施，只需使触电者平卧休息，注意观察其后续反应，等待救援医生到来即可。

（2）如果触电者的呼吸或心跳不正常，应马上进行人工呼吸和人工胸外挤压，如果现场只有一个人，可以将人工呼吸和胸外挤压交替进行，每个动作进行2～3次后轮换。即使现场救护不能马上见效也不要中断，应该一直做到医生到达现场。

9.6.3 调试安全措施

在调试过程中，需要接触到各种电路和仪器设备，其中一些还带有高电压、大电流，为了保护调试人员的人身安全，防止设备和被调试产品损坏，在调试中要严格遵守安全规程，提高安全意识，做好安全防范。调试中的安全措施主要有调试环境安全、供电安全、仪器设备安全和操作安全等。

1．调试环境的安全

调试环境的安全包括用电场地、安全意识、安全制度等三个方面。

1）用电场地

测试场地除注意整洁外，室内要保持适当的温度和湿度，场地内外，不应有激烈的震动和很强的电磁干扰，测试台及部分工作场地必须铺设绝缘胶垫，并将场地用拉网围好，对于高压部分，要贴上“高压危险”警告牌。工作场地必须配备消防设备，灭火器应适用于灭电气起火，且不会腐蚀仪器设备。

2）安全意识

加强安全教育，普及安全用电知识。对从事电气方面工作的人员加强教育，使所有上岗人员充分了解国家在安全用电方面的相关标准与法规，掌握安全用电知识与防护技能，牢固树立“安全第一”的观念，杜绝违章操作。

3）安全制度

建立健全各种安全规章制度。如安全用电规程，电器设备的安装、调试、运行与维护的各种规章制度，以及相关规章制度的监督执行办法，违章处理办法等，并在工作中严格执行。

2．供电安全

在调试检测场所，应安装总电源开关、漏电保护开关、过载保护开关装置。总电源开关应安装在明显、易于操作的位置，最好设有相应的指示灯。电源开关、电源线、电源插头必须符合安全用电的要求，任何带电导体不得裸露在外。在通电前，认真做好检查。

在采用自耦变压器供电时，要严格区分火线L与零线N的接法。正确的接线方法是将输出端的固定端作为零线，可调端作为火线，这种接法较为安全，但这种接法由于没有与电网隔离，仍不够安全，如图9.6.4所示。当然，最好的接线方法是先接隔离变压器，再接自耦变压器，如图9.6.5所示。

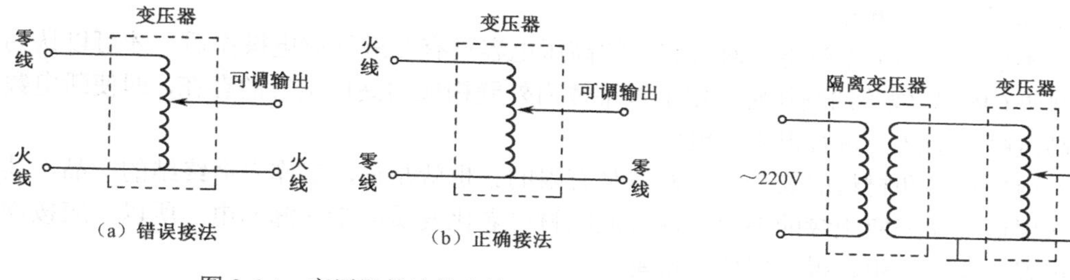

图9.6.4　变压器的连接方法

图9.6.5　使用隔离变压器的接法

3．仪器设备的安全

（1）所用的测试仪器设备要定期检查，仪器外壳及可触及的部分不应带电。

（2）各种仪器设备尽量使用三线插头座，电源线采用双重绝缘的三芯专用线，长度一般不超过1m。若是金属外壳，必须保证外壳良好接地（保护地）。

（3）电源及信号发生器，在工作时，其输出端不能短路。输出端所接负载不能长时间过载。发生输出电压明显下降时，应立即断开负载。对于指示类仪器，如示波器、电压表、频率计等输入信号的仪器，其输入端输入信号的幅度不能超过其量程范围，否则容易损坏仪器。

（4）功耗较大（≥500W）的仪器设备在断电后，不得立即再通电，应冷却一段时间（一般3～10分钟）后再开机，否则容易烧断保险丝或损坏仪器。这是因为仪器的启动电流较大且容产生较高的反峰电压，且许多元器件在高温时的绝缘和耐压性能均有所下降，如电解电容的漏电流增大等。故功耗较大的仪器设备快速断、通电，会引起整机总电流增大、机内元器件出现击穿现象。

（5）更换仪器设备的保险丝时，必须完全断开电源线（将电源线取下）。更换的保险丝必须与原保险丝规格相同，不得更换超过规定容量的保险丝，更不能直接用导线代替。

（6）带有风扇的仪器设备，如通电后风扇不转或有故障，应及时更换风扇或排除故障后再使用，确保仪器设备的散热。

4．操作安全

操作时应注意以下事项：

（1）断开电源开关不等于断开了电源。

在如图9.6.6（a）所示的电路中，开关S断开时，电源变压器的初级1、2脚，熔断丝和开关S的2脚仍然带电。如图9.6.6（b）所示的电路，开关S断开时，开关S的1、3脚仍然带电。

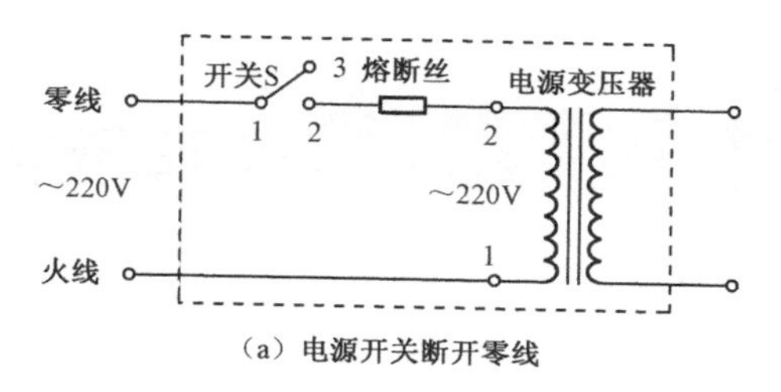

（a）电源开关断开零线

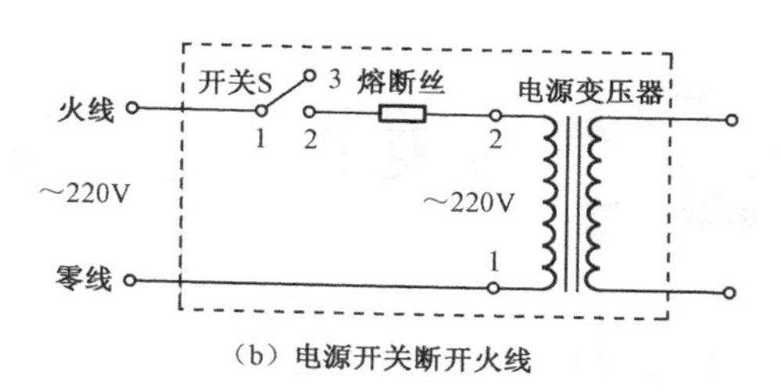

（b）电源开关断开火线

图9.6.6　电源开关断开电路部分带电示意图

因此，只断开电源开关是不能保证完全断电的，只有拔下电源插头（火线、零线同是断开）才是真正断开了电源。

（2）不通电不等于不带电。对大容量的高压电容只有在进行放电操作后，才可以认为不带电。例如CRT显像管的高压嘴，由于管锥体内外壁构成的高压电容的存在，即使断电数十天，其高压嘴上仍然会带有很高的电压。

（3）电气设备和材料的安全工作寿命是有限的。也就是说，工作寿命终结的产品，其安全性无法保证。原来应绝缘的部位，也可能因材料老化变质而带（漏）电。所以，应按规定的使用年限，及时停用、报废旧仪器设备。

本章小结

（1）调试工作包括测试和调整两部分内容。

测试：主要是对电路的各项技术指标和功能进行测量与试验，并同设计的性能指标进行比较，以确定电路是否合格。

调整：主要是对电路参数的调整。

（2）在选择调试用的仪器时，应把握以下原则：

① 测量仪器的工作误差应远小于被调试参数所要求的误差。

② 仪器的输入/输出范围和灵敏度，应符合被测电量的数值范围。

③ 调试仪器量程的选择，应满足测量精度的要求。

④ 测试仪器输入阻抗的选择，应满足被测电路的要求。

⑤ 测试仪器的测量频率范围，应符合被测电量的频率范围。

（3）调试的一般程序为调试仪器连接正确性检查、调试环境及电源检查、静态调试、动态调试、环境测试、调试结果处理。

（4）检验工作应按照自检、互检、专职检验三级检验制来进行，而检验过程一般分为全检及抽检两类。

（5）故障检修一般可分为以下四个步骤：先观察故障现象，然后进行测试分析、判断出故障位置，再进行故障的排除，最后是电路功能与性能检验。

（6）触电事故是最常见的电气事故之一，电流流过人体后，会对人体造成多方面的伤害，伤害程度与流过人体的电流大小、频率、持续时间以及流过身体的路径均有很大关系。

触电事故的类型按发生触电事故时人体是否接触带电体，可以分为直接触电和间接触电。根据触电对人身造成的伤害，可以分为电击与电伤。

触电救护一般方法为，先要切断电源，阻止事态进一步扩大，然后才可进行现场急救处理。

调试中的安全措施主要有调试环境安全、供电安全、仪器设备安全和操作安全等。

习题9

1. 简述整机调试的一般流程。
2. 什么是静态调试？什么是动态调试？

3. 测试频率特性常用的方法有哪些？各自有何特点？

4. 什么是全检？什么是抽检？试举例说明什么情况下需要全检，什么情况下需要抽检？

5. 电子产品故障的查找，常采用的方法有哪些？

6. 故障检修的动态观察法中，所谓的“望”、“闻”、“听”、“摸”、“振”诊断法分别指的是什么？

7. 什么是电击？什么是灼伤？

实训项目：整机调试

【实训目的】

1. 熟悉整机调试的工艺流程。
2. 掌握测试、调试的方法。
3. 了解常用仪器设备的使用方法。
4. 了解收音机的基本技术指标。

【实训内容与步骤】

1. 收音机电路原理

（1）收音机电路原理图。

XD-118 型超外差收音机电路原理图如图 9.6.7 所示。

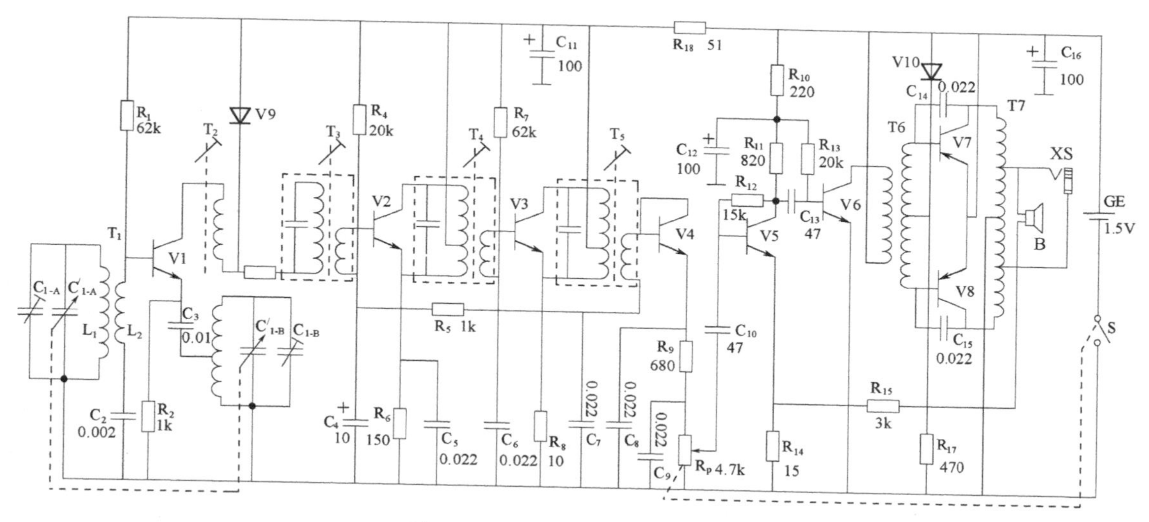

图 9.6.7　X-118 型收音机电路图

（2）收音机电路原理。

由图 9.1 可知 XD-118 型超外差收音机电路原理，共有五个单元电路组成，它们分别为：由 V1 构成的混频电路，由 V2 构成的第 1 中放电路，由 V3 构成的第 2 中放电路，由 V5、V6 构成的低放电路，由 V7、V8 构成的功放电路。

2. 静态调试

（1）直流电流测量与调试。

① 将 MF-47A 型万用表置于直流电流挡（1mA 或 10mA）。

② 对收音机各级电路的直流电流进行测量。

③ 将测量值与参考进行比较并进行调整。

（2）直流电压测量与调试。

① 将 MF-47A 型万用表置于直流电压（1V 或 10V）挡。

② 对收音机各级电路的直流电压进行测量。

③ 将测量值与参考进行比较并进行调整。

3．动态调试

为了使 X-118 型超外差式收音机的各项指标达到要求，要用专用设备对如下内容进行调试。

（1）中频频率调整。

（2）频率覆盖调整。

第 10 章

电子产品结构

电子产品的结构直接关系到产品的功能、可靠性、可维修性和实用美观并影响用户的心理。电子产品的整机结构设计已发展成为人机工程学、技术美学、机械学、力学、传热学、材料学、表面装饰等为基础的综合性学科。

10.1 电子产品整机结构

在电子产品中，由工程材料按合理的连接方式进行连接，且能安装电子元器件及机械零部件，使电子产品成为一个整体的基础结构称为电子产品的整机结构。整机结构主要包括：机壳、底座、面板等。

10.1.1 机壳

机壳即是产品的外壳，是安装和保护电子产品内部各种元器件、电路单元及机械零部件的重要结构，对于消除各种复杂环境对电子产品的干扰，保证电子产品安全、稳定、可靠地工作，提高电子产品的使用效率、寿命，以及方便电子产品安装、维修等起着非常重要的作用。机壳作为电子产品一个重要的基础结构，其设计也是整个电子产品结构设计的重要内容之一，现已成为实现电子产品技术指标的重要环节。

电子产品的外壳根据结构及外形尺寸通常又分为机壳、机箱和机柜。

1. 机壳

通常所说的机壳有一定普遍意义，但为了区分机箱和机柜，我们往往认为机壳专指小型产品的外壳。

机壳按其使用要求可分为密封和不密封两种。按其取材和加工方法可以分为压铸金属机壳、塑料机壳、板料冲制机壳、铸造机壳等。

1）压铸金属机壳

若将型板结构机壳的型板及连接部分用铝压铸工艺方法加工，即为压铸结构机壳，如图 10.1.1 所示。这种机壳由于采用压铸工艺，故尺寸精确度高，强度与刚度均好，且装配方便，生产效率高，适用于大批量生产。但压铸金属模具制造成本高，并且还需专门的压铸机，因此，生产成本较高。

2）塑料机壳

塑料机壳是利用工程塑料通过注塑或压塑成型而制成的机壳。塑料机壳具有尺寸稳定、表面光泽好、比强度和比刚度高、重量轻、易加工成型、生产效率高、耐腐蚀、成本低等诸多优点。塑料机壳，多用于家用电器，如图 10.1.2 所示为手机塑料压制机壳。为了防止电磁干扰，可在塑料压制机壳内喷涂或填充一层金属作为屏蔽层。

图 10.1.1 压铸结构机壳

图 10.1.2 手机塑料压制机壳

3）板料冲制机壳

板料冲制机壳一般是用钢板或铝板冲制或冲制折弯焊接而成的，如图 10.1.3 所示。这种机壳尺寸精确度较高，强度与刚度均较好，装配方便，适用于批量生产。

4）铸造机壳

在密封结构中，常使用铸造机壳，如图 10.1.4 所示。在机壳与盖或其他零件相接合的表面处，需要进行机械加工，以达到密封效果。

图 10.1.3 板料冲制机壳

图 10.1.4 铸造机壳

2. 机箱

机箱一般由机箱框架、上下盖板、前后面板、左右侧板、手把等组成，如图 10.1.5 所示。也可以不用框架，直接由薄板经折弯而成。

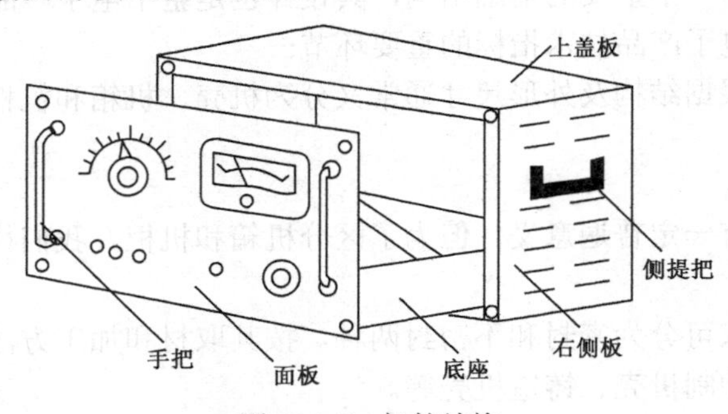

图 10.1.5 机箱结构

机箱框架是机箱的承载部分，底板、面板、盖板等都固定在框架上面，因此其强度、刚度对电子产品工作的安全可靠影响极大。

常见的机箱结构有钣金结构机箱、铝型材机箱、铸造结构机箱、焊接结构机箱和塑料结构机箱等。

（1）钣金结构机箱。主要利用薄钢板经过折弯再进行焊接或用螺钉连接，构成一个完整的机箱。

（2）铝型材机箱。是利用各种截面形状的铝型材弯曲成的框架（围框），在框架外面覆以铝板，并借助铆钉或螺钉连接组成。

（3）铸造结构机箱。是由铸造框架组成的机箱。

（4）焊接结构机箱。是利用加热或加压等手段，使分离的金属材料牢固地连接而成的机箱。

（5）塑料结构机箱。是利用工程塑料通过注塑或压塑成型而制成的机箱。

3. 机柜

机柜和机箱具有不同的含义，机箱是把整个电子产品结合成机械整体的主体，靠它保证整机的机械结构强度。通常用于尺寸较小或结构较简单的中、小型电子产品。它的全部电路单元、元器件和机械零部件装在一个共同的基础结构上，它的外形往往是箱形的。对于结构复杂、尺寸较大的电子产品，为了便于安装、使用和维修，往往将电子产品分为若干分机（插箱），安置在一个共同的安装架上。这种用以组合安装电子产品的安装架，称为机架，封闭结构的机架称为机柜。机柜由机架、插件箱、导轨和外壳等组成，如图 10.1.6 所示。

1）机柜的分类

机柜的结构形式很多。如果按构件承重的不同可分为框架机柜、板式机柜和条形机架。

（1）框架机柜是以底座为基础构件，由立柱与横梁组成机柜框架，再加盖板而成。此种结构归结为立柱承重传至底座。

（2）板式机柜以底座为基础构件，由顶框侧板（强度要求大时应有立柱）组成机柜框架，再加盖板而成。

（3）条形机架（又称悬挂机架），是由一根（或两根）具有一定截面形状的立柱为主体，再加上顶框及底座组成。顶框和底座均不承重，而由立柱承重，立柱吊挂在机房的走线架上，为一个条形机架。由于这种机架的标准化、通用化、系列化，而且结构紧凑，便于安装、维修，因此得到广泛应用。

2）机柜框架

机柜框架是机柜的承载构件，所有插箱、门、面板等通过导轨、支架都固定在它上面，因此，其刚度和强度对整台电子产品工作的安全可靠影响极大。根据承载的大小，框架的组成有不同的方法，一般至少有一个或两个比较坚固的面为基础，再加上几根立柱或横梁，连接成机柜框架。

3）插件箱

在机架上组合安装分机（或单元）的安装结构称为插件箱。插件箱通常由面板、底板、手把、导向定位及接插件等装置组合而成。根据使用条件、制造方法、内部元器件的安装要求等大致可分为薄板折弯插件箱、型材弯制插件箱、薄板、型材组合插件箱和铸造插件箱。

为了便于维修，插件箱与机柜一般通过导轨来连接，插件箱通过其两侧的圆轴销挂在导轨的支撑座上，且插销能在导轨上翻转。

10.1.2 底座

底座是安装、固定和支撑各种电气元器件、机械零部件的基础结构。

1. 对底座的要求

（1）底座机械强度及刚度要好，能稳定可靠地支撑各种零件、组件和部件，能经受大的冲击和震动。

（2）对零件、组件和部件的排列要留出装配工具的操作空间。

（3）孔径尺寸种类尽可能少，安装孔若采用椭圆形，在装配时可避免机械二次加工。

（4）底座应具有良好的导电性能，起到电路连接的公共接地的作用。

（5）加工方便，工艺性好，尽量采用标准结构。

2. 底座的结构形式

底座的结构形式很多，目前在电子产品中，普遍采用板料冲压折弯底座、铸造底座和塑料底座。

（1）冲压底座。是采用金属薄板经落料、冲孔压弯而成型，如图 10.1.7 所示。图中（a）为底座展开冲孔的形状；（b）为折弯成型焊接后的底座结构。这种底座重量轻、强度好、成本低、加工方便、便于批量生产，故应用广泛。

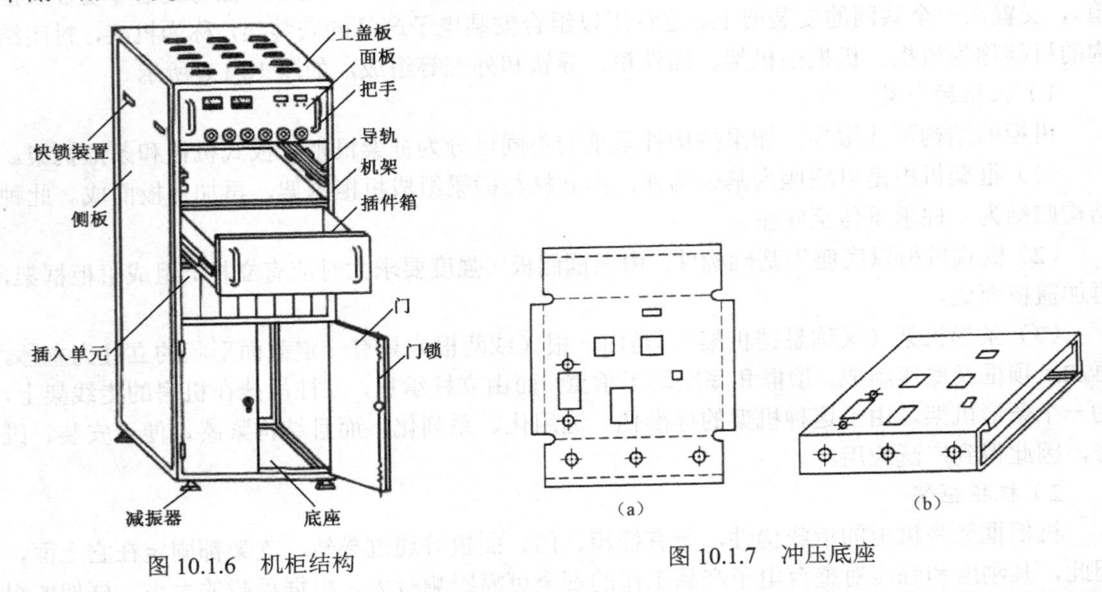

图 10.1.6　机柜结构

图 10.1.7　冲压底座

（2）铸造底座。对于在底座上安装重量较大、数量较多的零件时，要求底座有足够的强度和刚度，保证底座在受到震动、冲击的情况下不发生变形，零部件不发生相对位移。在这种情况下，用铸造底座比较合适。

（3）塑料底座。目前，塑料底座大多用在中小型电子产品中。塑料底座重量轻，而且具有绝缘性能，有良好的机械强度，可承受一定的负荷。

10.1.3　面板

面板上主要承装操作及控制组件、指示装置、开关组件等。面板与底座、机架相连构成机箱、机柜，它起着保护和安装内部组件的作用，同时又是整个电子产品外观装饰的重要部件。

1. 对面板的要求

1）对操作组件排列的要求

（1）主要而常用的调节器应安装在面板上，定期调节的机构安置在面板上小孔的内部，可用螺丝刀伸进小孔内进行调节。

（2）应尽可能减少控制旋钮和开关数目。

（3）旋钮和开关的配置应尽可能与电子产品工作时的操作顺序相适应，从左向右排列，并且和有关的指示装置设置在一起，同时还应避免操作时会挡住操作者观察指示的视线。

（4）形状和尺寸应根据负荷大小、运动速度、转动精度和工作环境来决定。

（5）对各个旋钮和开关，在面板上应标志其用途或名称。旋钮应有旋转方向指示。为了表示旋钮旋转角度，旋钮上应有标记点和标志线，在面板背面应设定位坑，或在面板内衬板上打定位孔。

2）对指示装置排列的要求

（1）面板上的指示装置，如电压表、显示屏等应使操作者观察时感到清楚明确，刻度和数字的选择应根据人们的习惯来设计。

（2）装指示器的面板应垂直于操作者的视线，或略微向上倾斜。

（3）应尽可能减少指示仪表的数目，尽可能采用一个仪表指示多种性能指标。

（4）所有指示应尽可能采用同一类型、同一形状大小和同一色彩，以加强协调。布置时，应尽可能对称、整齐地配置，并水平排列，以便眼睛左右运动。

3）对面板材料要求

面板必须有足够的刚度和强度，与机壳连接要可靠，并易于拆卸。

2. 面板的结构形式

1）板料面板

通常用铝合金板料做面板，因为它重量轻，同时又有一定的强度、刚度；机械加工性能好，表面装饰处理方便。如需要增加刚度或其他要求，可在四周边缘设置边框。

2）铸造面板

对于大中型电子产品或有密封要求和承受负荷较大的面板常采用铸造面板。其材料一般为铝合金。

3）注塑面板

用注塑成型的办法可制成凹凸不平，立体感很强的面板，适合大批量生产，如收音机、电视机等家用电器和批量大的仪器仪表的面板。

4）薄膜面板

薄膜面板是一种由弹性薄膜加工而成的具有一定功能字符指示的装饰性面板，具有防水、防尘、耐磨擦、不褪色等优点，目前广泛用于家用电器、通信设备、仪器仪表等领域。

10.2 电子产品结构设计

10.2.1 结构设计概念

电子产品结构设计，是以电子产品为主要对象，涉及科学和美学、技术与艺术等诸多领域，是处在自然科学和社会科学、工程技术和文化艺术的交叉点上的一门学科。

1. 结构设计的美学原理

研究结构美学规律之前，必须首先弄清形式美和审美观念这两个概念。所谓形式美，就是指结构形式诸要素间的必然联系，它是指导一切结构形式构成的永久性原则。审美观是领会事物或艺术品的美的观念，它往往受民族文化、地理条件、生活方式、年龄、个人爱好和时代变化等因素影响，是有相对性的。各种结构形式无论是受何种审美观念的影响，它们都应当符合形式美的普遍规律要求。

结构设计中为获得产品美感的表现，必须依据形式美法则结合产品自身的功能特点来加以具体创造，通过产品的线、形、色、质等要素来创造新颖、美观的结构。产品结构设计的美学原则概括为以几个方面。

1）比例

比例是指结构局部之间或局部与整体之间的匀称关系。在结构设计中常用的比例有：黄金比例、整数比、相加级比等。这些比例的形式体现了匀称、节奏、渐变和明快等造型特征。

黄金比是世界上公认的优美比例，亦称黄金分割。它是指把一线段分割成两段，使分割后的长线段为全长的 0.618 倍。

随着文明程度的提高，人们的审美情趣也不断变化，导致新的比例关系产生。如宽银幕在视觉上造成新的效应，使人眼在欣赏时略作左右移动，符合人眼观察周围环境的实际情况，形成视觉真实感，所以被人们接受和欢迎。

2）尺度

工业产品的尺度是指整体和局部构件与人之间相适应的大小比例关系。尺度与产品的物质功能有关，如机器上的操纵手柄、旋钮等，其尺度必须较为固定，因为它们必须与人发生关系，它们的设计要与人的生理、心理特点相适应。如果单纯考虑与机器的比例关系，使这些操纵件尺度过大或过小，势必造成操作不准确或失误。

产品尺度可在产品物质功能允许范围内调整。良好的比例关系和正确的尺度，对于一件工业产品来说都是重要的，但首先解决的应该是体现物质功能的尺度问题。所以，在结构设计中，一般先设计尺度，然后再推敲比例关系，当两者矛盾较大时，尺度应在允许的范围内作适当调整。例如，微型汽车的车门，按照车身造型比例设计会造成车门尺寸过小，乘员根本无法进出，所以，在结构设计中，比例与尺度应综合考虑、分析和研究。

3）均衡

美的造型应带给人以各部分形体间平衡、安定的感觉。均衡是指造型各部分之间前后、左右的相对轻重平衡关系，是力和重心两者矛盾统一所产生的形态。一般而论，凡一组对立存在的东西，只要它们能够安定地组合在一起，构成完整且统一的整体，那么这种造型就是均衡的。均衡有两种形式。

（1）对称均衡。它将相同的形状、相同的体积、相同的纹样等距离地配置在对称面、对称轴等特定的支点两侧，具有简单、明了、匀称、庄严、整齐的感觉，其缺点是易使人感到单调。

（2）不对称均衡。均衡中心的每一边在形式上虽不相等，但在美学意义上都有着某种等同，视觉上感到平衡，这就是不对称均衡。不对称均衡是积极的均衡，是一种富于变化的、生动的现代造型感觉。

在电子产品结构设计中，不仅要注意大型形体之间的均衡感，还要注意一些结构细节，如装饰条、面板、色彩等对均衡感的影响。

4）稳定

稳定是指结构整体上下之间的轻重关系。稳定的造型给人以轻松感，不稳定的造型给人以紧张感。

电子产品结构的稳定，有实际效用的稳定和视觉审美的稳定两种。实际效用的稳定是指产品实际质量的重心符合稳定条件所达到的稳定；视觉稳定则指人的心理对形体外部形态关系的稳定感受。结构设计时，为取得良好的稳定感，需同时对上述两种稳定进行考虑。常用的增强产品稳定性的方法如下。

（1）形态处理。使产品从底部向上逐渐递减，形成梯形造型，从而降低重心，取得稳定感。

（2）增加、扩大支承面或底座。

（3）利用色彩对比。增强产品下部色彩的浓度，从而增加产品下部的重量感，使稳定感加强。

（4）利用材料及表面处理工艺所赋予的不同质感。利用材料的不同、表面处理方法的不同，使产品上部光洁明亮，下部粗糙深暗，从而增加稳定感。

（5）利用装饰手段。利用面板、标志等装饰手段也可以加强产品下部的重量感，从而获得稳定感。

5）统一

统一就是将性质相同或类似的结构要素放置在一起，造成一种一致性或一致趋势的感觉，为了在统一中增强秩序感，必须在变化中求统一。常用的方法有以下几种。

（1）以分明的主从关系求统一。主要部分必须处于突出的地位，从属部分则作为陪衬，这样就可使主、从部分组合成一个有机、和谐的统一整体。

（2）运用线条和形状的协调关系求统一。

（3）用色彩的协调求统一。

6）变化

所谓变化，就是特质性相异的结构要素并置在一起，造成一种明显的对比感觉，为了在统一中增加活跃、生动的美感，必须在统一中求变化。常用的手法如下。

（1）加强对比。结构设计时，常通过形体的大小、形状、轻重、虚实，线条的曲直、疏密，色彩的冷暖、明暗，质感的粗细、优劣等方面的对比来求得统一中的变化，从而产生自然、生动的视觉效果。

（2）节奏变化。将结构有疏有密、有大有小、有高有低的设置，形成节奏变化。给人以统一协调、变化自然的感觉。

7）重点

重点，即重点突出。是指结构设计中对主要部分加以重点刻画。组成产品的主要部分，这是结构设计必不可少的组成部分。但是，就其功能作用、结构方式、繁简与其他的部分来说又是各不相同的。因此，结构设计中运用重点突出的方法来加强结构造型的变化，对产品的重点或中心部分、做比较细致的艺术处理，而对次要部分只在符合整体统一的原则基础上，做一般的造型处理，起到烘托或陪衬主要部分的作用，使主要部分突出、生动和自然。

2. 基本设计原则

（1）创新原则。人类造物的历史就是不断创新的历史，尤其是现代经济社会，物质的日益丰富和市场竞争的日益激烈，使得产品必须以创新占领市场，赢得客户。新产品必须满足人们求新求异、与众不同的消费心理，以提供产品多样性的需求。

（2）实用原则。实用是指产品具备先进和完善的各种功能，并保证产品物质功能得到最大限度的发挥。产品的用途决定产品的物质功能，产品的物质功能决定产品的结构，因此产品的结构设计必须服从于产品的物质功能。实用是产品设计的主要目的，应该体现产品功能设计的科学性和先进性、操作的合理性和使用的可靠性等。

（3）美观原则。美观即是产品的造型美，是产品整体在形式上、结构上、材质上、工艺上、装饰上和色彩上体现出来的全部美感的综合。它还包括时代感和传统的民族风格特点。审美是人与生俱来的特性。在经济高度发展，物品供过于求的时代，产品所体现的精神功能，最重要内容之一是对产品审美的需求，追求美观的产品是人消费行为的重要特征。通过产品结构设计创造美的产品，使产品更能吸引消费者，提升产品的附加值，提升产品的市场竞争力。

（4）可行性原则。产品设计应符合现代工业化生产。产品设计可行性主要是指产品自设计之后，由产品计划转化为产品和商品，到废品的可行性。在现实条件下，不仅要使产品能够制造，符合成型工艺，材料使用可行，还要保证产品安装、拆卸、包装与运输、维修与报废回收可行。

（5）合理原则。这一原则包括产品功能的合理，即产品功能是否实用，产品功能范围是否合适，产品功能发挥是否科学。产品设计定位的合理，即产品风格与产品性质的协调，产品档次对营销的合理性，产品价格高低对购买力的合理性，产品外在形式对内在技术特性的合理性。产品的人-机关系的合理性，即使用方式的合理性、使用安全的合理性、人–机界面设置的合理性和产品舒适度的合理性等。

（6）经济原则。经济原则主要体现在设计与成本的控制。首先，产品设计直接决定了产品成本的高低。设计决定了成型工艺、材料和生产过程成本的高低。其次，经济原则不仅仅意味着降低产品生产成本，其成本大小相对于产品造型效果、质量水准和性能水准等还要控制在适当的水平，即所谓的价格性能比和价格质量比等要达到最优。

“单纯的追求美，而不考虑经济”或“只考虑经济，而放弃结构美观”都是错误的。“经济”的含义，即价廉物美。只要物尽其用、工艺合理、避免浪费，就是符合经济原则的。

（7）环保。环保原则就是产品设计必须考虑到产品在制造过程中耗能最低，排出污染最少；产品在使用过程中能源消耗最低；产品在报废后形成的污染最少或报废后可利用回收用于再生资源。

3. 设计特点

电子产品的结构设计既不是纯工程技术设计，也不是单纯的美术设计，它是工程技术与美学艺术的密切结合。以产品设计为主要对象，重点研究与产品造型有关的工程技术问题，与造型形式美的密切结合问题和造型构思、表现方法与技能问题。它探讨如何应用造型设计原理，达到产品的科学性与艺术性的高度统一，研究如何应用造型设计原则，处理特定条件下各种产品的结构、功能、材料、工艺和市场等方面与造型的关系，并且创造性地将这些因素协调地表现在产品的结构和造型上，创造出既有物质功能又具有精神功能，而且具有时代感的现代电子产品。

10.2.2 结构设计基本内容

1. 电子产品结构设计的基本要求

（1）保证产品技术指标的实现。一切电子设备的性能具体体现于产品技术指标，实现电子设备要求达到的电性能技术指标，主要依赖于电路设计。然而，整机结构设计必须采取各种措施，保证指标的实现。如在结构设计中必须综合考虑设备内部元器件相互间的电气干扰和热的影响，以提高电气参数的性能；另外必须注意结构的强度、刚度等问题，以免产生变形，引起电气接触不良、机械传动精度下降，甚至受到震动后遭到破坏。因此必须按实际工作环境和使用条件，采取相应措施，提高设备的可靠性和使用寿命，保证产品技术指标的实现。

（2）便于设备的操纵、安装与维修。一切电子产品的价值都是通过使用体现出来的，因此在整机结构设计时必须保证满足使用要求。在使用电子产品时，一般都需要通过各种旋钮、开关和指示装置来进行操作控制。为了能有效地操作和使用电子产品，必须使电子产品的结构设计符合人的心理和生理特点。在产品整机结构设计时，要合理地安排操作控制部分，做到操作简便，合理可靠。同时还要求结构装卸方便，缩短维修时间以及考虑保护操作人员的安全等。

（3）良好的结构工艺性。结构与工艺是密切相关的，采用不同的结构就相应有不同的工艺，新材料、新设备、新工艺的出现，反过来又促进结构的改进。因此，在整机设计时必须从生产实际出发，使所设计的零件、部件、组件具有良好的工艺性。

产品的技术性能指标和生产工艺可能性之间存在着矛盾，要求零、部、组件具有过高的技术指标，会给工艺带来困难，甚至工艺上无法达到。为此，应当对产品的技术有充分而深入的了解；对材料生产情况和新工艺发展情况，以及本厂设备和工艺水平有全面的了解，这样，才有可能设计出具有良好工艺性的产品。

在设计产品的过程中，当采用某种结构时（从结构形式到具体的结构要素），就必须考虑实现这种结构的工艺可能性和工艺合理性。

（4）体积小、重量轻。减小产品的体积和重量可以节约材料，有利于加工和运输。车载和机载产品重量轻，结构紧凑，可以减小惯性，降低动力消耗。在进行整机结构设计时，必须合理地布局，提高产品的紧凑性，选用轻质材料并尽量简化其结构，最大限度地降低产品的体积重量，这是一项重要的技术经济指针，必须给以足够的重视。

（5）造型美观协调。电子产品的造型是否美观、协调，直接影响到使用者的心理。从某种意义上讲，它直接影响到产品的竞争能力。特别是对民用电子产品，造型和色彩是一个不可忽视的因素。造型美观和协调与产品的结构型式、材料、表面涂覆、色调等因素有关。因此，产品在保证功能与经济性的条件下，应做到造型新颖、美观大方、色彩协调。

（6）贯彻执行标准化。标准化是我国的一项重要经济技术政策和管理措施，它对于保证和促进产品质量的提高，保证产品互换性和生产技术的协作配合以及便于使用维修，降低成本和提高生产效率都具有十分重大意义。结构设计中必须尽量减少特殊的零件、部件的数量，增加通用件的数量。尽可能多地采用标准化、规格化的零件、部件和尺寸系列。

2. 结构设计基本内容

在电子产品整机结构设计时，要根据产品的技术要求和使用条件，进行以下几方面的工作。

（1）整体布局。根据实验电路选定的元器件、部件和电路特点，初步划分出单元，并确定各单元的体积和重量，估算出整机总体尺寸。如果不满足技术条件的要求，应当重新选择和设计元器件及部件，经过反复考虑，最后确定分机划分或单元划分。单元划分或分机划分是整体布局中的主要问题。

（2）分机和单元的结构。各分机或单元元器件排列和布线以及屏蔽的结构设计，直接影响电子产品的电性能。尤其是高频电路，影响更甚。

（3）防护设计。电子产品的散热系统、减震系统、“三防”措施的选择和设计，直接影响电子产品的性能。对于不同的产品，侧重点不同，解决问题的方法也不同，必须根据具体问题分别对待。

（4）机械传动系统的布置。机械传动系统的布置必须服从整机结构，应结合结构特点、使用要求以及与其他组件、部件的联系等，从全局来考虑。

（5）机箱机柜结构。根据技术要求选定机箱机柜的形式，确定整机或分机的机架、底座和面板结构等。其中特别是指示装置和操纵控制装置的布置与选择对于实现电性能指标和产品的使用有一定影响。应该给以足够重视。

（6）机电连接的选择。分机与分机之间，整机与外部电源之间等的机电连接形式与连接组件的选择。

（7）其他有关结构措施。有些电子产品需要有特殊的运输和维护结构措施。如对于重量较大的分机需要安置导轨，设置分机翻转结构和快速拆卸装置以便于维修等。

10.2.3 结构设计的一般方法

整机结构设计牵涉面广，要解决的矛盾很多，往往是边分析边设计，边设计边调整，直到符合要求为止。

1. 熟悉电子产品的技术指针和使用条件

设计人员接到设计任务后，应详细了解电子产品的各项技术指针；电子产品需要完成的功能以及其他特殊要求（体积、重量的限制等）；电子产品工作时的环境气候条件、机械条件和运输、储存条件等。

2. 确定结构方案

根据电子产品的电原理方框图合理地绘出结构方框图，即将电子产品划分为若干个单元（或分机）。划分时应确定各单元的输入、输出端；分清高频、高压，选择可靠的机、电连接方案。此外，还要对通风散热、重心分配、操作使用以及制造工艺等问题作综合考虑。

在划分单元时，电气设计人员应与结构设计人员密切配合，得出一个最佳的划分单元方案。

3. 确定机壳的尺寸和所用材料

首先应决定机壳（或机箱、机柜）内部的零部件需要的空间，用多少接插件（插箱），然后算出总的外形尺寸。有时也可能先给外形尺寸。外形尺寸应符合国家标准 GB3047－1－82 及部标有关规定，以利于“三化”（标准化、通用化、系列化）要求。

根据电子产品的重量与使用条件，选用机壳材料。在选用有关材料时，应对其特点、性能有所了解，以便结合实际情况选用。常用的材料有钢、铝型材、板料组合、塑料等。

4. 进行总体布局

根据电原理图及使用要求，确定接插件的排列；面板上各操作、显示装置的选择布置。根据整机要求，考虑采用自然通风、强迫通风还是其他冷却方式，如利用自然通风还应考虑进出口的布置；如用强迫通风应考虑风机的位置及风路。根据使用要求，应考虑整机是否安装减震器及各部分的减震措施。考虑整机的地线布置、各屏蔽部分的要求及电气连接的布置。如插件的位置，电缆的布设等。根据电子产品的工作环境，还应考虑整机采取“三防”（防潮、防霉、防盐）措施。最后确定机壳及其零件、部件的结构型式，绘制结构草图。

本章小结

电子产品的结构直接关系到产品的功能、可靠性、可维修性和实用美观并影响用户的心理。电子产品的整机结构设计已发展成为人机工程学、技术美学、机械学、力学、传热学、材料学、表面装饰等为基础的综合性学科。

电子产品的整机结构主要包括机壳、底座、面板等。

机壳即是产品的外壳，是安装和保护电子产品内部各种元器件、电路单元及机械零部件的重要结构，对于消除各种复杂环境对电子产品的干扰，保证电子产品安全、稳定、可靠地工作，提高电子产品的使用效率、寿命，以及方便电子产品安装、维修的方便等起着非常重要的作用。机壳根据结构及外形尺寸通常又分为机壳、机箱和机柜。

底座是安装、固定和支撑各种电气元器件、机械零部件的基础结构。

面板承装操作及控制组件、指示装置、开关组件等，同时又是整个电子产品外观装饰的重要部件。

电子产品结构设计，是以电子产品为主要对象，涉及科学和美学、技术与艺术等诸多领域。

结构设计的一般方法：熟悉产品的技术指标和使用条件；确定结构方案；确定机壳的尺寸和所用材料；进行总体布局。

习题 10

1．对电子产品结构设计有哪些基本要求？

2．电子产品结构设计的美学原则概括为哪几个方面？

3．电子产品结构设计的基本原则是什么？

4．简述电子产品结构设计特点。

第 11 章

电子产品技术文件

技术文件是产品生产、试验、使用和维修的基本依据。产品技术文件具有生产法规的效力，必须执行统一的严格标准，实行严明的规范管理，不允许生产者有个人的随意性。技术文件分为设计文件和工艺文件两大类。

11.1 设计文件

设计文件是由设计部门制定的，是产品在研究、设计、试制和生产实践过程中逐步形成的文字、图样及技术资料。它规定了产品的组成、型号、结构、原理以及在制造、验收、使用、维修、贮存和运输产品过程中，所需要的技术数据和说明，是制定工艺文件、组织生产和使用产品的基本依据。

11.1.1 设计文件的概述

1. 产品的分级

电子产品种类繁多，根据产品结构复杂程度可分为简单产品和复杂产品；按产品的结构特性可分为成套设备、整件（组件）、部件、零件；按产品的使用和制造情况可分为专用件、通用件、标准件、外购件等。

为了便于对设计文件分类编号，规定电子产品及其组成部分，按其结构特征及用途分为8个等级，如表 11.1.1 所示。

表 11.1.1 产品的分级

级的名称	成套设备	整件	部件	零件
级的代号	1	2、3、4	5、6	7、8

（1）零件。零件是一种不采用装配工序而制成的产品。例如，无骨架的线圈、冲床加工而成的焊片等，这级代号（或图样编号）为 7、8 级。

（2）部件。部件是由两个或两个以上零件或材料等组成的可拆卸或不可拆卸的产品。它是装配较复杂的产品时必须组成的中间装配产品。例如，带骨架的线圈、安装好的电路板、装有变压器的底板等。部件亦可包括其他较简单的部件和整件。这级代号（或图样编号）为 5、6 级。

（3）整件（组件）。整件是由材料、零件、部件等经装配连接所组成的具有独立结构或独立用途的产品。如收音机、万用表、稳压电源以及其他较简单的整件。这级代号（或图样编号）为 2、3、4 级。

（4）成套设备。成套设备是若干个单独整件相互连接而共同构成的成套产品（这些单独的整件的连接一般的制造企业中不需要经过装配或安装），以及其他较简单的成套设备。如雷达系统、计算机系统、音响系统等。这级代码号（或图样编号）为 1 级。

产品除以上 8 级外，还规定 0 级为通用文件，9 级为日后需要补充时所用。

2. 设计文件的分类

下面介绍设计文件的几种分类法。

1）按表达的内容分

（1）图样：以投影关系绘制，用于说明产品加工和装配的要求。

（2）简图：以图形符号为主绘制。用于说明产品电气装配连接，各种原理和其他示意性内容。

（3）文字和表格：以文字和表格的方式说明产品的技术要求和组成情况。

2）按形成的过程可分

（1）试制文件：是指设计性试制过程中编制的各种设计文件。

（2）生产文件：是指设计性试制完成后，经整理修改，为进行生产（包括生产性试制）所用的设计性文件。

3）按绘制过程和使用特征可分

（1）草图：是设计产品时所绘制的原始图样，是供生产和设计部门使用的一种临时性的设计文件。草图可用徒手绘制。

（2）原图：供描绘底图用的设计文件。

（3）底图：是作为确定产品及其组成部分的基本凭证。底图又可为如下。

① 基本底图——即原底图，是经各级有关人员签署而制定的。

② 副底图——是基本底图的副本，供印制复印图时使用。

（4）复印图：是用底图以晒制、照相或能保证与底图完全相同的其他方法所复制的图样，晒制复印图通常称为蓝图。

（5）载有程序的媒体：计算机用的磁盘、光盘等。

11.1.2 设计文件内容

1. 设计文件编号方法

设计文件的编号，一般将设计文件按规定的技术特征（功能、结构、材料、用途、工艺）分为 10 级（0～9 级），每级又分为 10 类（0～9），每类分为 10 型（0～9），每型分为 10 种（0～9）。在特征标记前，冠以汉语拼音字母表示企业区分代号，在特征标记后，标上三位数字，表示登记号，最后是文件简号。示例如图 11.1.1 所示。

AB	2.022	.005	MX
企业代号	级、类、型、种	登记顺序号	文件简号

图 11.1.1 文件编号方法

2. 设计文件的组成及完整性

设计文件是组织生产的必要条件之一，必须完整。每个产品都有配套的设计文件，一套设计文件的组成内容随产品的复杂程度、继承程度、生产特点和研制阶段的不同而有所区别。

一般在满足组成生产和提供使用的前提下，由设计部门和生产部门参照表 11.1.2 所示协商确定。

表 11.1.2　电子产品设计文件的成套性

序号	文件名称	文件简号	产　品				产品的组成部分		
			成套设备 1级	整　件 2、3、4 级	部　件 5、6 级	零　件 7、8 级	整　件 2、3、4 级	部　件 5、6 级	零　件 7、8 级
1	产品标准		▲	▲	▲	▲			
2	零件图					▲			▲
3	装配图			▲	▲		▲	▲	
4	外形图	WX		△	△		△	△	△
5	安装图	AZ	△	△					
6	总布置图	BL	△						
7	频率搬移图	PL	△	△					
8	方框图	FL	△	△			△		
9	信号流程图	XL	△	△			△		
10	逻辑图	LJL		△	△		△		
11	电路图	DL	△	△	△		△		
12	接线图	JL		△	△		△	△	
13	线缆连接图	LL	△	△			△		
14	机械原理图	YL	△	△			△	△	
15	机械传动图	CL	△	△			△	△	
16	其他图样	T	△	△	△		△	△	
17	技术条件	JT	△	△	△		△	△	△
18	技术说明书	JS	▲	▲	△		△	△	
19	说明	S	△	△	△	△	△	△	
20	表格	B	△	△	△	△	△	△	
21	明细表	MX	▲	▲	▲		▲		
22	整件汇总表	ZH	△	△					
23	附件及工具配套表	BH	△	△					
34	成套运用文件清单	YQ	△	△					
25	其他文件	W	△	△	△	△			

表中“▲”表示必需编制的设计文件；“△”表示根据实际需要而定。

“其他图样”T、“说明”S、“表格”B 和“其他文件”W 这四个文件简号的后面，允许加注脚序号。注脚序号定在文件简号的右下角，并从本身开始算起，例如 S、S1、S2 等。

“表格”B，是指不属于表中所列文件而单独使用的、属于表格内容的设计文件。隶属于简图的表格可以用 A4 图纸单独编写（如电路图的元件目录、接线图的接线表）等。

3．设计文件的格式

1）设计文件的格式

现行标准规定了各种设计文件的格式，计有格式（1）、格式（2）等 15 种。不同的文件采用不同的格式。如图 11.1.2 所示为格式（1）、格式（2）的样图。

						涂覆		
						①	②	
旧底图总号								
	更改标记	数量	文件号	签名	日期			
底图总号	设计						重量	比例
	复核							
	工艺							
	标准化					③	第　张	共　张
							④	
	批准							
格式：1		制图：		描图：			幅面：4	

（a）格式（1）

						序号	代号	名称	数量	备注
旧底图总号						①		②		
	更改标记	数量	文件号	签名	日期					
底图总号	设计							重量		比例
	复核									
	工艺									
	标准化					③		第　张		共　张
								④		
	批准									
格式：1		制图：		描图：				幅面：4		

（b）格式　（2）

图 11.1.2　设计文件格式图样

2）设计文件的填写方法

每张设计文件上都必须有主标题栏和登记栏，零件图还应有涂覆栏（见格式 1），装配图、安装图和接线图还应有明细栏（见格式 2）。

（1）标题栏。

标题栏放在设计文件每张图样的右下角，用来记载图名（产品名称）、图号、材料、比例、重量、张数、图的作者和有关职能人员的署名及署名时间等。

填写说明：第①栏内填写产品或其组成部分（零件、部件、整件）的名称。对于零件图、装配图以外的文件，在第 1 栏填写产品名称外，还需要用小一号的字体写出该文件的名称，如明细表、技术说明等。第②栏内填写设计文件的编号和图号。第③栏内填写规定使用的材料名称和牌号。第④栏为空白栏。“涂覆”栏在主标题栏的右上方，供零件图填写涂覆要求时使用，栏内填写涂覆的标记。

（2）明细栏。

明细栏位于标题栏的上方（见格式 2），用于填写直接组成该产品的整件、部件、零件、外购件和材料，亦即在图中有旁注序号的产品和材料。填写方法是按照装入所述装配图中的整件、部件、零件、外购件和材料的顺序，依照编号由小到大的顺序自下而上地填写。

明细栏填写方法：“序号”栏内，填写所列产品和材料在图中的旁注序号。“代号”栏内，填写相应设计文件的编号。“名称”栏内，填写所列产品和材料的名称及型号（或牌号）。“数量”栏内，填写所列产品和材料的数量。对于材料，还需标注计量单位。“备注”栏内，填写补充说明。

当装配图是两张或两张以上的图纸时，明细栏放在第一张上。复杂的装配图允许用 4 号幅面单独编制明细栏，作为装配图纸时，明细栏应自上而下填写。

（3）登记栏。

位于各种设计文件左下方（在框图线以外，装订线下面）。

填写说明：“底图总号”栏内，由各企业技术档案部门直接收底图时填写文件的基本底图总号。“旧底图总号”栏内，填写被本底图所代替的旧底图总。

11.1.3 常用设计文件介绍

1．方框图

方框图是一种使用非常广泛的说明性图形，它用简单的“方框”代表一组元器件、一个部件或一个功能块。用它们之间的连线表达信号通过电路的途径或电路的工作顺序。框图具有简单明确、一目了然的特点。如图 11.1.3 所示为收音机的基本方框图。它能让人们一眼就看出电路的全貌、主要组成部分及各级电路的功能。

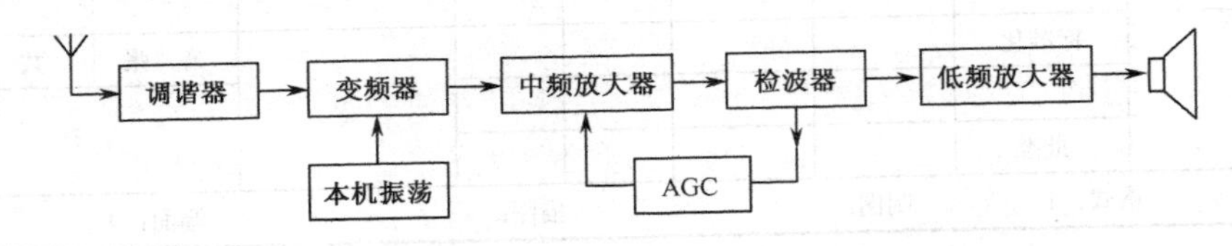

图 11.1.3 收音机的方框图

绘制框图时，要在框图内使用文字或图形注明该框图所代表电路的内容或功能，框之间一般用带有箭头的连接线表示信号的流向。

2．电原理图

电原理图是详细说明产品元件或单元间电气工作原理及其相互间连接关系的略图，是设计、编制接线图和研究产品性能的原始资料。在装接、检查、试验、调整和使用产品时，电原理图与接线图一起使用。参看图 4.2.5（a）所示 LM386 功率放大电路的原理图。

组成产品的所有元件在图上均以图形符号表示。这种符号在图上的配置可根据产品基本工作原理，从左至右，自上而下地排成一列或数列，并应以图面紧凑、清晰、顺序合理、电连接线最短和交叉最少为原则。

图中各元件的图形符号的右方或上方应标出该元件的位置符号，各元件的位置符号一般由元件的文字符号及脚注序号组成。如 R_1、C_2 等。

3．接线图

接线图是表示电子产品装接面上各元器件的相对位置关系和接线的实际位置的略图，供电子产品的整件或部件内部接线时使用。参看图 4.2.5（b）所示 LM386 功率放大电路的接线示意图。在制造、调整、检查和使用电子产品时，接线图应与电原理图或逻辑图一起用于产品的接线、检查、维修。接线图还应包括进行装接时必要的资料，例如接线表，明细表等。

对于复杂的产品，若一个接线面不能清楚地表达全部接线关系时，可以将几个接线面分别给出。绘制时，应以主接线面为基础，将其他接线面按一定方向开展，在展开接线面旁，要标出展开方向。在某一个接线面上，如有个别元件的接线关系不能表达清楚时，可采用辅助视图来说明并在视图旁注明是何种辅助视图。

复杂的设备或单元用的导线较多，走线复杂，为了便于接线，使走线整齐美观，可将导线按规定和要求绘制成线扎装配图。

4．装配图

装配图是表示产品组成部分相互连接关系的图样。在装配图上，仅按直接装入的零件、部件、整件的装配结构进行绘制，要求完整、清楚地表示产品的组成部分及其结构总形状。装配图主要用于指导印制板组件的装配生产，同时利于产品故障的检查和维修。参看图 4.2.7（b）所示 LM386 功率放大电路的装配示意图。

5．技术条件

技术条件是指对产品质量、规格及其检验方法等所做的技术规定。技术条件是产品生产和使用应当共同遵循的技术依据。

技术条件的内容一般应包括：概述、分类、外形尺寸、主要参数、例行和交收试验、试验方法、包装和标志、贮存和运输。

对产品的组成部分，如整件、部件、零件，一般不单独编写技术条件。

6．技术说明书

用于说明产品用途、性能、组成、工作原理和使用维护方法等技术特性，供使用和研究产品之用。

技术说明书的内容一般应包括：概述、技术参数、工作原理、结构特征、安装及调整。

概述：概括性地说明产品的用途、性能、组成、原理等。

技术参数：应列出使用、研究本产品所必须的技术数据以及有关计算公式和特性曲线等。

工作原理：应从本产品的使用出发，通过必要的略图，以通俗的方法说明产品的工作原理。

结构特征：用以说明产品在结构上的特点、特性及其组成等。可借外形图、装配图和照片来表明主要的结构情况。

安装及调整：用以说明正确使用产品的程序，以及产品维护、检修、排除故障的方法、步骤和应注意的问题。

在必要时，根据使用的需要可同时编制使用说明书，其内容主要包括产品的用途、简要技术特性及使用维护方法等。对于简单的产品只要编制使用说明书即可。

7．明细表

明细表是表格形式的设计文件，分为成套设备明细表、整件明细表、成套件明细表等。

其中整件明细表是确定整件组成部分的具体内容和数量的技术文件，是企业组织生产和进行生产管理的基本依据。整件明细表通常按文件、单元电路、部件、零件、标准件、材料等顺序进行填写。

11.2 工艺文件

工艺是劳动者利用生产工具对各种原材料、元器件、半成品等进行加工或装配成为产品或新的半成品的方法和过程。工艺是人类在劳动中积累起来并经过总结的操作技术经验，是在生产中总结出的最好的最佳的最标准的解决问题的方法和途径，是生产的艺术。

工艺通常是以文件的形式来表示。工艺文件是指导工人操作和用于生产、工艺管理等的各种技术文件的总称。

工艺文件是生产企业必备的一种技术资料。它是企业进行生产准备、原材料供应、计划管理、生产调度、劳动力调配及工模具管理的主要技术依据，是加工操作、安全生产、技术、质量、检验的技术指导。

工艺文件与设计文件同是指导生产的文件，两者是从不同角度提出要求的。设计文件是原始文件，是生产的依据，而工艺文件是根据设计文件提出的加工方法，以实现设计图纸上的要求并以工艺规程和整机工艺文件图纸指导生产，以保证任务的顺利完成。

11.2.1 工艺文件的分类

工艺文件分为工艺管理文件和工艺规程文件两大类。

1. 工艺管理文件

工艺管理是工艺工作的主要内容之一。企业的工艺管理是在一定的生产方式和条件下，按一定的原则、程序和方法，科学地计划、组织和控制各项工艺工作的全过程，是保证整个生产过程严格按工艺文件进行活动的管理科学。

工艺管理文件这是企业科学地组织生产和控制工艺工作的技术文件。不同的企业工艺管理文件的种类不完全一样，但一些常用的基本文件都应当具备，主要有：工艺文件目录；工艺路线表；材料消耗工艺定额明细表；配套明细表；专用及标准工艺装配表等。

2. 工艺规程文件

工艺规程是规定产品或零件制造工艺过程和操作方法等的工艺文件。

（1）按使用性质可分为：专用工艺规程；通用工艺规程；标准工艺规程。

① 专用工艺规程专门为某产品或某组装件的某一工艺阶段编制的一种工艺文件。

② 通用工艺规程。几种结构和工艺规程特性相似的产品或组装件所共用的工艺文件。

③ 标准工艺规程。某些工序的工艺方法经长期生产考验已定型，并已纳入标准的工艺文件。

（2）按加工专业分：机械加工工艺卡；电气装配工艺卡；线扎工艺卡；油漆涂覆工艺卡等。

11.2.2 工艺文件的编制

工艺文件是企业组织生产、指导操作、保证产品产量的重要手段和法规，因此工艺文件应做到正确、完整、统一、清晰。

1. 工艺文件的编号及简号

工艺文件的编号是指工艺文件的代号，简称"文件代号"。它由三个部分组成：企业区分代号、该工艺文件的编制对象（设计文件）的编号和工艺文件简号。必要时工艺文件简号可加区分号予以说明，如图 11.2.1 所示。常用的工艺文件简号规定如表 11.2.1 所示。

JDA	3.110.001	GZB	1
企业区分代号	级、类、型、种	工艺文件导线及扎线加工表	区分号（内控加工表）

图 11.2.1　工艺文件编号示例

表 11.2.1　工艺文件简号规定

序号	工艺文件名称	简号	字母含义	序号	工艺文件名称	简号	字母含义
1	工艺文件目录	GML	工目录	9	塑料压制件工艺卡	GSK	工塑卡
2	工艺线路表	GLB	工路表	10	电镀及化学镀工艺卡	GDK	工镀卡
3	工艺过程卡	GGK	工过卡	11	电化涂覆工艺卡	GQK	工涂卡
4	元器件工艺表	GYB	工元表	12	热处理工艺卡	GRK	工热卡
5	导线及线扎加工表	GZB	工扎表	13	包装工艺卡	GBZ	工包装
6	各类明细表	GMB	工明表	14	调试工艺	GTS	工调试
7	装配工艺过程卡	GZP	工装配	15	检验规范	GJG	工检规
8	工艺说明及简图	GSM	工说明	16	测试工艺	GCS	工测试

对于填有相同工艺文件名称及简号的各工艺文件，不管其使用何种形式，都应认为是属同一份独立的工艺文件，它们应在一起计算其张数。

2. 工艺文件的编制原则

编制工艺文件应以保证产品质量，稳定生产为原则，应以采用最为经济、最合理的工艺手段进行加工为原则。在编制前必须对该产品工艺方案的制订进行调查研究工作，掌握国内外制造该类产品有关的信息，以及上级或企业领导形成文字的有关决策和指令作为编制依据。编制工艺文件的基本原则如下。

（1）要根据产品的批量大小、性能指标和复杂程度编写相应的工艺文件。对于简单产品可编写某些关键工序的工艺文件；对于一次性生产的产品，可视具体情况编写临时工艺文件或参照同类产品的工艺文件，甚至可不编写工艺文件。

（2）根据生产车间的组织形式、设备条件和工人的技术水平等情况编制工艺文件，确保工艺文件的可操作性。

（3）对未定型的产品，可不编制工艺文件。如果需要，可编写部分必要的工艺文件。

（4）工艺文件应以图为主，使操作者一目了然，便于操作，必要时可加注简要说明。

（5）凡属工人应知应会的工艺规程内容，可不再编入工艺文件中。

3. 工艺文件的编制方法

（1）要仔细分析设计文件的技术条件、技术说明、原理图、安装图、接线图、线扎图及有关的零件、部件图等。将这些图中的安装关系与焊接要求仔细弄清楚。

（2）根据实际情况，确定生产方案，明确工艺流程和工艺路线。

（3）编制准备工序的工艺文件，如各种导线的加工、元器件引脚成形、浸锡、各种组合件的装接、印标记等。凡不适合直接在流水线上装配的元器件，可安排在准备工序里去做。

（4）编制总装的流水线工序的工艺文件。先根据日产量确定每道工序的所需工时，然后由产品的复杂程度确定所需的工序数。在音频视频类电子产品的批量生产中，每道工序的工时数一般安排1min 左右。编制流水线工艺文件时，应充分考虑各工序的平衡性，安排要顺手，最好是按局部分片分工，尽可能不要上下翻动机器，正反面都装焊。安装与焊接工序尽可能分开，以简化人工操作。

4. 工艺文件的编制要求

（1）编制的工艺文件要有统一的格式、统一的幅面，图幅大小应符合规定，并装订成册，配齐成套。

（2）工艺文件中的字体要规范，书写应工整、清晰、正确。

（3）工艺文件中使用的名称、编号、图号、符号、材料和元器件代号等应与设计文件保持一致。

（4）工艺附图应按比例准确绘制，并注明完成工艺过程所需要的数据和技术要求。

（5）编制工艺文件时尽量引用部颁通用技术条件、工艺细则或企业标准工艺规程。并最大限度地采用工装具或专用工具、测试仪器和仪表。

（6）工艺文件中应列出工序所需的仪器、设备和辅助材料等。对于调试检验工序，应标出技术指标、功能要求、测试方法及仪器的量程和档位等。

（7）装接图中的装接部位要清楚，接点应明确。内部接线可采用假想移出展开的方法。

（8）编制关键件、关键工序及重要零件、部件的工艺规程时，要指出准备内容、装配方法、装配过程中的注意事项。

（9）易损或用于调整的零件、元器件要有一定的备件。

（10）工艺文件应执行审核和批准等手续。

11.2.3 常见工艺文件介绍

1. 工艺文件封面

工艺文件封面是指为产品的全套工艺文件或部分工艺文件装订成册的封面，其格式如图 11.2.2 所示。简单产品的工艺文件可按整机装订成册，复杂产品可按分机单元装订成若干册。各栏目的填写方法如下："共 X 册"填写工艺文件的总册数；"第 X 册"、"共 X 页"填写该册在全套工艺文件中的序号和该册的总页数；"型号"、"名称"、"图号"分别填写产品型号、名称、图号；最后要填写批准日期，执行批准手续等。

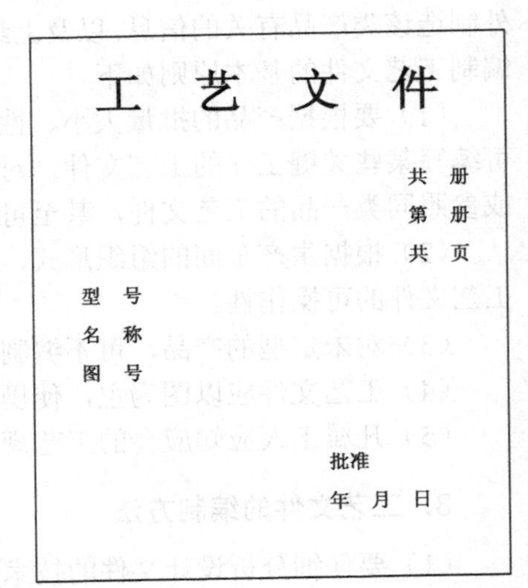

图 11.2.2 工艺文件封面

2. 工艺文件目录

工艺文件目录是供工艺文件装订成册用，在工艺文件目录中，可查阅每一组件、部件和零件的各种工艺文件的名称、页数和装订的册次，这是归档时检查工艺文件是否成套的依据，其格式如表 11.2.2 所示。

表 11.2.2　工艺文件目录

	工艺文件目录			产品名称或型号		产品图号
	序号	文件代号	零件、整件图号	零件、整件图名称	页数	备注
使用性						
旧底图总号						
底图总号	更改标记	数量	文件号	签名	日期	签名	日期	第　页
						拟制		
						审核		
日期 / 签名								共　页
								第　册 / 第　页

3. 配套明细表

配套明细表供有关部门在配套及领、发材料时使用。它反映部件、整件装配时所需用的零件、部件、整件、外购件等各种材料及其数量，以便供各有关部门在配套准备时作为领料、发料的依据。配套明细表如表 11.2.3 所示，填写时“来自何处”栏填写材料的来源处；辅助材料填写在顺序的末尾。

表 11.2.3　配套明细表

	配套明细表			装配件名称		装配件图号
	序号	图　号	名　称	数　量	来自何处	备注
使用性						
旧底图总号						
底图总号	更改标记	数量	文件号	签名	日期	签名	日期	第　页
						拟制		
						审核		
日期 / 签名								共　页
								第　册 / 第　页

4．工艺路线表

工艺路线表是能简明列出产品零件、部件、组件生产过程中由毛坯准备到成品包装，在工厂内外顺序经过的部门及各部门所承担的工序简称，并且列出零件、部件、组件的装入关系的一览表，格式如表 11.2.4 所示。它的主要作用如下。

（1）生产计划部门作为车间分工和安排生产计划的依据，并据此建立台账，进行生产调度。

（2）作为工艺部门专业工艺员编制工艺文件分工的依据。

填写时注意，“装入关系”栏用方向指示线显示产品零件、部件、整件的装配关系；“工艺路线表内容”栏，填写零件、部件、整件加工过程中部门（车间）用工序的名称和代号。

表 11.2.4　工艺路线表

	工艺线路表			装配件名称			装配件图号	
	序号	图　号	名　称	装入关系	部件用量	整件用量	备注	
	1	2	3	4	5	6	7	
使用性								
旧底图总号								
底图总号	更改标记	数量	文件号	签名	日期	签名	日期	第　页
						拟制		
						审核		共　页
日期	签名							
								第　册　第　页

5．装配工艺过程卡

装配工艺过程卡（又称工艺作业指导卡）是用来编制产品的部件、整件的机械性装配和电气连接的装配工艺全过程（包括装配准备、装连、调试、检验、包装入库等过程）。其格式如表 11.2.5 所示，一般直接用在流水线上，以指导工人操作。

表 11.2.5　装配工艺过程卡

	装配工艺过程卡					装配件名称			装配件图号
	序号	装入件用辅助材料		车间	工序号	工种	工序（步骤）内容和要求	设备及工装	工时定额
		图号、名称	数量						
	1	2	3			4	5	6	7

续表

使用性									
旧底图总号									
底图总号	更改标记	数量	文件号	签名	日期	签名		日期	第 页
						拟制			
						审核			共 页
日期 / 签名									
									第 册 / 第 页

6．工艺文件更改通知单

工艺文件更改通知单供永久性修改工艺文件用，其格式如表 11.2.6 所示。使用时应写明更改原因、生效日期及处理意见。

表 11.2.6　工艺文件更改通知单

更改单号	工艺文件更改通知单			产品名称或型号		零件、部件、整件名称		图 号		第 页	
										共 页	
生效日期	更改原因		通知单分发单位			处理意见					
更改标记	更改前					更改标记	更改后				
拟制		日期		审核		日期		批准		日期	

除上述的工艺文件表格外，还有“工艺说明及简图”、“元器件工艺表”、“检验卡”等工艺文件，可根据企业实际情况制定填写，在此不再详述。

本章小结

(1) 技术文件是产品生产、试验、使用和维修的基本依据。电子产品技术文件主要有设计文件和工艺文件两大类。

(2) 设计文件是产品在研究、设计、试制和生产实践过程中逐步形成的文字、图样及技术资料，它规定了产品的组成、型号、结构、原理以及在制造、验收、使用、维修、贮存和运输产品过程中，所需要的技术数据和说明，是组织生产和使用产品的基本依据。

(3) 常用设计文件有：方框图、电原理图、接线图、装配图、技术条件、技术说明书及明细表等。

(4) 工艺是人类在劳动中积累起来并经过总结的操作技术经验，是最好的、最佳的、最标准的解决问题的方法和途径，是生产的艺术。

(5) 工艺文件是生产企业必备的一种技术资料。它是企业进行生产准备、原材料供应、计划管理、生产调度、劳动力调配及工模具管理的主要技术依据，是加工操作、安全生产、技术、质量、检验的技术指导。

(6) 工艺文件与设计文件同是指导生产的文件，两者是从不同角度提出要求的。设计文件是原始文件，是生产的依据，而工艺文件是根据设计文件提出的加工方法，以实现设计图纸上的要求并以工艺规程和整机工艺文件图纸指导生产，以保证任务的顺利完成。

(7) 工艺文件主要有工艺管理文件和工艺规程文件两大类。

习题 11

1. 电子产品技术文件有什么作用？它分为几类？
2. 什么是设计文件？什么是工艺文件？有何作用？工艺文件和设计文件有什么不同？
3. 常用的设计文件有哪些？
4. 编制工艺文件的原则是什么？

第 12 章

电子产品装调实训

12.1 万用表装调实训

万用表是一种多功能、多量程的便携式电工仪表。是从事电子行业的人员和初学者，必须掌握和必备的仪表。用万用表作为装调实训内容，既可学习装配、调试知识，又可加深对万用表工作原理的理解和熟悉其使用方法。

12.1.1 万用表电路原理

这里以 MF-47A 型万用表为例来介绍万用表装调实训。MF-47A 型万用表可以测量直流电流、交/直流电压和电阻等，具有 26 个基本量程和电平、电容、电感、晶体管直流参数等 7 个附加参考量程，是一种量程多、分档细、灵敏度高、体形轻巧、性能稳定、过载保护可靠、读数清晰、使用方便的万用表。

1. 万用表的结构及组成

MF-47A 型万用表主要由表头、档位转换开关、电路板（包括元器件）、面板、表笔等组成，如图 12.1.1 所示为 MF-47A 型万用表的外形图。

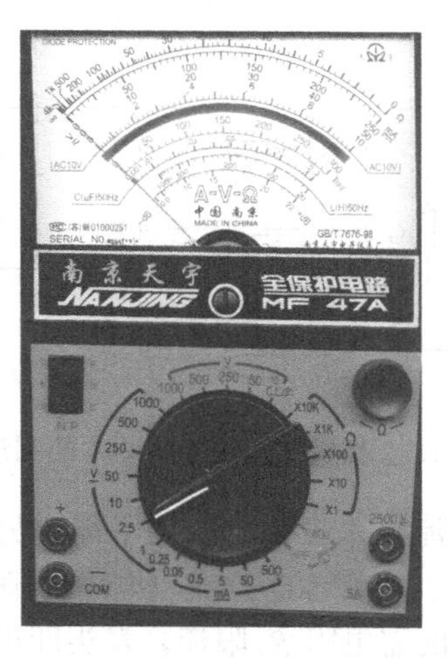

图 12.1.1　MF-47A 型万用表的外形图

2. 电路原理

MF-47A 型万用表的原理图如图 12.1.2 所示。由图可知，电路由公共显示部分、直流电流部分、直流电压部分、交流电压部分和电阻部分共 5 个部分组成。

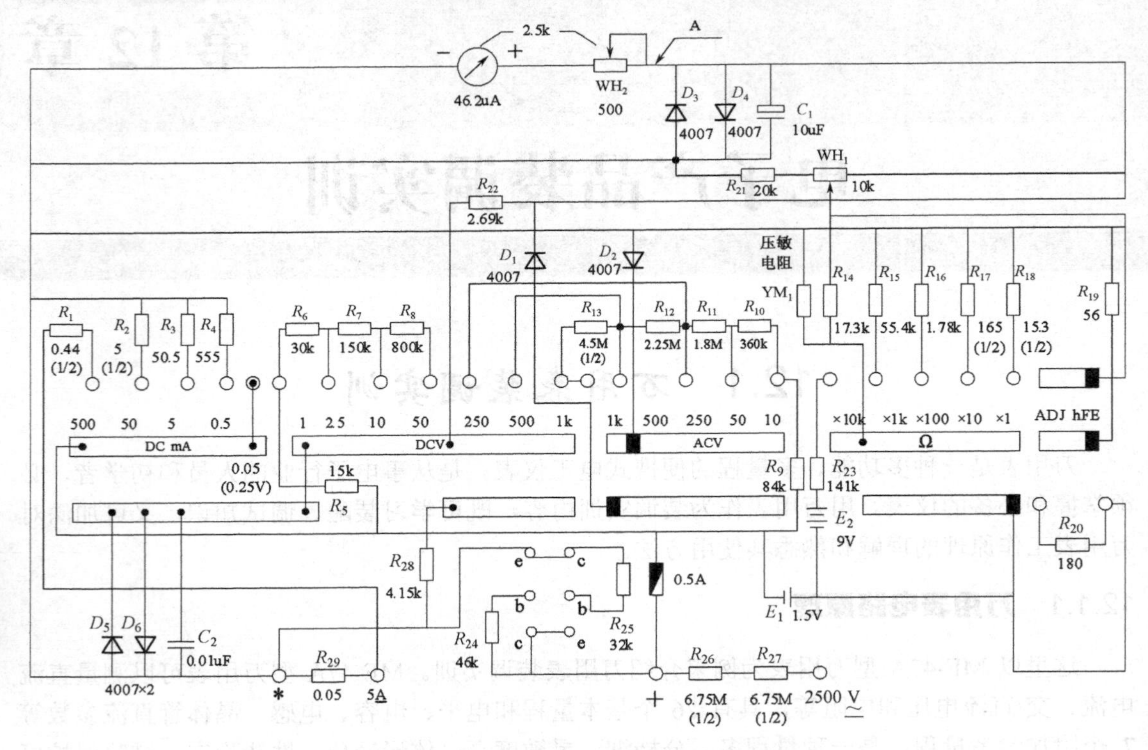

图 12.1.2　MF-47A 型万用表的原理图

表头是一个直流电流表，电位器 WH_2 用于调节表头回路中的电流大小，D_3、D_4 两个二极管反向并联且与电容 C_1 并联，用于限制表头两端的电压，起保护表头的作用，使表头不至因电压、电流过大而烧坏。

指针式万用表最基本的工作原理如图 12.1.3 所示，图中“－”为黑表棒插孔，“＋”为红表棒插孔。

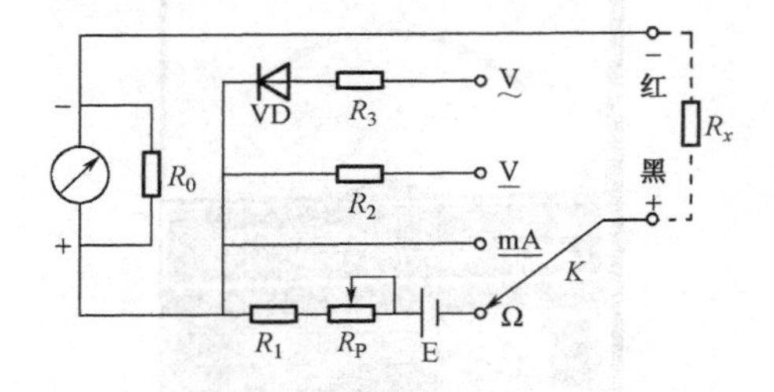

图 12.1.3　指针式万用表最基本的测量原理

测电压和电流时，外部有电流流入表头，因此不需要另外提供电源。当我们把档位开关旋钮 K 打到交流电压挡时，通过二极管 VD 整流，电阻 R_3 限流，由表头显示出来。当打到直流电压挡时不需要二极管整流，仅需电阻 R_2 限流，表头即可显示。打到直流电流挡时既不需要二极管整流，也不需要电阻 R_2 限流，表头即可显示。

测电阻时将转换开关 K 拨到“Ω”挡，这时外部没有电流通入，因此必须使用万用表内部电池作为电源，设外接的被测电阻为 R_x，表内的总电阻为 R，形成的电流为 I。由 R_x、电池 E、可调电位器 R_P、固定电阻 R_1 和表头部分组成闭合电路，形成的电流 I 使表头的指针偏转。红表笔与电池的负极相连，通过电池的正极与电位器 R_P 及固定电阻 R_1 相连，经过表头接到黑表笔与被测电阻 R_x 形成回路产生电流使表头显示。回路中的电流为 $I=\dfrac{E}{R_x+R}$。可知，测量电阻时 I 和被测电阻 R_x 不成线性关系，所以表盘上电阻标度尺的刻度是不均匀的。当电阻越小时，回路中的电流越大，指针的摆动越大，因此电阻挡标度尺的刻度为反向分度。

当测量的电流或电压过大时，可采用串、并联电阻的方式进行分压和分流。

12.1.2 万用表的整机装配

1. 元器件及材料清点

MF-47A 万用表的材料配套清单如表 12.1.1 所示。

表 12.1.1 MF-47A 型万用表配套明细表

1. 电阻 30 只（单位：Ω）

序号	编号	名称规格	序号	编号	名称规格	序号	编号	名称规格
1	R_1	0.44	11	R_{11}	1.8M	21	R_{21}	20k
2	R_2	5	12	R_{12}	2.25M	22	R_{22}	2.69k
3	R_3	50.5	13	R_{13}	4.5M	23	R_{23}	141k
4	R_4	555	14	R_{14}	17.3k	24	R_{24}	46k
5	R_5	15k	15	R_{15}	55.4k	25	R_{25}	32k
6	R_6	30k	16	R_{16}	1.78k	26	R_{26}	6.75M
7	R_7	150k	17	R_{17}	165	27	R_{27}	6.75M
8	R_8	800k	18	R_{18}	15.3	28	R_{28}	4.15k
9	R_9	84k	19	R_{19}	56	29	R_{29}	0.05（分流器）
10	R_{10}	360k	20	R_{20}	180	30	YM_1	压敏电阻

2. 电位器 2 只（单位：Ω）

序号	编号	名称规格	序号	编号	名称规格
1	WH_1	10k	2	WH_2	500 或 1k

3. 二极管 6 只

序号	编号	名称规格	序号	编号	名称规格	序号	编号	名称规格
1	D_1	4007	3	D_3	4007	5	D_5	4007
2	D_2	4007	4	D_4	4007	6	D_6	4007

4. 保险丝夹 2 只

5. 保险丝 1 只（0.5～1A，内阻小于 0.5Ω）

6. 电容器 2 只

序号	编号	名称规格	序号	编号	名称规格
1	C_1	10μF/16V	2	C_2	0.01μF

7. 连接线 4 根（1.5V 电池正、负<长线>\9V 电池<短线>\1.5V＋与 9V－电池夹处用短线），短接线 1 根

8. 线路板 1 块

9. 塑料件类

序号	名称规格	序号	名称规格	序号	名称规格	序号	名称规格
1	面板+表头（一体化，I=46.2μA）	3	电刷旋钮	5	提把（1 只）及提把铆钉（2 只）	7	晶体管插座（1 只）
2	挡位开关旋钮	4	电池盖板	6	电位器旋钮（2 只）	8	后盖

续表

10．标准件类							
序号	名称规格	序号	名称规格	序号	名称规格	序号	名称规格
1	螺钉 M3×6（×2）（用于后盖固定）	2	弹簧	3	钢珠（ϕ4×1）	4	电池夹（×4）（小夹为 1.5V+）
11．零配件类							
序号	名称规格	序号	名称规格	序号	名称规格	序号	名称规格
1	铭牌及标志（各 1）	3	晶体管插片（×6）	5	表笔（红、黑各一支）	6	输入插管（×4）
2	V 形电刷	4	使用说明书				

在清点材料时必须严格按照材料清单逐项核对，避免漏项，并注意如下几点。

（1）清点材料时要细心，以免材料丢失。

（2）对清点好的材料要进行标注，以便于随后的装配中识别与区分。

（3）暂时不用的材料应放在塑料袋里备用。

2．元器件及材料检测

1）外观检测

外观检测就是检验元器件表面有无损伤，几何尺寸是否符合要求，型号规格是否与工艺文件要求相符。如检查印制电路板应光泽好，毛刺少，铜带均匀，焊盘无翘起；电池夹弹簧的弹性要好；电刷的弹性应好，无氧化等。

2）用万用表检测

（1）用万用表 Ω 挡测量色环电阻，并与标称比较，要求其阻值应在允许误差范围内。

（2）用万用表 Ω 挡检测电容，电解电容应有明显的充放电现象，且漏电流要小。

（3）用万用表 Ω 挡检测电位器，测量电位器的两个固定端，其阻值应为电位器的标称值或接近其标称值，测量某一固定端与可调端之间的电阻，反复慢慢旋转电位器转轴，观察指针应连续、均匀变化，测量各端子与外壳是否绝缘。

（4）用万用表检测二极管 1N4007 的正反电阻是否正确，并确认其正负极性。

（5）用万用表 Ω 挡测量保险、连接导线、插座等材料应导电良好。

3．引脚上锡

1）清除元器件表面的氧化层

元器件经过长期存放，其引脚表面会形成氧化层，不但使元件难以焊接，而且影响焊接质量。因此，当元件表面存在氧化层时，应首先清除元件表面的氧化层。清除元件表面的氧化层的方法很多，可根据具体情况而定。

（1）较轻的污垢可以用酒精或丙酮擦洗。

（2）严重的腐蚀性污点只有用小刀刮，或用砂纸打磨等方法去除，应在距离元器件的根部 2～5mm 处开始除氧化层。

（3）镀金引脚可以使用绘图橡皮擦除引脚表面的污物。

（4）镀铅锡合金的引脚可以在较长的时间内保持良好的可焊性，免除清洁步骤。

（5）镀银引脚容易产生不可焊的黑色氧化膜，必须用小刀轻轻刮去镀银层。

2）上锡

上锡也称镀锡或浸锡，是用液态焊锡（焊料）对被焊金属表面进行浸润，形成一层既不同于被焊金属又不同于焊锡的结合层。其目的是为了防止引脚氧化，提高焊接质量。电烙铁上锡的方法是先在电烙铁上蘸满焊料，将引脚端头放在一块松香上，烙铁压在引脚端头，左手慢慢地一边旋转引脚一边向后拉出导线，当引脚端头脱离电烙铁后引脚端头也就上好了焊锡。上锡应注意，从除氧化层到上锡的时间一般不要超过几个小时，以免引脚重新氧化；上锡的时间要根据引脚的粗细来掌握，通常在 2～5s。时间太短，造成上锡不充分。时间过长，大量热量传递到元器件内部，易造成元器件损伤。所以，上锡后应立刻浸入酒精中散热。对有些晶体管、集成电路和怕热元器件，上锡时应当用易散热工具夹持其引脚上端。

4. 元器件引脚成型

元器件引脚手工成型可采用如图 12.1.4（a）所示的方法。左手用镊子（或尖嘴钳等）靠近电阻的位置大于 1.5 mm 处，夹紧元件的引脚，用右手拇指和食指将引脚弯成直角（圆弧形）。元件引脚成型后的形状如图 12.1.4（b）所示，引脚之间的距离，根据印制电路板孔距而定。如果孔距较小，元件较大，应将引脚往回弯折成如图 12.1.4（c）所示形状。

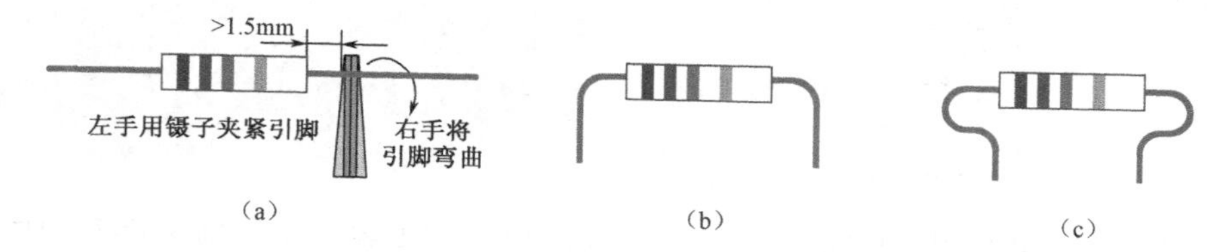

图 12.1.4　电阻元件引脚成型

电容器和压敏电阻的引脚可以成型为图 12.1.5（a）所示，并将它们垂直安装。或成型为图 12.1.5（b）所示，进行平安装。

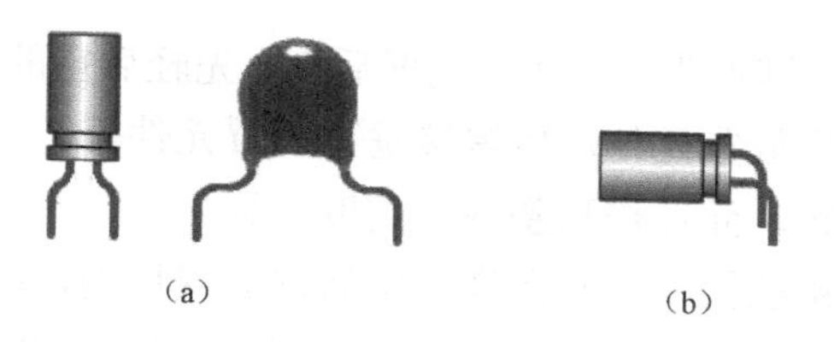

图 12.1.5　电容元件引脚成型

二极管引脚的成型方法与电阻相同。元器件成型应注意如下。

（1）引脚成型后，元器件本体不应产生破裂，表面封装不应损坏，引脚弯曲部分不允许出现夹痕、压痕和裂纹。

（2）引脚成型后，元器件标志面应处于便于观察面。

（3）引脚成型后，元器件与左右两引脚的间距应尽可能一致。

（4）若引脚有熔接点时，在熔接点和元器件本体之间不允许有弯曲点，熔接点到弯曲点之间应保持 2mm 左右的间距。

（5）元器件的引脚要预留一些长度，通常在焊接完成后再进行一次性修剪。

元器件成型后应按规格、型号依序排列插在纸上，并写上元器件规格、型号，以便装配。

5. 元器件的插装

将成型的元器件按照装配图插装到印制电路板上。要求元器件的插装不能插错位置，二极管、电解电容要注意极性。电阻插装时要求读数方向一致，横排的必须从左向右读，竖排的从下向上读。如图 12.1.6 所示，为 MF-47A 万用表的元件插装图，水平排列的电阻尾环，即误差环统一放置在右边，竖排的放置在上方，以便识别和读数。

【注意】电阻挡的调零电位器、输入插管、晶体管插座应在印制面进行插装，如图 12.1.7 所示。电位器安装时应捏住电位器的外壳，平稳地插入，避免某一引脚因受力过大而折弯。

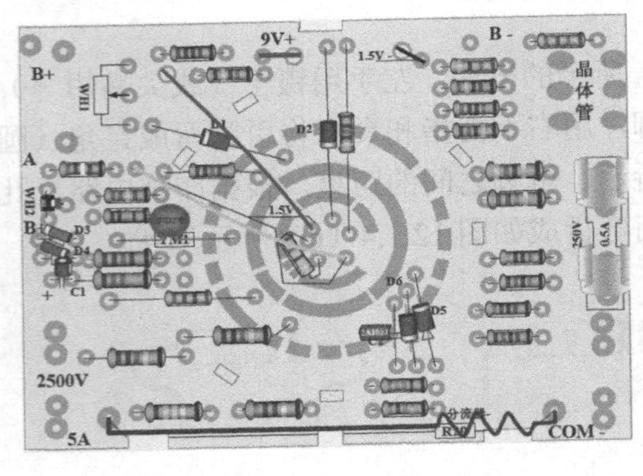

图 12.1.6　电阻的排列方向

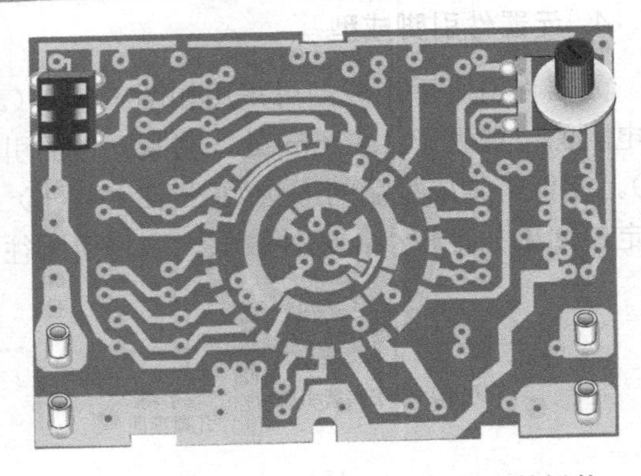

图 12.1.7　电位器、插管和晶体管插座的插装

6. 元器件的焊接

元器件的焊接要求焊点牢固可靠、焊料适中、表面光洁、均匀美观。

1）元件的焊接

（1）焊接安装的顺序应遵循先小后大、先低后高、先轻后重的原则。即是先焊接小元件，后焊接大元件，先焊接水平放置元件，后焊接垂直放置元件等。

（2）保持元件引脚端正，元件排列整齐，高度一致。

（3）严格按照五步焊接法操作，不允许用电烙铁运载焊锡，因为烙铁头的温度很高，焊锡在高温下会使助焊剂迅速分解挥发，易造成虚焊等焊接缺陷，也会使线路板上的焊点因“烟熏”而失去光泽。

（4）保持烙铁头上有一定的焊锡桥，增大烙铁头与被焊件的接触面积，提高传热效率。

（5）把握焊接时间，一般焊接时间为 3～5 s。

2）电位器的焊接

电位器的焊接，首先要保证电位器安装端正，否则其调节旋转轴不能正确伸出表壳，影响装配。其次，要求电位器引脚的焊点应饱满牢固，焊料过少或虚焊，在使用时易造成失效，甚至焊点脱落。

3）输入插管的安装

输入插管是用来插表笔的，因此一定要焊接牢固。输入插管的安装时，将输入管插入电路板中，先用尖嘴钳将其伸出板面的引脚轻轻扳弯、捏紧，使其固定，并要求确保输入插管的垂直。然后，再将两个固定点焊接牢固。

4）晶体管插座的安装

晶体管插座是用于判断晶体管的，其安装焊接要求位置端正、牢固。晶体管插座主要是靠 6 个弹性焊片来固定，同时焊片采用表面焊接（非通孔安装）。因此，在焊接前要将焊片插入晶体管插座孔中，并将焊片折弯，调节平整后再进行焊接。

5）电池极板的焊接

电池极板焊接前先要检查其安装的松紧，如果不当应将其调整。调整的方法是用尖嘴钳将电池极板侧面的突起物稍微调整，使它能顺利地插入电池极板插座，且不松动。焊接时应将电池极板拔起来，再进行焊接，以免高温烫伤塑料的电池极板插座。

7. 机械部分的安装与调整

1）提把的安装

后盖侧面有两个“O”形小孔，是提把铆钉安装孔。将提把放在后盖上，将两个黑色的提把橡胶垫圈垫在提把与后盖中间，然后从外向里将提把铆钉卡入，听到“咔嗒”声后说明已经安装到位。否则应检查橡胶垫圈的厚薄，更换后重新安装。

2）电刷旋钮的安装

电刷旋钮安装如图 12.1.8 所示。取出弹簧和钢珠，并将其放入黄油（或凡士林油）中，使其粘满油。加油有两个作用：一是使电刷旋钮润滑，旋转灵活；二是起黏附作用，将弹簧和钢珠黏附在电刷旋钮上，防止其丢失。加油后，重新将弹簧放入电刷旋钮的小孔中，钢珠黏附在弹簧的上方。然后，将电刷旋钮小心地放入面板上的电刷旋钮座中，要求将固定电刷端先放入固定卡中，将钢珠对准顶入槽，借助小螺丝刀用力卡入。

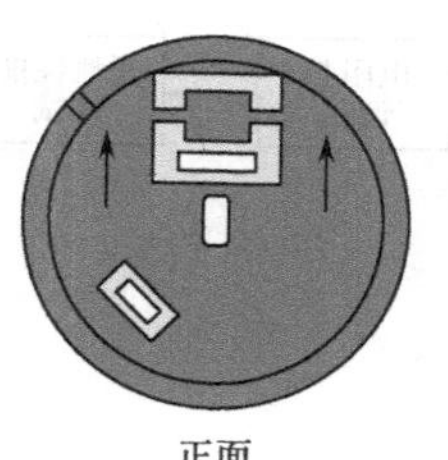

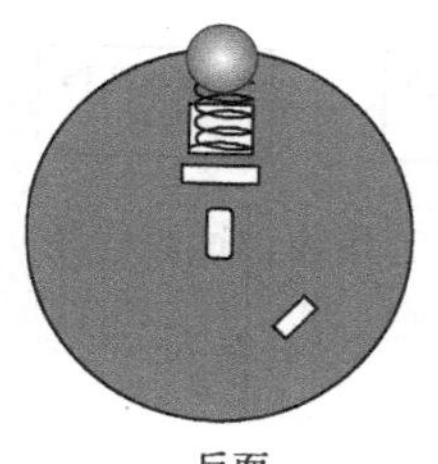

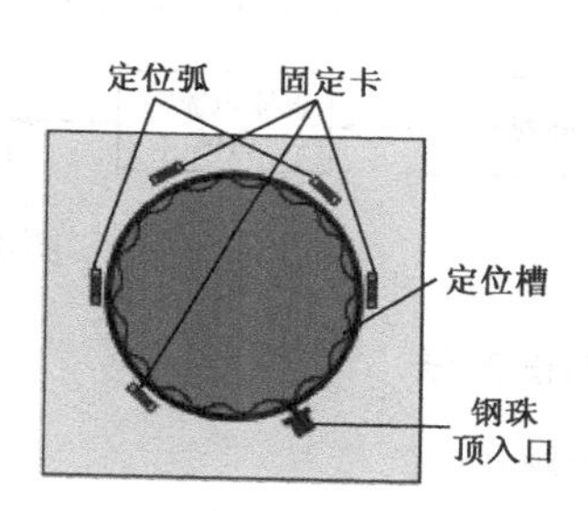

图 12.1.8　钢珠的安装

将面板翻转到正面，把挡位开关旋钮（指示端朝表头方向）轻轻套在转轴上，慢慢转动旋钮，检查电刷旋钮是否安装正确，应能听到“咔嗒、咔嗒”的定位声，如果听不到则可能是钢珠丢失或掉进电刷旋钮与面板间的缝隙，这时挡位开关无法定位，应拆除重装。

3）电刷的安装

电刷安装如图 12.1.9 所示。将电刷旋钮的电刷安装卡转向朝上，V 形电刷有一个缺口，应该放在左下角，电刷四周都要卡入电刷安装槽内，用手轻轻按，看是否有弹性并能自动复位。如果电刷安装的方向不对，将使万用表失效或损坏。

4）电路板的安装

安装电路板前应先检查线路板焊点的质量和剪除引脚，特别是在两圈轨道中的焊点，由于电刷要从中通过，安装前一定要检查焊点高度，不能超过 2mm，直径也不能太大，如果焊点太高会影响电刷的正常转动甚至刮断电刷。另外，在安装电路板前应先将表头连接线焊上。

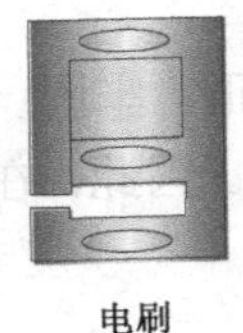

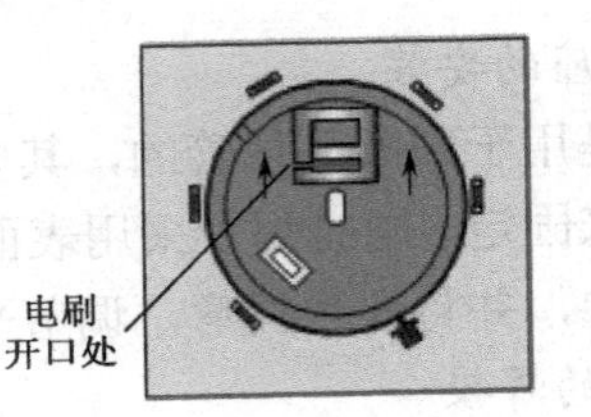

图 12.1.9　电刷的安装

电路板用三个固定卡固定在面板背面，将电路板水平放在固定卡上，依次卡入即可。如果要拆下重装，依次轻轻扳动固定卡即可取出。

最后是后盖，装后盖时左手拿面板（表头朝上），稍高，右手拿后盖，稍低，将后盖从下向上推入面板。注意上螺丝时用力不可太大或太猛，以免将螺孔拧坏。

12.1.3　万用表的调试

1. 使用仪器

万用表调试所需的仪器有：DCV/ACV 电压校正仪；DCA 电流校正仪；标准电阻器；标准三极管；标准二极管。

2. 调试工艺流程

万用表是在直流电流表的基础上，通过参数转换，实现交/直流电压、直流电流、电阻等参数的测量。为保证调试的质量和便于问题的查找，一般按图 12.1.10 所示流程进行调试。

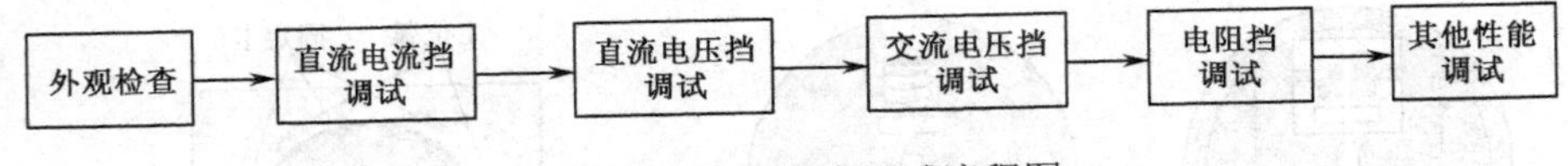

图 12.1.10　万用表调试流程图

3. 调试方法

1）外观检测

外观检测是检查电路板上元器件的安装位置、极性是否正确；焊接点是否有无虚焊、漏焊、连焊及错焊；反复旋转挡位旋钮，检测其转动是否流畅；检测表头调零情况；对表壳、提把等进行检测。

2）DCA 挡的调试

调节 DCA 电流校正仪输出 0.04/0.4/4/40/400mA 的直流电流，将万用表的挡位开关分别置于 DCA（直流电流）适当的挡位来测量。连接前对表头指针进行调零（机械）。将直流电流源的“＋”极接红表笔，“－”极接黑表笔，核对万用表的指示值与标准输出值，技术指标参看表 12.1.2。遇到误差较大时，可调整相应的串、并联电阻。

3）DCV 挡的调试

调节 DCV 电压校正仪，分别输出 0.8/2.0/8.0/40/220/400V 的直流电压，将万用表的挡位开关分别置于 DCV（直流电压）1/2.5/10/50/250/500V 挡来测量。将直流电压源的“＋”极接红表笔，“－”极接黑表笔，按照表 12.1.2 的技术指标核对万用表的指示值与稳压源的输出值。

表 12.1.2　MF-47A 型万用表部分指标

量程范围		灵敏度及电压降	精度	误差表示方法
直流电流	0—0.05mA—0.5mA—5mA—50mA—500mA	0.25V	2.5	以上量程的百分数计算
	5A		5	
直流电压	0—0.25V—1V—2.5V—10V—50V	20kΩ	2.5	
	250V—500V—1000V	9kΩ		
	2500V		5	
交流电压	0—10V—50V—250V—500V—1000V—2500V			
直流电阻	R×1Ω、R×10Ω、R×100Ω、R×1kΩ、R×10kΩ	R×1 中心刻度为 16.5Ω	2.5	以上弧长百分数计算
			10	以示值百分数计算

4）ACV 挡的调试

调试方法与 DCV 基本相同。

调节 ACV 电压校正仪，分别输出 8/40/220/400V 交流电压，将万用表的挡位开关分别置于 ACV（交流电压）10/50/250/500V 挡来测量。同样，连接前要对表针进行调零。误差确保在±8%以内即可。交流电压的调试不分正、负极，其他注意事项与 DCV 调试相同。

调试时注意如下。

（1）测量时要从低电压挡位开始，调试好低挡位后才能够对高挡位进行调试。

（2）一般不需要对 1000V 挡位进行检测。

（3）不能带电调整挡位或量程，特别是大电流或高电压，避免电刷的触点在切换过程中产生电弧而烧坏线路板或电刷。

（4）测量时不能用手触摸红黑表笔的金属部分，以保证安全和测量准确性。

（5）为了确保人身安全，万用表表笔应有良好的绝缘性，调试时应有其他人在场。

5）电阻挡的调试

将挡位开关置于“Ω”挡对应位置，然后将红、黑表笔短接，这时表针应置于右侧“0”位置，若有偏差，需调节“Ω”调零旋钮，将其调零。将标准电阻接到万用表的表笔上，按照表 12.1.2 的技术指标核对万用表的指示值与电阻的标准值。电阻挡调试时需要注意如下。

（1）电阻测量每次换挡都要进行调零。

（2）不允许带电测量电阻，否则会烧坏万用表。

（3）测电阻时不能用手捏住表笔的金属部分或短接电阻体，会因人体电阻并联于被测电阻而引起测量误差。

（4）测量完毕后应将挡位开关旋钮打到交流电压最高挡或空挡，延长电池寿命。

4. 常见故障的分析

即使在组装前对元器件进行过认真地筛选与检测，也难保在组装过程中不会出现故障。为此，万用表的检修也就成了调试的一部分。

1）表头指针没任何反应

可能原因：可能是表头损坏；接线错误；保险丝接触不良或损坏；电刷装错或接触不良；红黑表笔内部断路；电池接触不良或装错；焊点有虚焊现象。

2）电压档指针反偏

可能原因：表头引脚极性接反；如果只是 ACV 挡指针反偏，则为二极管 D_1 接反。

3）电阻不能调零

可能原因：电池不足。

12.2　收音机装调实训

12.2.1　收音机电路原理

图 12.2.1 所示为 X-118 型超外差式调幅收音机的电路原理图。从图中可以看出它由输入电路、变频器（混频器+本机振荡器）、中频放大器、检波器、前置低频放大器、功率放大器及扬声器组成。下面简单介绍各单元电路工作原理。

1. 输入电路

输入电路是指收音机从天线到变频管基极之间的电路。它的作用是从天线接收到的众多的无线电台信号中，经调谐回路调谐选出所需要的信号，同时把不需要的信号抑制掉，并且要能够覆盖住规定频率范围内的所有电台信号。输入回路由 $C_{1\text{-}A}$、$C'_{1\text{-}A}$、L_1 等元件组成。

2. 变频器

变频器的作用是将输入回路送来的高频调幅载波转变为一个固定的中频（465kHz）信号，要求这个固定的中频信号仍为调幅波。在混频时，有两个信号输入，一个信号是由输入回路选出的电台高频信号，另一个是本机振荡产生的高频等幅信号，且本机振荡信号总是比输入电台信号高出一个中频频率，即 465kHz。由于晶体管的非线性作用，混频管输出端会产生有一定规律的新的频率成分，这就叫混频。混频器后面紧跟着的是中频变压器。中频变压器实际上是一个选频器，只有 465kHz 中频信号才能通过，其他的选频信号均被抑制掉。图 12.2.1 所示中 V1 是变频管，担当振荡与混频双重任务。$C_{1\text{-}A}$、$C_{1\text{-}B}$ 各为双联可变电容中的一联，改变它的容量可改变振荡频率。T2 为本机振荡线圈，调整 T2 可使谐振在中频（465kHz）上，从而从混频的输出信号中选出中频。

3. 中频放大器

由于变频级的增益有限，因此在检波之前还需对变频后的中频信号进行放大，超外差式电路的增益主要靠中频放大电路来提供。一般收音机的中放电路由多级组成，这样一方面是为了提高增益，同时由于层层地选频，有效地抑制了邻近信号的干扰，提高了选择性。除了考虑灵敏度和选择性外，中频放大器还要保证信号的边频得以通过。因此各级中频放大电路所要求的侧重面也不尽相同。一般说来，第一级中放带宽尽量窄些，以提高选择性和抑制干扰，而后几级带宽可适当宽些，以保证足够的通频带。图 12.2.1 所示中，采用两级中频放大器，由三只中周作级间耦合，V2、V3 是中放管，R_4、R_7 分别为 V2、V3 的直流偏置电阻，调整 R_4、R_7 可改变两管的直流工作点。C_4、C_6 是中频信号的旁路电容。

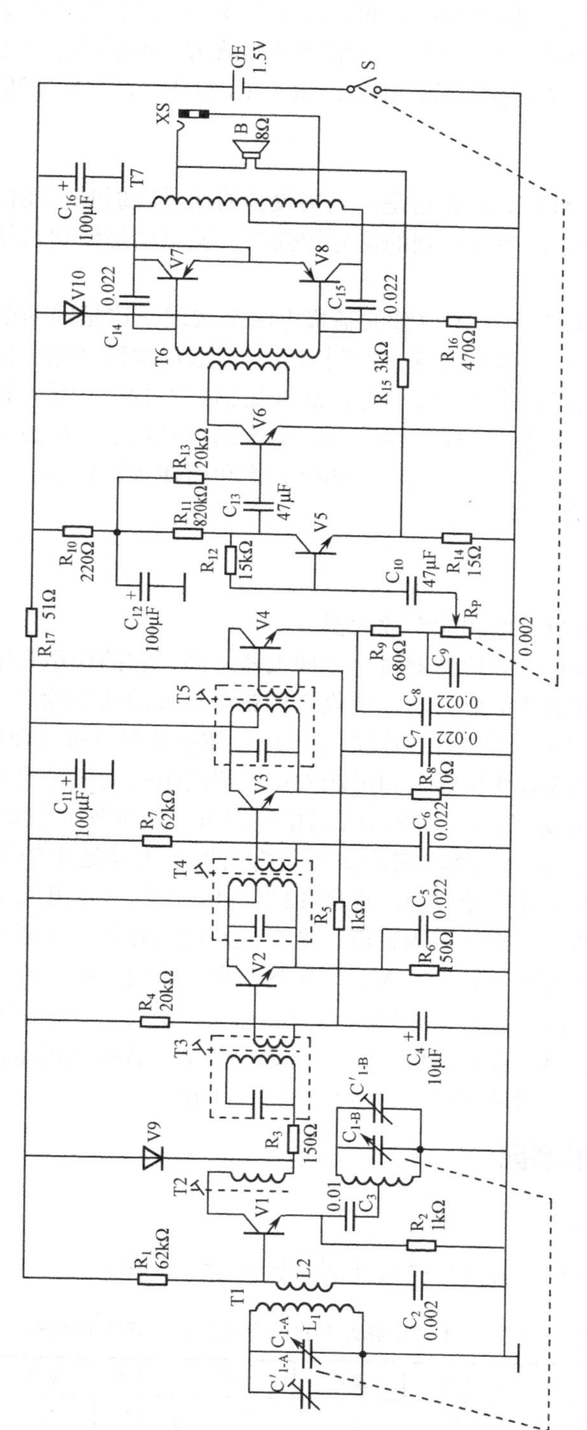

图 12.2.1 X-118 型超外差式调幅收音机电路原理图

4. 检波器

通常把从高频调幅波中取出音频信号的过程叫检波。检波器的作用是把所需要的音频信号从高频调幅波中“检出来”，送入低频放大器中进行放大，而把已完成运载信号任务的载波信号滤掉。图 12.2.1 中，V4 是检波管，由 C_8、R_9、C_8 组成“Π”型低通滤波器。

5. 自动增益控制

自动增益控制电路（AGC）的作用是：当接收到的信号较弱时，能自动地将收音机的增益提高，使音量变大；反之，当接收到的信号较强时，又自动降低增益使音量变小，提高了整机的稳定性。

AGC 电路通常利用控制第一中放管的基极电流来实现，这是因为第一中放的信号比较弱，受 AGC 控制后不会产生信号失真。控制信号一般取自检波器输出信号中的直流成分，这是因为检波输出直流电压正比于接收信号的载波振幅。图 12.2.1 所示中，R_5、C_4 构成 AGC 电路，当接收天线感应的信号较小时，经变频、中放的信号较小，检波后在 C_4 的压降较小，所需 AGC 电压较小，不致使第一中放管（NPN）饱和而使音量较小。反之接收强信号时，则第一中放管饱和，使音量变低。

6. 音频放大器

音频放大器包括前置放大器和功率放大器。

前置放大器一般在收音机的检波器与功率放大器之间，它的作用是把从检波器送来的低频信号进行放大，以便推动功率放大器，使收音机获得足够的功率输出。图 12.2.1 中，V5、V6 是前置放大管。R_{12}、R_{13} 分别是其偏置电阻，R_{14}、R_{15} 是直流负反馈电阻，C_{10}、C_{13} 是耦合电容，前置级的负载为输入变压器。利用输入变压器的阻抗变换作用可使前置低放与功放实现阻抗匹配。同时利用变压器次级绕组的倒相作用可方便地使功放级接成推挽电路。

功率放大器是收音机最后一级，它的作用是将前置放大器送来的低频信号作进一步放大，以提供足够的功率推动扬声器发声。在图 12.2.1 中，V7、V8 组成功率放大器。T6、T7 分别是输入、输出变压器。它们具有隔直流、通交流和阻抗作用。要求 V7、V8 两管特性对称。V10、R17 组成偏置电阻，使 V7、V8 在静态时有一个较小的偏流，以防止 V7、V8 轮流导通时引起交越失真。由于 T6 次级绕组有中心抽头，而使上、下端相位正好相反，于是 V7 在信号的负半周导通，V8 在信号的正半周导通。两个交替导通的电流又通过输出变压器 T7 耦合在它的二次负载上，即扬声器上得到完整的音频信号。

12.2.2 收音机的整机装配

1. 元器件及材料清点

X-118 型超外差式调幅收音机的元器件清单如表 12.2.1 所示。

表 12.2.1　X-118 型超外差式调幅收音机元器件明细表

序号	编号	规格	序号	编号	规格	序号	编号	规格
1	R_1	62 kΩ	19	C_2	0.002μF	37	V_4	3DG201
2	R_2	1 kΩ	20	C_3	0.01μF	38	V_5	3DG201
3	R_3	150 Ω	21	C_4	10μF	39	V_6	3DG201
4	R_4	20 kΩ	22	C_5	0.022μF	40	V_7	9012

续表

序号	编号	规格	序号	编号	规格	序号	编号	规格
5	R_5	1kΩ	23	C_6	0.022μF	41	V_8	9012
6	R_6	150 Ω	24	C_7	0.022μF	42	V_9	2AP9
7	R_7	62 kΩ	25	C_8	0.022μF	43	V_{10}	1N4148
8	R_8	10 Ω	26	C_9	0.002μF	44	RP	4.7 kΩ
9	R_9	680 Ω	27	C_{10}	47μF	45	B	8 Ω
10	R_{10}	220 Ω	28	C_{11}	100μF	46	T_1	天线线圈
11	R_{11}	820 Ω	29	C_{12}	100μF	47	T_2	本振线圈
12	R_{12}	15 kΩ	30	C_{13}	47μF	48	T_3	中周
13	R_{13}	20 kΩ	31	C_{14}	0.022μF	49	T_4	中周
14	R_{14}	15 Ω	32	C_{15}	0.022μF	50	T_5	中周
15	R_{15}	3 kΩ	33	C_{16}	100μF	51	T_6	音频输入变压器
16	R_{16}	470 Ω	34	V_1	3DG201	52	T_7	音频输出变压器
17	R_{17}	51Ω	35	V_2	3DG201	53	XS	插座
18	C_1	双联电容	36	V_3	3DG201			

2. 元器件及材料检测

1）外观检测

外观检测就是检验元器件及材料表面有无损伤，几何尺寸是否符合要求，型号规格是否与工艺文件要求相符。

2）用万用表检测

用万用表检测电阻、电位器、电容、晶体管、变压器，并判明晶体管的极性。

3. 引脚上锡及成型

参看上一节内容，注意三极管的成型。

4. 印制电路板的装配

按照收音机“工艺说明及简图”工艺文件中给出的印制板及元器件分布图做如下的操作。

（1）元器件安装过程：元器件成型→元器件插装→元器件引脚焊接。

（2）元器件安装顺序：按从小到大，从低到高的顺序进行装配。例如，电阻器→二极管→瓷介电容器→三极管→电解电容器→中频变压器→入/出变压器→双联电容器和音量开关电位器。

12.2.3 收音机的调试

1. 静态调试

1）直流电流测量与调试

（1）将 500A 型万用表置于直流电流挡（1mA 或 10mA）。

（2）对收音机各级电路的直流电流进行测量。如图 12.2.2 所示，为第 2 级中放的电流测量。

（3）如果测试的电流在规定的范围内，则应将印制电路板切口及时连接起来。

（4）各单元电路都有一定的电流值，如该电流值不在规定的范围内，可改变相应的偏置电阻，具体电流值与参数调整如表 12.2.2 所示。

表 12.2.2　X118 型超外差式收音机单元电路的电流值

测试电路	混频器（V1）	中放 1（V2）	中放 2（V3）	低放（6）	功放 4（V7、V8）
电流值（mA）	0.18～0.22	0.4～0.8	1～2	2～4	4～10
参数调整	*R1	*R4	*R7	*R11	*R17

2）直流电压测量与调试

（1）将 500A 型万用表置于直流电压（1V 或 10V）挡。

（2）对收音机各级电路的直流电压进行测量。如图 12.2.3 所示，为第 2 中放级的电压测量。

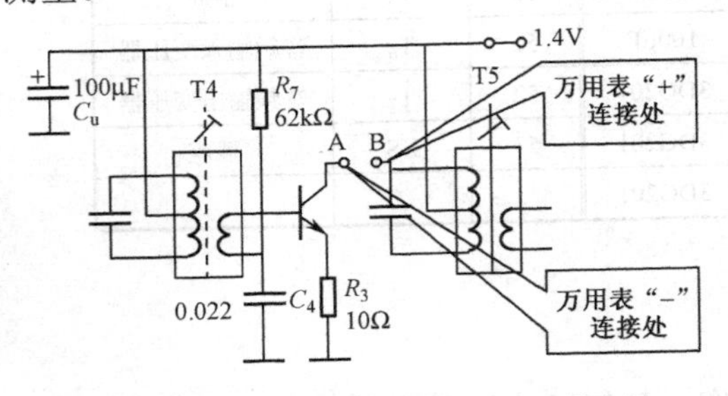

图 12.2.2　第 2 级中放的电流测量方法

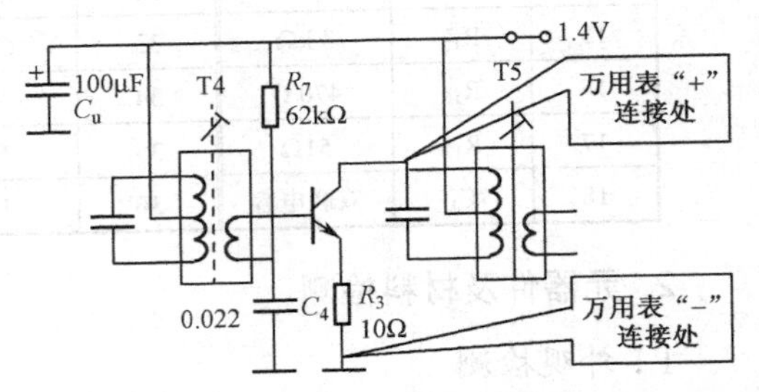

图 12.2.3　第 2 级中放的电压测量方法

2. 动态调试

动态调试是针对交流小信号而言的，若用万用表来测试就显得十分困难。为了使 X-118 型超外差式收音机的各项指标达到要求，要用到专用设备对如下内容进行调试。

1）中频频率调整

（1）按图 12.2.4 所示，将示波器、毫伏表、高频信号发生器进行连接。

（2）将所连接的设备调节到相应的量程。

（3）把收音部分本振电路短路，使电路停振，避去干扰。也可以把双联可变电容器置于无电台广播又无其他干扰的位置上。

（4）调节“高频信号发生器”输出频率为 465kHz、调制度为 30%的调幅信号。

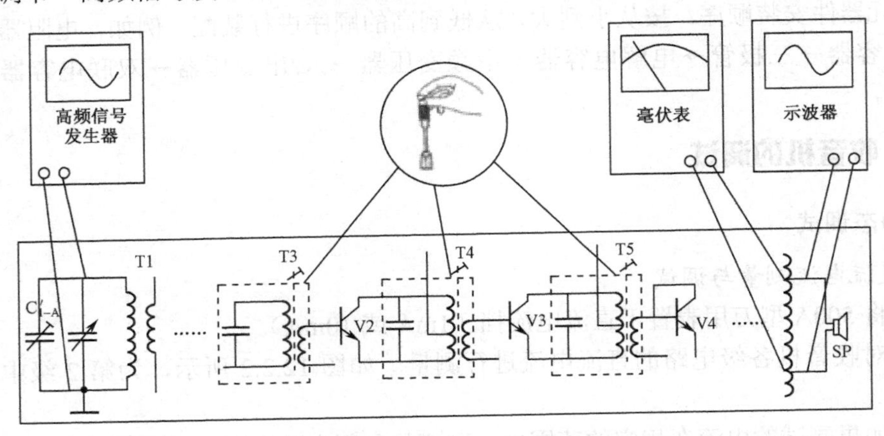

图 12.2.4　中频频率调整示意图

（5）由小到大缓慢地改变“高频信号发生器”的输出幅度，使扬声器里能刚好听到信号的声音即可。

（6）首先调节中频变压器 T5，使听到信号的声音最大，“毫伏表”中的信号指示最大。

（7）然后再分别调节中频变压器 T4、T3，同样需使扬声器中发出的声音最大，“毫伏表”中的信号指示最大。

若中频变压器谐振频率偏离较大，在 465 kHz 的调幅信号输入后，扬声器仍没有低频输出时可采取如下方法。

① 左右调节信号发生器的频率，使扬声器出现低频输出。

② 找出谐振点后，再把“高频信号发生器”的频率逐步地向 465kHz 位置靠近。

③ 同时调整中频变压器的磁芯，直到其频率调准在 465kHz 位置上。这样调整后，还要减小输入信号，再细调一遍。

对于中频变压器已调乱的中频频率的调整方法如下。

a. 将 465kHz 的调幅信号由第 2 中放管的基极输入，调节中频变压器 T5，使扬声器中发出的声音最大，晶体管毫伏表中的信号指示最大。

b. 将 465kHz 的调幅信号由第 1 中放管的基极输入，调节中频变压器 T4，使声音和信号批示最大。

c. 将 465kHz 的调幅信号由变频管的基极输入，调节中频变压器 T3，同样使声音和信号指示都最大。

2）频率覆盖调整

（1）把输出的调幅信号接入具有开缝屏蔽管的环形天线。

（2）天线与被测收音机部分的天线磁棒距离为 0.6m。仪器与收音机连接如图 12.2.5 所示。

（3）通电，把双联电容器全部旋入时，指针应指在刻度盘的起始点。

（4）然后将“高频信号发生器”调到 515kHz。

（5）用无感起子调整振荡线圈 T2 的磁芯，使毫伏表的读数达到最大。

（6）将“高频信号发生器”调到 1640kHz，把双联电容器全部旋出。

（7）用无感起子调整并联在振荡线圈 T2 上的补偿电容，使“毫伏表”的读数达到最大。如果收音部分高频频率高于 1640kHz，可增大补偿电容容量；反之则降低。

（8）用上述方法由低端到高端反复调整几次，直到频率调准为止。

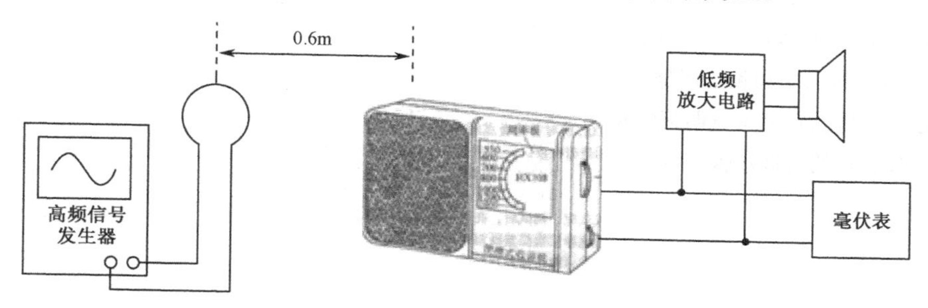

图 12.2.5　频率覆盖调整示意图

3）收音机统调

（1）调节“高频信号发生器”的频率，使环形天线送出 600kHz 的高频信号。

（2）将收音部分的双联调到使指针在刻度盘 600kHz 的位置上。

（3）改变磁棒上输入线圈的位置，使“毫伏表”读数最大。

（4）再将“高频信号发生器”频率调到 1500kHz。

（5）将双连调到使指针在度盘 1500 kHz 的位置上。

（6）调节天线回路中的补偿电容，使“毫伏表”读数最大。

（7）如此反复多次，直到两个统调点 600 kHz、1500 kHz，直到调准为止。

本章小结

本章结合 MF-47A 型万用表，介绍了万用表的基本工作原理，装配过程及工艺要领，并对万用表的调试方法及故障排除进行了介绍。

MF-47A 型万用表主要由表头、挡位转换开关、电路板（包括元器件）、面板、表笔等组成。

整机装配过程为：元器件及材料清点、检测、上锡、成型、插装、焊接、整机安装。

万用表调试流程如下。

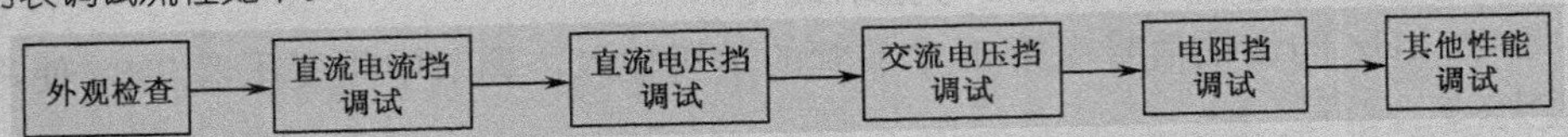

X-118 型超外差式收音机由天线、输入电路、变频器（混频器+本机振荡器）、中频放大器、检波器、前置低频放大器、功率放大器及扬声器组成。

收音机的调试分为静态调试与动态调试。静态调试包含直流电流与直流电压的检测与调试。动态调试包括中频频率的调整、频率范围的调整和整机统调三部分内容。

习题 12

1. 以色环电阻为例，简述元件插装工艺要领。
2. 简述元件参数测量的方法，注意事项。
3. 简述万用表装配的流程。
4. 列举万用表常见的故障，分析故障原因。
5. 叙述收音机的中频频率调整步骤。
6. 叙述收音机的频率覆盖调整步骤。
7. 叙述收音机的统调步骤。

参考文献

[1] 何丽梅．SMT-表面组装技术．北京：机械工业出版社，2006.
[2] 周旭．现代电子设备设计制造手册．北京：电子工业出版社，2008.
[3] 周惠潮．常用电子元件．北京：电子工业出版社，2005.
[4] 王成安．电子产品工艺与实训简明教程．北京：科学出版社，2007.
[5] 朱向阳．电子整机装配工艺实训．北京：电子工业出版社，2007.
[6] 范泽良．电子产品装接工艺．北京：清华大学出版社，2009.

反侵权盗版声明

举报电话：（010）88254396；（010）88258888

传　　真：（010）88254397

E-mail:　　dbqq@phei.com.cn

通信地址：北京市万寿路 173 信箱

电子工业出版社总编办公室

邮　　编：100036